U0318983

▶▶ 光盘主要内容

本光盘为《计算机应用案例教程系列》丛书的配套多媒体教学光盘，光盘中的内容包括 18 小时与图书内容同步的视频教学录像和相关素材文件。光盘采用真实详细的操作演示方式，详细讲解了电脑以及各种应用软件的使用方法和技巧。此外，本光盘附赠大量学习资料，其中包括 3 ～ 5 套与本书内容相关的多媒体教学演示视频。

▶▶ 光盘操作方法

将 DVD 光盘放入 DVD 光驱，几秒钟后光盘将自动运行。如果光盘没有自动运行，可双击桌面上的【我的电脑】或【计算机】图标，在打开的窗口中双击 DVD 光驱所在盘符，或者右击该盘符，在弹出的快捷菜单中选择【自动播放】命令，即可启动光盘进入多媒体互动教学光盘主界面。

光盘运行后会自动播放一段片头动画，若您想直接进入主界面，可单击鼠标跳过片头动画。

▶▶ 光盘运行环境

- 赛扬 1.0GHz 以上 CPU
- 512MB 以上内存
- 500MB 以上硬盘空间
- Windows XP/Vista/7/8 操作系统
- 屏幕分辨率 1280×768 以上
- 8 倍速以上的 DVD 光驱

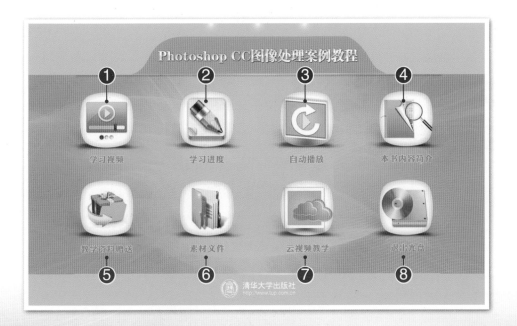

Photoshop CC图像处理案例教程

① 学习视频　② 学习进度　③ 自动播放　④ 本书内容简介

⑤ 教学资料赠送　⑥ 素材文件　⑦ 云视频教学　⑧ 退出光盘

清华大学出版社
http://www.tup.com.cn

① 进入普通视频教学模式　② 进入学习进度查看模式　③ 进入自动播放演示模式　④ 阅读本书内容介绍

⑤ 打开赠送的学习资料文件夹　⑥ 打开素材文件夹　⑦ 进入云视频教学界面　⑧ 退出光盘学习

[光盘使用说明]

▶▶ 普通视频教学模式

▶▶ 学习进度查看模式

▶▶ 自动播放演示模式

▶▶ 赠送的教学资料

▶ 创建可编辑区域

▶ 将网页保存为模板

▶ 使用【弹出信息】行为

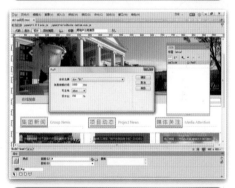

▶ 使用【效果】行为

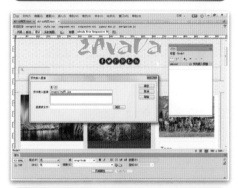

▶ 使用【预先载入图像】行为

▶ 制作博客相册页面

▶ 制作房地产公司首页1

▶ 制作房地产公司首页2

[Dreamweaver CC网页制作案例教程]

▶ 制作个人博客网页

▶ 制作购物商城页面1

▶ 制作购物商城页面2

▶ 制作商品订单页面

▶ 制作商品列表页面1

▶ 制作商品列表页面2

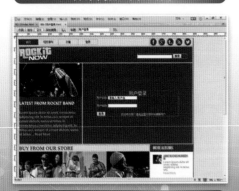

▶ 制作用户登录页面

▶ 制作用户注册页面

计算机应用案例教程系列

Dreamweaver CC 网页制作

案例教程

李晓东　聂利颖　王海英　张伟华◎编著

清华大学出版社

北　京

内 容 简 介

本书是《计算机应用案例教程系列》丛书之一，全书以通俗易懂的语言、翔实生动的案例，全面介绍了 Dreamweaver CC 网页制作软件的使用技巧和相关知识。本书共 13 章，涵盖了 Dreamweaver CC 网页制作基础，网页内容的编辑与处理，网页布局的规划与设计，网页链接的创建与设置，使用 CSS 美化网页，在网页中插入表单，在网页中使用行为，制作个人博客网页，制作在线购物网页，制作房产公司网页，制作音乐主题网页，制作软件下载网页以及制作 jQuery Mobile 网页等内容。

本书内容丰富，图文并茂，双栏紧排，附赠的光盘中包含书中实例素材文件、18 个小时与图书内容同步的视频教学录像以及 3～5 套与本书内容相关的多媒体教学视频，方便读者扩展学习。本书具有很强的实用性和可操作性，是一本适合于高等院校及各类社会培训学校的优秀教材，也是广大初中级计算机用户和不同年龄阶段计算机爱好者学习计算机知识的首选参考书。

本书对应的电子教案可以到 http://www.tupwk.com.cn/teaching 网站下载。

本书封面贴有清华大学出版社防伪标签，无标签者不得销售。

版权所有，侵权必究。侵权举报电话：010-62782989　13701121933

图书在版编目(CIP)数据

Dreamweaver CC 网页制作案例教程 / 李晓东　等编著. —北京：清华大学出版社，2016
(计算机应用案例教程系列)
ISBN 978-7-302-44152-6

Ⅰ.①D… Ⅱ.①李… Ⅲ.①网页制作工具－教材 Ⅳ.①TP393.092

中国版本图书馆 CIP 数据核字(2016)第 148559 号

责任编辑：胡辰浩　袁建华
封面设计：孔祥峰
版式设计：思创景点
责任校对：曹　阳
责任印制：李红英

出版发行：清华大学出版社
网　　　址：http://www.tup.com.cn，http://www.wqbook.com
地　　　址：北京清华大学学研大厦 A 座　　　　邮　　编：100084
社 总 机：010-62770175　　　　　　　　　　　邮　　购：010-62786544
投稿与读者服务：010-62776969，c-service@tup.tsinghua.edu.cn
质 量 反 馈：010-62772015，zhiliang@tup.tsinghua.edu.cn
课 件 下 载：http://www.tup.com.cn,010-62794504
印 刷 者：清华大学印刷厂
装 订 者：三河市溧源装订厂
经　　销：全国新华书店
开　　本：185mm×260mm　印　张：18.75　插页：2 字　数：480 千字
版　　次：2016 年 7 月第 1 版　　　　　　　　印　次：2016 年 7 月第 1 次印刷
　　　　　(附光盘 1 张)
印·　数：1～3500
定　　价：45.00 元

产品编号：065439-01

熟练使用计算机已经成为当今社会不同年龄层次的人群必须掌握的一门技能。为了使读者在短时间内轻松掌握计算机各方面应用的基本知识，并快速解决生活和工作中遇到的各种问题，清华大学出版社组织了一批教学精英和业内专家特别为计算机学习用户量身定制了这套"计算机应用案例教程系列"丛书。

丛书、光盘和教案定制特色

▶ 选题新颖，结构合理，为计算机教学量身打造

本套丛书注重理论知识与实践操作的紧密结合，同时贯彻"理论+实例+实战"3阶段教学模式，在内容选择、结构安排上更加符合读者的认知习惯，从而达到老师易教、学生易学的目的。丛书完全以高等院校、职业学校及各类社会培训学校的教学需要为出发点，紧密结合学科的教学特点，由浅入深地安排章节内容，循序渐进地完成各种复杂知识的讲解，使学生能够一学就会、即学即用。

▶ 版式紧凑，内容精炼，案例技巧精彩实用

本套丛书采用双栏紧排的格式，合理安排图与文字的占用空间，其中290多页的篇幅容纳了传统图书一倍以上的内容，从而在有限的篇幅内为读者奉献更多的计算机知识和实战案例。丛书内容丰富，信息量大，章节结构完全按照教学大纲的要求来安排，并细化了每一章的内容，符合教学需要和计算机用户的学习习惯。书中的案例通过添加大量的"知识点滴"和"实用技巧"的注释方式突出重要知识点，使读者轻松领悟每一个案例的精髓所在。

▶ 书盘结合，素材丰富，全方位扩展知识能力

本套丛书附赠一张精心开发的多媒体教学光盘，其中包含了18个小时左右与图书内容同步的视频教学录像。光盘采用真实详细的操作演示方式，紧密结合书中的内容对各个知识点进行深入的讲解，读者只需要单击相应的按钮，即可方便地进入相关程序或执行相关操作。附赠光盘收录了书中实例视频、素材文件以及3～5套与本书内容相关的多媒体教学视频。

▶ 在线服务，贴心周到，方便老师定制教案

本套丛书精心创建的技术交流QQ群(101617400、2463548)为读者提供24小时便捷的在线交流服务和免费教学资源。便捷的教材专用通道(QQ：22800898)为老师量身定制实用的教学课件。老师也可以登录本丛书的信息支持网站(http://www.tupwk.com.cn/teaching)下载图书的相关教学资源。

本书内容介绍

《Dreamweaver CC 网页制作案例教程》是这套丛书中的一本，该书从读者的学习兴趣和实际需求出发，合理安排知识结构，由浅入深、循序渐进，通过图文并茂的方式讲解Dreamweaver CC 网页制作软件的各种使用技巧和方法。全书共分为13章，主要内容如下。

第1章：介绍了网页制作的基础知识和 Dreamweaver CC 的常用操作。

第2章：介绍了在网页中添加文本、图像和多媒体元素的方法与技巧。

第 3 章：介绍了使用表格与 Div 来规划网页的布局，以及使用模板和库的方法。

第 4 章：介绍了在网页中创建与设置各类超链接的方法与技巧。

第 5 章：介绍了 CSS 的相关知识，以及使用 CSS 美化网页的方法。

第 6 章：介绍了在网页中插入表单与表单元素，以及制作表单网页的方法。

第 7 章：介绍了在 Dreamweaver CC 中使用软件内置的行为来制作网页特效的方法。

第 8 章：介绍了使用 Dreamweaver CC 制作个人博客网页的方法。

第 9 章：介绍了使用 Dreamweaver CC 制作在线购物网页的方法。

第 10 章：介绍了使用 Dreamweaver CC 制作房产公司网页的方法。

第 11 章：介绍了使用 Dreamweaver CC 制作音乐主题网页的方法。

第 12 章：介绍了使用 Dreamweaver CC 制作软件下载网页的方法。

第 13 章：介绍了使用 Dreamweaver CC 制作 jQuery Mobile 网页的方法。

读者定位和售后服务

本套丛书为所有从事计算机教学的老师和自学人员而编写，是一套适合于高等院校及各类社会培训学校的优秀教材，也可作为计算机初中级用户和计算机爱好者学习计算机知识的首选参考书。

如果您在阅读图书或使用电脑的过程中有任何疑惑或需要帮助，可以登录本丛书的信息支持网站(http://www.tupwk.com.cn/teaching)或通过 E-mail(wkservice@vip.163.com)联系，本丛书的作者或技术人员会提供相应的技术支持。

除封面署名的作者外，参加本书编写的人员还有陈笑、曹小震、高娟妮、李亮辉、洪妍、孔祥亮、陈跃华、杜思明、熊晓磊、曹汉鸣、陶晓云、王通、方峻、李小凤、曹晓松、蒋晓冬、邱培强等。由于作者水平所限，本书难免有不足之处，欢迎广大读者批评指正。我们的邮箱是 huchenhao@263.net，电话是 010-62796045。

最后感谢您对本丛书的支持和信任，我们将再接再厉，继续为读者奉献更多更好的优秀图书，并祝愿您早日成为计算机应用高手！

《计算机应用案例教程系列》丛书编委会

2016 年 2 月

目录

第1章

Dreamweaver CC 网页制作基础

  Dreamweaver CC 是一款集网页制作与网站管理于一身的网页编辑软件，该软件是针对专业网页设计师特别推出的视觉化网页开发工具，利用它，用户可以轻易地制作出跨平台和浏览器，并且充满动感的网页。本章将重点介绍 Dreamweaver CC 软件和网页制作与设计相关的基础知识，帮助用户尽快掌握制作网页的方法。

 对应光盘视频

1.1 网页制作的基础知识

网页是网站中的一个页面，其通常为 HTML 格式。网页既是构成网站的基本元素，也是承载各种网站应用的平台。简单地说，网站就是由若干网页组成的。

1.1.1 网页和网站

关于网站与网页，有着各式各样的专有名词。弄清楚它们之间的概念和联系，对于用户学习网页知识大有裨益。

1. 网页

网页(web page)，就是网站上的一个页面，它是一个纯文本文件，是向访问者传递信息的载体，以超文本和超媒体为技术，采用 HTML、CSS、XML 等语言来描述组成页面的各种元素，包括文字、图像、声音等，并通过客户端浏览器进行解析，从而给访问者呈现网页的各种内容。

网页由网址(URL)来识别与存放，访问者在浏览器的地址栏中输入网址后，经过一段复杂而又快速的程序，网页将被传送到计算机，然后通过浏览器进行解释页面内容，并最终展示在显示器上。例如，在浏览器中输入如下网址访问网站：

http://www.bankcomm.com

实际上在浏览器中打开的是：http:// www.bankcomm.com/BankCommSite/cn/index.html 文件，其中 index.html 是 www.bankcomm.com

网站服务器主机上的默认主页文件。

在网页上右击鼠标，在弹出的快捷菜单中选择【查看源文件】命令，就可以通过记事本查看网页的实际内容。如下图可以看到，网页实际上就是一个纯文本文件。

2. 网站

网站(WebSite)，是指在互联网上，根据一定的规则，使用 HTML、ASP、PHP 等技术制作的用于展示特定内容的相关网页集合，其建立在网络基础之上，以计算机、网络和通信技术为依托，通过一台或多台计算机向访问者提供服务。

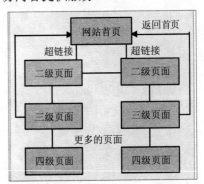

1.1.2　网页的基本元素

网页是一个纯文本文件,其通过 HTML、CSS 等脚本语言对页面元素进行标识,然后由浏览器解释并生成页面。组成网页的基本元素通常包括文本、图像、超链接、Flash 动画、表格、交互式表单以及导航栏等。

常见网页基本元素的功能如下。

▶ 文本:文本是网页中最重要的信息载体,网页所包含的主要信息一般都是以文本形式出现。文本与其他网页元素相比,其效果虽然并不突出,但却能表达更丰富的信息,更准确地表达信息的内容和含义。

▶ 图像:图像元素在网页中具有提供信息并展示直观形象的作用。用户可以在网页中使用 GIF、JPEG 或 PNG 等多种格式的图像文件(目前,应用最广泛的网页图像文件是 GIF 和 JPEG 这两种)。

▶ 超链接:超链接是从一个网页指向另一个目的端的链接,超链接的目的端可以是网页,也可以是图片、电子邮件地址、文件或程序等。当网页访问者单击页面中的某个超链接时,超链接将根据自身的类型以不同的方式打开目的端。例如,当一个超链接的目的端是一个网页时,将会自动打开浏览器窗口,显示相应的页面内容。

▶ Flash 动画:Flash 动画在网页中的作用是有效地吸引访问者更多的关注。用户在设计与制作网页的过程中,可以通过在页面中加入 Flash 动画来使网页的整体效果更加生动、活泼。

▶ 表格:表格在网页中多用于控制页面信息的布局方式,其作用主要体现在两个方面:一方面是通过使用行和列的形式布局文本和图形等列表化数据;另一方面则是精确控制网页中各类元素的显示位置。

▶ 导航栏:导航栏在网页中表现为一组超链接,其链接的目的端是网站中的其他页面。在网站中设置导航栏可以使访问者既快捷又简单地浏览站点中的相应网页。

▶ 视频:视频文件可以使网页效果更加精彩,并且富有动感,如下图所示。常见的网页视频文件格式包括 RM、MPEG、AVI 和 DivX 等。

导航栏

视频　　　　　　　　　　图片超链接

▶ 交互式表单:表单在网页中通常用于联系数据库并接受访问者在浏览器端输入的数据。表单的作用是收集用户在浏览器中输入的联系资料、反馈意见、设置署名以及登录信息等。

图片　　　　　　　　　　交互式表单

1.1.3　网页的常见类型

常见的网页类型有静态网页与动态网页两种。网页程序是否在服务器端运行,是区分静态网页与动态网页的重要标志,在服务器端运行的网页(包括程序、网页、组件等),

属于动态网页(动态网页会随不同用户、不同时间的访问，返回不同的网页)。而运行于客户端的网页(包括程序、网页、插件、组件等)，则属于静态网页。静态网页与动态网页各有特点，具体介绍如下。

1. 静态网页

静态网页是不包含程序代码的网页，它不会在服务器端执行。静态网页的内容经常以 HTML 语言编写，在服务器端以.htm 或是.html 文件格式储存。对于静态网页，服务器不执行任何程序就把 HTML 页面文件传送给客户端浏览器直接进行解读工作，所以，网页的内容不会因为执行程序而出现变化。静态网页的工作原理如下图所示。

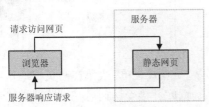

2. 动态网页

动态网页是指网页内含有程序代码，并且会被服务器执行的网页。用户浏览动态网页时，需由服务器先执行网页中的程序，再将执行完的结果传送到客户端浏览器中。动态网页和静态网页的区别在于，动态网页会在服务器端执行一些程序。由于执行程序时的条件不同，所以执行的结果也可能会有所不同，最终用户所看到的网页内容也将不同。动态网页的工作原理如下图所示。

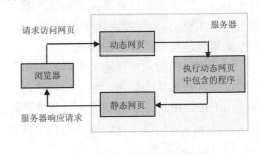

1.2 网页设计构思与布局

网页设计的成功与否，很重要的一个原因在于它的构思与布局，具有创造性构思和巧妙的页面布局会让网页具有更强的生命力和观赏性。本节将重点介绍网页构思与布局的相关知识。

1.2.1 网页的设计构思

在学习制作网页之前，用户需要先掌握设计网页的构思方法。在设计与构思网页的过程中，设计者需要认真考虑的问题包括网页的主题、网页的名称、网站的标志、网页色彩搭配以及字体等要素。

1. 网页的主题

网页的主题指的是网页的题材。网络上的题材五花八门、琳琅满目，常见的题材主要有生活、娱乐、体育、影视、文学、游戏、教育、科技、投资等方面。网页题材虽然多，但设计者在选定题材时要遵循一定的原则。一般来说，确定网页题材应遵循以下原则：

▷ 题材应小而精，即网页的定位范围不宜过大、内容要精简。很多用户都力争制作一个什么内容都有的网站，把大量资源都放在一个页面中，但是结果却事与愿违。因为，这样的站点会给访问者感觉没有主题、没有特色。实际上，网络上的【专题站】比【万全站】更容易受到访问者的关注。

▷ 在确定网页主题时，设计者应选择自己比较感兴趣的题材。这样，在制作网页时才会有更多的热情去制作相应的页面元素。

▷ 在选择网页题材的过程中，设计者切忌太滥或者目标太高。格调过于低下的题材会让访问者产生厌烦心理，而与设计者水平相差太远的题材则有可能会给人一种过于夸张的感觉。两者都是不可取的。

2. 网页的名称

网页的名称是网页中主题内容的概括。网页的访问者通过网页的名称就应该能够看出网页的题材。一般来说，网页的命名应遵循如下几个原则：

> 网页名称应合理、合法、易记。在命名网页时，用户应该选择一个朗朗上口，并且紧贴主题的名称。

> 网页的名称要能体现网页主题，并且内容凝练、概括性强。

> 网页的名称在字数上应尽量控制在 6 个字左右(如网易、雅虎、京东、淘宝网等)。网页名称的字数越少，就越便于其他站点链接，因为一般网站首页上的友情链接标志(Logo)较小，超过 6 个字的网页名称可能会难以显示。

3. 网站的标识

网站的标识(Logo)，是网站特色和内容的几种体现，其简称为站标，一般放置在网站首页和链接页面上。网站标识既可以是中文文字、英文字母，也可以是符号、图案。

网站标识
网页名称

4. 页面色彩搭配

网站给人的第一印象来自于视觉的冲击。因此，确定网站首页的色彩搭配是设计网页时非常重要的一步。不同的色彩搭配会

在页面中产生不同的视觉效果，并且可能影响到访问者的情绪。一般来说，适合于网页主色调的颜色有蓝色、黄/橙色、黑/灰/白色等 3 类色彩搭配方式。在设计页面色彩时用户应注意以下两点。

> 不同的颜色会给浏览者带来不同的心理感受，每种颜色在饱和度、透明度上略微变化就会让人产生不同的感觉。因此，用户在设计页面色彩时应注意把握颜色的属性。

> 不要为一个站点设计过多的标准色，太多的标准色会使访问者眼花缭乱。标准色彩应用于设计网站的标识、标题、导航栏和主色块，以给人整体统一的感觉，其他色彩虽然也可以在网页中使用，但只能作为点缀和衬托出现。

5. 网页文字的字体

网页文字的字体与页面标准色一样，一般用于设计网站标识、标题和导航栏等页面元素。默认情况下，网页字体一般为宋体。为了体现网页的风格，设计者可以根据需要选择一些特殊的字体，如行楷、隶书、手写体等。

1.2.2 网页的布局结构

用户在设计网页布局的过程中，应遵循对称平衡、异常平衡、对比、凝视和空白等原则。一般情况下，网页的常见布局有以下几种结构。

> π 型布局：π 型布局经常被用于设计网站的首页，其顶部一般为网站标识、导航栏和广告栏。网页的下方分为 3 个部分，左、右侧为链接、广告(或其他内容)，中间部分为主题内容的局部。π 型布局页面的整体效果类似于符号"π"，这种网页的优点是充分利用栏页面的版面，可容纳的信息量大；缺点是页面可能会因为大量的信息而显得拥挤。

> T 型布局：T 型布局的网页顶部一般为网站的标识和广告栏，页面的左侧为主菜

单，右侧为主要内容。T 型网页布局的优点是页面结构清晰，内容主次分明，是初学者最容易上手的布局方式；其缺点是布局规格死板，若不注意细节上的色彩调整，很容易让访问者产生乏味感。

▶ "三"型布局："三"型布局的网页常见于国外网站，该类网页布局在页面上用横向的两条色块将整个网页划分为上、中、下 3 个区域。"三"型网页布局下方的色块中一般放置广告和版权等内容。

▶ 框架布局：框架布局的网页包括左右框架布局、上下框架布局和综合框架布局几种形态。采用框架布局的网页一般可以通过某个框架内的超链接来控制其他框架页面内的内容显示。

▶ POP 布局：POP 引用自广告术语，指的是页面布局像一张宣传海报，其一般以一张精美的图片作为页面设计的中心。

▶ Flash 布局：Flash 网页布局的整体就是一个 Flash 动画，动画的画面一般制作得绚丽活泼，此类布局是一种能够迅速吸引访问者注意的新潮布局方式。

1.3　Dreamweaver CC 简介

　　Dreamweaver CC 是一款可视的网页制作与编辑软件，它可以针对网络及移动平台设计、开发并发布网页。Dreamweaver CC 提供直觉式的视觉效果界面，可用于建立和编辑网站，并与最新的网络标准相兼容(同时对 HTML5/CSS3 和 jQuery 提供支持)。本节将详细介绍 Dreamweaver CC 的工作界面和基本操作，帮助用户初步了解该软件的使用方法。

1.3.1　工作界面

　　Dreamweaver CC 的工作界面效果秉承于 Dreamweaver 系列软件产品一贯简洁、高效和易用的特点，软件的多数功能都能在功能界面中非常方便地找到。

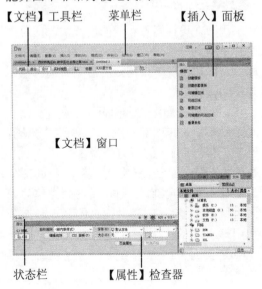

【文档】工具栏　　菜单栏　　【插入】面板

【文档】窗口

状态栏　　【属性】检查器

1. 菜单栏

　　Dreamweaver CC 的菜单栏提供了各种操作的标准菜单命令，它由【文件】、【编辑】、【查看】、【插入】、【修改】、【格式】、【命令】、【站点】、【窗口】和【帮助】等 10 个菜单命令组成。

　　Dreamweaver CC 菜单栏中比较重要的命令功能如下。

▶ 【文件】命令：用于文件操作的标准菜单选项，例如【新建】、【打开】和【保存】等命令。

▶ 【编辑】命令：用于基本编辑操作的标准菜单选项，例如【剪切】、【复制】和【粘贴】等命令。

▶ 【查看】命令：该命令用于查看文件的各种视图。

▶ 【插入】命令：用于将各种对象插入到页面中的各种菜单选项，例如表格、图像、表单等网页元素。

▶ 【修改】命令：用于编辑标签、表格、库和模板的标准菜单选项。

▶ 【格式】命令：用于设置文本格式的各种标准菜单选项。

▶ 【命令】命令：用于各种命令访问的

标准菜单选项。

▶【站点】命令：用于站点编辑和管理的各种标准菜单选项。

▶【窗口】命令：用于打开或关闭各种面板、检查器的标准菜单选项。

▶【帮助】命令：用于了解并使用 Dreamweaver CC 和相关网站链的接菜单选项。

2.【插入】面板

在 Dreamweaver CC 的【插入】面板中包含了可以向网页文档添加的各种元素，如文字、图像、表格、字符等。

单击【插入】面板中的下拉按钮▼，在下拉列表中显示了所有的类别，根据类别不同，【插入】面板由【常用】、【结构】、【媒体】、【表单】、jQuery Mobile、jQuery UI、【模板】和【收藏夹】组成。

Dreamweaver CC 的【插入】面板中主要类别的功能如下。

▶【常用】类别：包括网页中最常用的元素对象，例如插入图像、插入表格、插入水平线或日期等。

▶【结构】类别：整合了网页制作中常用的结构，如项目列表、编号列表、页眉、段落、页脚等。

▶【表单】类别：该类别是动态网页中最重要的元素对象之一，可以定义表单和插入表单对象。

▶【媒体】类别：该类别用于显示可插入页面的媒体元素。

▶ jQuery Mobile 类别：该类别用于插入 jQuery Mobile 页面和相应的元素。

▶ jQuery UI 类别：该类别用于显示可插入 jQuery UI 元素的列表。

▶【模板】类别：用于显示创建与编辑网页模板的相应命令列表。

▶【收藏夹】类别：可以将常用的按钮添加到【收藏夹】类别中，方便以后的使用。右击该类别面板，从弹出的快捷菜单中选择【自定义收藏夹】命令，即可打开【自定义收藏夹对象】对话框，在该对话框中用户可以添加收藏夹类别。

3.【文档】工具栏

Dreamweaver CC 的【文档】工具栏主要包含了一些对文档进行操作的常用功能按钮，通过单击这些按钮可以在文档的不同视图模式间进行快速切换。

【文档】工具栏中的主要功能如下。

▶【代码】按钮 代码 ：用于在文档窗口中显示 HTML 源代码视图。

▶【拆分】按钮 拆分 ：用于在文档窗口中同时显示 HTML 源代码和设计视图。

▶【设计】按钮 设计 ：系统默认的文档窗口视图模式，显示设计视图。

▶【实时视图】按钮 实时视图 ：可以在实际的浏览器条件下设计网页。单击该按钮将显示【实时代码】和【检查】按钮，显示实时代码或启动检查模式。

▶【标题】文本框：可以输入要在网页浏览器中显示的文档标题。

▶【在浏览器中预览/调试】按钮：该按钮通过指定浏览器中预览网页文档。可以在文档中存在 JavaScript 错误时查找错误。

▶【文件管理】按钮：用于快速执行【获取】、【取出】、【上传】、【存回】等文件管理命令。

4.【文档】窗口

【文档】窗口也就是设计区，它是 Dreamweaver 进行可视化网页设计的主要区域，可以显示当前文档的所有操作效果，例如插入文本、图像、动画等。

用户可以通过单击【文档】工具栏中的【代码】、【拆分】和【设计】按钮，切换不同的【文档】窗口显示模式。

5.【属性】检查器

在【属性】检查器中，用户可以查看并编辑页面上文本或对象的属性，该面板中显示的属性通常对应于标签的属性，更改属性通常与在【代码】视图中更改相应的属性具有相同的效果。

6. 状态栏

Dreamweaver 的状态栏位于文档窗口的底部，它的作用是显示当前正在编辑的文档的相关信息，例如，当前窗口大小和显示网页所采用的窗口类型等。

1.3.2 基本操作

在使用 Dreamweaver CC 编辑网页之前，用户应掌握该软件的基本操作方法，包括创建网页、保存网页、打开网页、设置网页属性以及预览网页效果等。

1. 创建网页

Dreamweaver 提供了多种创建网页的方法，用户可以通过菜单栏中的【新建】命令创建一个新的 HTML 网页文档，或使用模板创建新文档。

▶ 通过启动时打开的界面新建网页文档：启动 Dreamweaver CC，在软件启动时打开的快速打开界面中单击【新建】栏中的 HTML 按钮即可创建一个网页文档。

▶ 通过菜单栏创建网页文档：启动 Dreamweaver 后，选择【文件】|【新建】命令，打开【新建文档】对话框，然后在该对话框中选中【空白页】选项卡，接着，选中【页面类型】列表框中的 HTML 选项，并单击【创建】按钮，即可创建一个空白网页文档。

【例 1-1】使用 Dreamweaver CC 新建一个空白网页文档。◎视频

step① 启动 Dreamweaver CC，选择【文件】|【新建】命令。

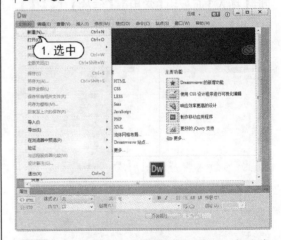

step② 在打开的【新建文档】对话框中选中【空白页】选项卡，在【页面类型】列表框中选中 HTML 选项，在【布局】列表框中选中【无】选项，如下图所示。

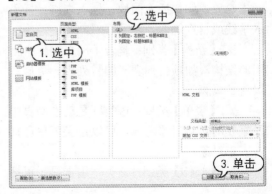

step ③ 最后，在【新建文档】对话框中单击【创建】按钮，即可创建一个空白网页。

2. 打开网页

在 Dreamweaver 中选择【文件】|【打开】命令，然后在打开的【打开】对话框中选中一个网页文档，并单击【打开】按钮即可打开该网页文档。

> 【例 1-2】在 Dreamweaver CC 中打开名为【广告】的网页。
>
> 📀 视频+素材 (光盘素材\第 01 章\例 1-2)

step ① 启动 Dreamweaver CC，选择【文件】|【打开】命令，打开【打开】对话框，选中需要打开的网页文件。

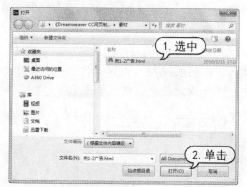

step ② 单击【打开】按钮，即可将该网页文件在 Dreamweaver 中打开。

3. 设置网页属性

用户在 Dreamweaver 中打开一个网页文档后，选择【修改】|【页面属性】命令，可以在打开的【页面属性】对话框中设置网页文档的所有属性。

在【页面属性】对话框的【分类】列表框中显示了可以设置的页面属性分类，包括【外观(CSS)】、【外观(HTML)】、【链接(CSS)】、【标题(CSS)】、【标题/编码】和【跟踪图像】等 6 个分类选项，其各自的作用如下。

▶ 【外观(CSS)】选项：用于设置网页默认的字体、字号、文本颜色、背景颜色、背景图像以及 4 个边距的距离等属性，会生成 CSS 格式。

▶ 【外观(HTML)】选项：用于设置网页中的文本字号、各种颜色属性等属性，会生成 HTML 格式。

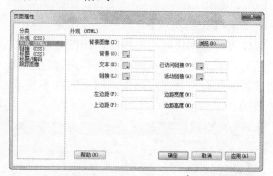

▶ 【链接(CSS)】选项：用于设置网页文档的链接，会生成 CSS 格式。

▶ 【标题(CSS)】选项：用于设置网页文档的标题样式，会生成 CSS 格式。

▶ 【标题/编码】选项：用于设置网页的标题及编码方式。

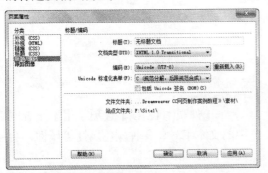

▶ 【跟踪图像】选项：用于指定一幅图像作为网页创作时的草稿图，该图显示在文档的背景上，便于在网页创作时进行定位和放置其他对象。在实际生成网页时并不显示该图。

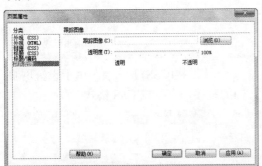

【例1-3】在 Dreamweaver CC 中设置网页的背景和网页文档的标题格式。

视频+素材 (光盘素材\第 01 章\例 1-3)

step 1 选择【文件】|【打开】命令，打开【打开】对话框，选中网页文件，然后单击【打开】按钮，在 Dreamweaver CC 中打开如下图所示的网页。

step 2 选择【修改】|【页面属性】命令，打开【页面属性】对话框。

step 3 选择【外观 HTML】选项，单击【背景】下拉列表按钮，在弹出的颜色面板中选中一种合适的颜色，然后单击【确定】按钮。

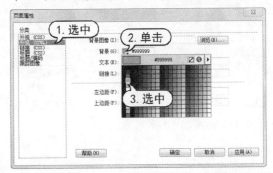

step 4 选择【标题(CSS)】选项，在【标题 1】文本框中输入 16，单击【标题 1】文本框后的下拉按钮，在弹出的颜色面板中选择【红色】色块。

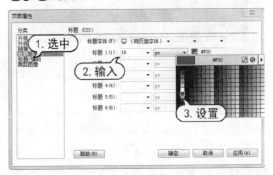

step 5 在【页面属性】对话框中单击【应用】

按钮,再单击【确定】按钮关闭该对话框。此时,Dreamweaver CC 中的网页效果如下图所示。

4. 预览网页效果

在 Dreamweaver CC 中打开一个网页后,可以通过单击【文档】工具栏中的【实时视图】按钮 实时视图 在【文档】窗口中预览网页的实际运行效果。

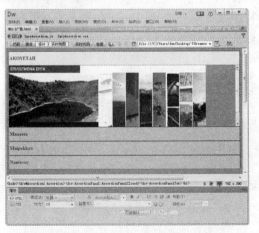

5. 保存网页文档

在 Dreamweaver 中选择【文件】|【保存】命令(或按 Ctrl+S 组合键),打开【另存为】对话框,在该对话框中选择文档存放位置并输入文件名称,单击【保存】按钮即可将当前打开的网页保存。

> 【例 1-4】在 Dreamweaver CC 中将打开的网页"广告.html"另存为"Index.html"。
>
> 视频+素材 (光盘素材\第 01 章\例 1-4)

step 1 在 Dreamweaver 中打开"广告.html"网页后,选择【文件】|【另存为】命令。

step 2 在打开的【另存为】对话框中设置网页文件的保存路径,然后在【文件名】文本框中输入【Index.html】。

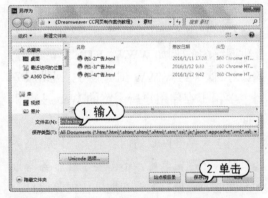

step 3 单击【保存】按钮即可将网页保存。

1.4　创建与设置本地站点

在 Dreamweaver CC 中,用户可以创建本地站点,本地站点是指在本地计算机中创建的站点,其所有的内容都保存在本地计算机硬盘上,本地计算机可以被看成是网络中的站点服务器。本节将通过实例操作,详细介绍在本地计算机上创建与设置本地站点的方法。

1.4.1 站点简介

互联网中包括无数的网站和客户端浏览器，网站宿主于网站服务器中，它通过存储和解析网页的内容，向客户端浏览器提供信息浏览服务。通过客户端浏览器打开网站中的某个网页时，网站服务软件会在完成对网页内容的解析工作后，将解析的结果回馈给网络中要求访问该网页的浏览器，其大概的流程如下图所示。

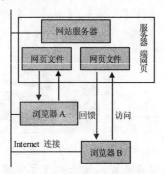

1. 网站服务器和本地计算机

一般情况下，网络上可以浏览的网页都存储在网站服务器中，网站服务器是指用于提供网络服务(例如 WWW、FTP、E-mail 等)的计算机，对于 WWW 浏览服务，网站服务器主要用于存储用户所浏览的 Web 站点和页面。

对于大多数网页访问者而言，网站服务器只是一个逻辑名称，不需要了解服务器具体的性能、数量、配置和地址位置等信息。用户在浏览器的地址栏中输入网址后，即可轻松浏览网页。对于浏览网页的计算机就称为本地计算机，只有本地计算机才是真正的实体。本地计算机和网站服务器之间通过各种线路进行连接，以实现相互之间的通信。

2. 本地站点和网络远程站点

网站由文档及其所在的文件夹组成，设计完善的网站都具备科学的体系结构，利用不同的文件夹，可以将不同的网页内容进行分类组织和保存。

在互联网上浏览各种网站，其实就是用浏览器打开存储于网站服务器上的网页文档及其相关资源，由于网站服务器的不可知特性，通常将存储于网站服务器上的网页文档及其相关资源称为远程站点。

> **实用技巧**
>
> 利用 Dreamweaver CC 软件，用户可以对位于网站服务器上的站点文档直接进行编辑和管理，但是，由于网速和网络传输的不稳定等因素，将对站点的管理和编辑带来不良影响。用户可以先在本地计算机上构建出整个网站的框架，并编辑相关的网页文档，然后再通过各种上传工具将整个站点上传到远程网站服务器上。

3. Internet 服务程序

在某些特殊情况下(如站点中包含 Web 应用程序)，用户在本地计算机上是无法对站点进行完整测试的，这时就需要借助 Internet 服务程序来完成测试。在本地计算机上安装 Internet 服务程序，实际上就是将本地计算机构建成一个真正的 Internet 服务器，用户可以从本地计算机上直接访问该服务器页面，这时，计算机已经和网站服务器合二为一。

> **实用技巧**
>
> 目前，Microsoft 公司的 IIS 是应用较广泛的 Internet 服务程序之一。依据不同的操作系统，应安装不同的服务程序。用户在计算机上成功安装 IIS 后，可以通过访问 http://localhost 来确认程序是否安装成功。成功安装后，用户就可以在未接入 Internet 的情况下创建站点，并对站点进行测试。

4. 网站文件的上传与下载

下载是资源从网站服务器传输到本地计算机的过程，而上传则是资源从本地计算机传输到 Internet 服务器的过程。用户在浏览网页的过程中，上传和下载是经常使用的操作。如浏览网页就是将 Internet 服务器上的网页下载到本地计算机中，然后进行浏览。用户在使用 E-mail 时输入用户名和密码，就是将用户信息上传到网站服务器。

1.4.2 规划站点

用户在规划站点时，应明确站点的主题，并搜集所需要的相关信息。规划站点指的是规划站点的结构，完成站点的规划后，在创建站点时既可以创建一个网站，也可以创建一个本地网页文件的存储地址。

1. 设计网站目录结构

站点的目录指的是在建立网站时存放网站文档的目录，网站目录结构的好坏对于网站的管理和维护至关重要。在规划站点的目录结构时，应该注意以下几点：

▶ 使用子目录分类保存网站栏目内容文档。应尽量减少网站根目录中的文件存放数量。要根据网站的栏目在网站根目录中创建相应的子目录。

▶ 站点的每个栏目目录下都要建立 Image、Music 和 Flash 目录，以分别存放图像、音乐和 Flash 文件。

▶ 避免目录层次太深。网站目录的层次最好不要超过 3 层，因为太深的目录层次不利于维护与管理。

▶ 避免使用中文作为站点文件目录名。

▶ 不要使用太长的站点目录名。

▶ 应尽量使用意义明确的字母作为站点目录名称。

2. 设计网站链接结构

站点的链接结构，是指站点中各页面之间相互链接的拓扑结构，规划网站的链接结构的目的是利用尽量少的链接达到网站的最佳浏览效果，如下图所示。

通常，网站的链接结构包括树状链接结构和星型链接结构，在规划站点链接时应混合应用这两种链接结构设计站点内各页面之间的链接，尽量使网站的浏览者既可以方便快捷地打开自己需要访问的网页，又能清晰地知道当前页面处于网站中的确切位置。

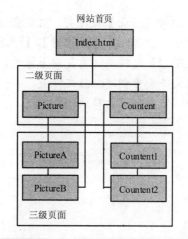

【例 1-5】规划一个网站的站点目录结构和链接结构。█视频

step ① 在本地计算机的硬盘中新建一个文件夹，并将该文件夹命名为 webSite(该文件夹将作为站点的根目录)。

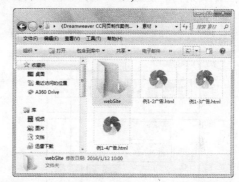

step ② 打开 webSite 文件夹，然后在该文件夹中新建【文件】文件夹，用于存储网站中的文件；新建【图片】文件夹，用于存储网站中的图像文件；新建【数据库】文件夹，用于存储网站中的数据库文件；新建【页面】文件夹，用于存储网站中的各种网页文件。

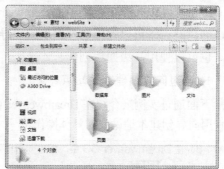

step ③ 打开【页面】文件夹，然后在该文件夹中创建【频道 A】、【频道 B】、【频道 C】和【频道 D】文件夹。重复以上操作，分别在其他文件夹中创建相应文件夹，存储相应的文件，完成网站的目录结构。

step ④ 根据创建的文件夹，规划个人网站的站点目录结构和链接结构，如下图所示。

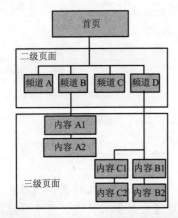

1.4.3 创建本地站点

在网络中创建网站之前，一般需要先在本地计算机上完成整个网站的创建，然后再将站点上传到网站 Web 服务器上。在 Dreamweaver 中，创建站点既可以使用软件提供的向导创建，也可以使用高级面板创建。

1. 通过向导创建本地站点

下面通过实例来介绍在 Dreamweaver CC 中使用向导创建本地站点的具体操作。

【例 1-6】在 Dreamweaver CC 中，使用向导创建本地站点。 🔘 视频

step ① 启动 Dreamweaver CC，选择【站点】|【新建站点】命令，打开【站点设置对象】对话框，然后在该对话框中单击【站点】类别，显示该类别下的选项区域，并在【站点名称】文本框中输入【本地站点 A】。

step ② 单击【浏览文件夹】按钮，打开【选择根文件夹】对话框，选择 webSite 文件夹，并单击【选择文件夹】按钮。

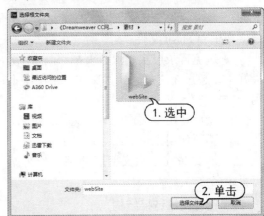

step ③ 最后，在【站点设置对象】对话框中单击【保存】按钮，即可创建本地站点。

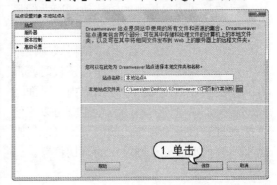

2. 使用高级面板创建站点

在 Dreamweaver 中，选择【站点】|【新建站点】命令，打开【站点设置对象】对话框，然后选中【高级设置】类别，即可展开相应的选项区域。

在【高级设置】选项区域中用户可以设置创建站点的详细信息，具体如下。

▶ 【默认图像文件夹】文本框：单击该文本框后面的【浏览文件夹】按钮，可以在打开的【选择图像文件】对话框中设定本地站点的默认图像文件夹存放路径。

▶ 【链接相对于】：在网站站点中创建指向其他资源或页面的链接时指定创建的链接类型。

▶ Web URL：Web 站点的 URL。Dreamweaver CC 使用 Web URL 创建站点根目录相对链接，并在使用链接检查器时验证这些链接。

1.4.4 设置本地站点

在 Dreamweaver 中完成本地站点的创建后，用户可以选择【站点】|【管理站点】命令，打开【管理站点】对话框，并利用该对话框中的工具栏对站点进行一系列的编辑操作，例如重新编辑当前选定的站点、复制、导出或删除站点等。

在【管理站点】对话框中比较重要的按钮功能如下。

▶ 【删除当前选定的站点】按钮：单击该按钮将删除当前在【管理站点】对话框中选中的站点。

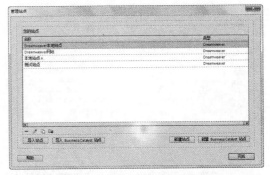

▶ 【编辑当前选定的站点】按钮：单击该按钮，可打开【站点设置对象】对话框，编辑在【管理站点】对话框中选中的站点。

▶ 【复制当前选定的站点】按钮：单击该按钮，可以在【管理站点】对话框中创建一个当前选中站点的复制站点。

▶ 【导出当前选定的站点】按钮：单击该按钮可以打开【导出站点】对话框，导出当前选中的站点。

▶ 【新建站点】按钮：单击该按钮可以打开【站点设置】对话框创建一个新的站点。

用户在【管理站点】对话框中完成对站点的操作后，单击该对话框中的【完成】按钮即可使设置生效。

【例 1-7】在 Dreamweaver CC 中，将【例 1-6】创建的本地站点导出。　视频

step 1　选择【站点】|【管理站点】命令，打开【管理站点】对话框，选中【本地站点 A】站点，单击【导出当前选定的站点】按钮。

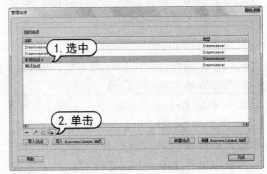

step 2　打开【导出站点】对话框，选择保存

导出站点的路径后，单击【保存】按钮。

step ③ 此时，【本地站点 A】站点将被导出为【本地站点 A.ste】文件。

本地站点A.ste

1.4.5 创建网站文件

成功创建本地站点后，用户可以根据需要创建各栏目文件夹和文件，对于创建好的站点也可以进行再次编辑，也可以复制或删除这些站点。

1. 创建站点文件与文件夹

创建文件夹和文件相当于规划站点。在 Dreamweaver 中选择【窗口】|【文件】命令，打开【文件】面板，然后在该面板中右击站点根目录，从弹出的快捷菜单中选择【新建文件夹】命令，即可新建名为 untitled 的文件夹；选择【新建文件】命令，可以新建名称为 untitled.html 的文件。

【例 1-8】在创建的本地站点中创建文件夹 Web 与网页文件 Index.html。●视频

step ① 启动 Dreamweaver CC，选择【窗口】|【文件】命令，打开【文件】面板，然后单击该面板中的下拉列表按钮，在弹出的下拉列表中选中【本地站点】选项，显示本地站点。

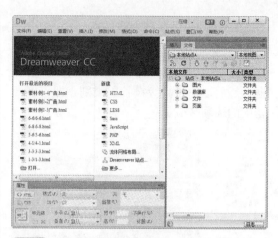

step ② 在【文件】面板中右击站点根目录，在弹出的快捷菜单中选择【新建文件夹】命令，创建一个名为 untitled 的文件夹。

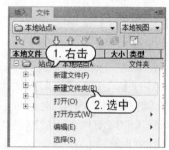

step ③ 此时，文件夹名称处于可编辑状态，直接输入 Web，然后按 Enter 键即可创建一个名为 Web 的文件夹。

step ④ 重复步骤 2 的操作，右击站点根目录，在弹出的快捷菜单中选择【新建文件】命令，然后输入 Index 并按下 Enter 键即可创建一个名为【Index.html】的网页文件。

🐟 实用技巧

用户在【文件】中选中站点中的文件夹，然后通过右击鼠标创建文件夹或文件，即可在选定的文件夹中创建文件夹或文件。

2. 重命名站点文件与文件夹

重命名文件和文件夹可以更清晰地管理站点。用户可以在【文件】面板中单击文件或文件夹名称，输入新的名称，按 Enter 键即可。

除此之外，还可以通过在【文件】面板中右击文件或文件夹，在弹出的快捷菜单中选择【编辑】|【重命名】命令，修改文件夹或文件的名称。

3. 删除站点文件与文件夹

在站点中创建的文件和文件夹，如果不再使用，可以删除它们。选中需要删除的文件或文件夹，按 Delete 键，然后在打开的信息提示框中单击【是】按钮即可。

1.5　设置 Dreamweaver CC 视图模式

Dreamweaver CC 提供了【设计】、【代码】、【拆分】、【实时视图】、【实时代码】和【检查】等多种视图模式，可以帮助设计者随时查看网页的设计效果和相应代码的对应状态。除此之外，在【设计】视图中，用户还可以使用【标尺】和【网格】功能，精确定位网页中的各种页面元素。

1.5.1　切换【文档】视图

在 Dreamweaver CC 中选择【查看】命令，在弹出的菜单中用户可以切换【设计】、【代码】、【拆分】、【实时视图】等文档窗口视图模式。其各自的功能如下。

1. 设计视图

【设计】视图为 Dreamweaver CC 的默认视图，该视图显示可视化页面布局、可视化编辑和快速应用程序开发的设计环境。在设计视图中显示了文档的完全可编辑的可视化表示形式，类似于在浏览器中查看页面时看到的内容。

2. 代码视图

Dreamweaver【代码】视图用于显示编

写和编辑 HTML、JavaScript、服务器语言代码以及任何其他类型代码的手动编码环境。

用户可以在【代码】视图中使用视图左侧的工具栏对当前打开页面的代码进行语法检查、自动换行、应用注释以及折叠所选等操作。

3. 拆分视图

使用【拆分】视图可以在一个窗口中同时显示网页文档的【代码】视图和【设计】视图。

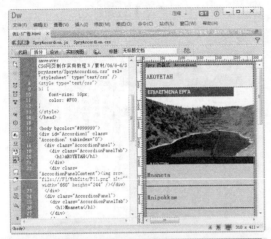

实用技巧

在【拆分】视图中，用户选中视图右侧【设计】视图中的网页元素，左侧【代码】视图中将会自动显示并标注相应的网页代码。

4. 实时视图

【实时视图】模式与【设计】视图类似，实时视图可以逼真地显示文档在浏览器中的表示形式，并使用户能够像在浏览器中那样与文档进行交互。该视图虽然不可编辑，但是用户可以在【代码】视图中对网页进行编辑。

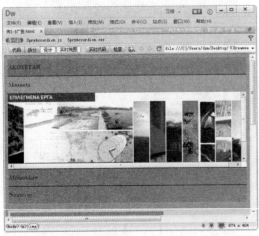

5. 实时代码模式

【实时代码】模式仅在【实时视图】模式

中查看文档时可用(用户单击【实时视图】按钮将会显示【实时代码】按钮)。【实时代码】视图显示浏览器用于执行网页页面的实际代码，在实时视图中与页面进行交互时，实时代码视图可以动态变化。

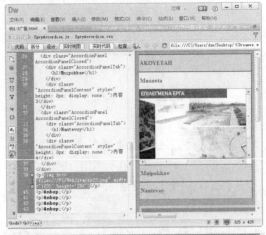

实用技巧

在【实时代码】视图中，Dreamweaver CC 不允许用户执行编辑操作。

6. 检查模式

【检查】模式与【实时视图】一起使用有助于用户快速识别 HTML 元素及其关联的 CSS 样式。打开检查模式后，将鼠标悬停在页面中的元素上方即可查看任何块级元素的 CSS 和模型属性。

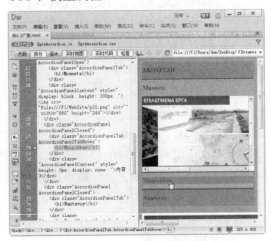

1.5.2　使用可视化助理

Dreamweaver 提供了【标尺】和【网格】功能，用于辅助设计网页文档。【标尺】功能可以辅助测量、组织和规划布局；【网格】功能可以绝对定位网页元素在移动时自动靠齐网格，还可以通过指定网格设置更改网格或控制靠齐行为。

1. 使用【标尺】功能

在设计页面时需要设置页面元素的位置，可以参考以下方法使用【标尺】功能。

【例 1-9】在 Dreamweaver CC 中使用标尺。

视频+素材　(光盘素材\第 01 章\例 1-9)

step 1　在 Dreamweaver CC 中打开一个网页文档。

step 2　选择【查看】|【标尺】|【显示】命令，在文档窗口中显示标尺。

step 3　单击文档窗口左上方的标尺原点，然后移动鼠标至网页中合适的位置，定义标尺原点在页面中的位置。

step 4　单击标尺的左侧 Y 轴，然后按住鼠标左键不放拖动一根辅助线至页面中合适的位置。此时，在参考线上方将显示原点位置到标尺辅助线之间的距离，如下图所示。

step 5　双击页面中的辅助线，在打开的【移动辅助线】对话框中显示了辅助线到标尺原点之间的距离。

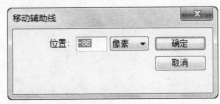

step 6　在【移动辅助线】对话框的【位置】文本框中输入参考线距原点之间的距离参数后，单击【确定】按钮，可以修改辅助线的位置(以原点为基准)。

step 7　重复以上操作，可以利用标尺，测量并定位页面中各个元素的准确位置。标尺使用结束后，在标尺上右击鼠标，从弹出的快捷菜单中选择【隐藏标尺】命令，即可关闭标尺。

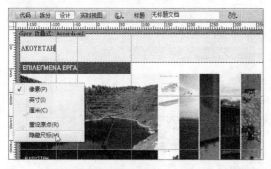

2. 使用【网格】功能

网格是在 Dreamweaver 的设计视图中对层进行绘制、定位或调整大小的可视化向导。通过对网格的操作，可以使页面元素在被移动后自动靠齐到网格，并可以通过网格设置来更改或控制靠齐行为。在 Dreamweaver 中，选择【查看】|【网格设置】|【显示网格】命令，即可在文档窗口中显示网格。

1.6 案例演练

本章的案例演练部分包括在 Dreamweaver CC 中创建网页和站点两个综合实例操作，通过练习使用户巩固本章所学知识。

【例 1-10】在 Dreamweaver CC 创建一个网页，并设置该网页的页面属性。

视频+素材 (光盘素材\第 01 章\例 1-10)

step 1 启动 Dreamweaver CC，选择【文件】|【新建】命令，打开【新建文档】对话框。

step 2 在【新建文档】对话框中选择【3 列固定，标题和脚注】选项，然后单击【创建】按钮。

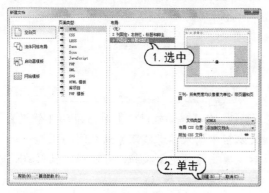

step 3 此时，将在 Dreamweaver CC 中创建一个如下图所示的网页。

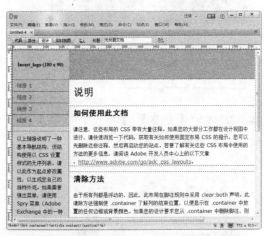

step 4 选择【文件】|【另存为】命令，打开【另存为】对话框。

step 5 在【另存为】对话框中设置网页文件的保存路径和名称后，单击【确定】按钮，将网页保存。

step 6 选择【修改】|【页面属性】命令，打开【页面属性】对话框，在【分类】列表中

选择【外观(CSS)】选项，然后单击【页面字体】下拉列表按钮，在弹出的下拉中选中【华文楷体】选项；单击【文本颜色】下拉按钮，在弹出的颜色面板中选择一种合适的颜色。

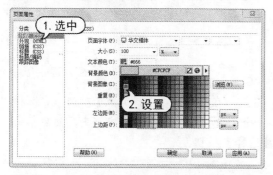

step 7 在【页面属性】对话框的【分类】列表中选择【链接(CSS)】选项，在【链接颜色】文本框中设置页面中超链接文本的颜色；在【已访问链接】文本框中设置页面中访问后的超链接文本的颜色。

step 8 在【页面属性】对话框的【分类】列表中选择【标题/编码】选项，然后单击【编码】下拉列表按钮，在弹出的下拉列表中选择【简体中文 GB2312】选项。

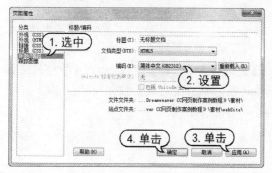

step 9 在【页面属性】对话框中单击【应用】

按钮，再单击【确定】按钮，关闭对话框。

step 10 选择【查看】|【实时视图】命令，在 Dreamweaver CC 中查看网页的运行效果。

step 11 在状态栏右侧单击【窗口大小】下拉列表按钮，从弹出的下拉列表中选择【编辑大小】选项。

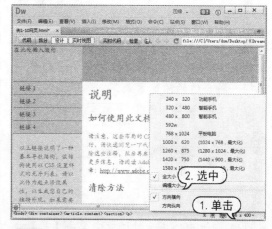

step 12 在打开的【首选项】对话框中单击【+】按钮，添加一个自定义窗口大小，效果如下图所示。

step 13 单击【确定】按钮，关闭【首选项】对话框。

step 14 在状态栏右侧单击【窗口大小】下拉列表按钮，从弹出的下拉列表中选择【自定义窗口大小】选项。此时，网页的效果将如下图所示。

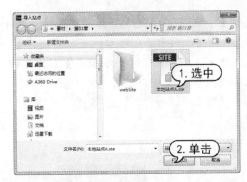

step ⑮ 单击【文档】工具栏中的【在浏览器种预览/调试】按钮，在弹出的下拉列表中选择一种合适的预览方式。

step ⑯ 在弹出的提示对话框中单击【是】按钮保存网页，即可在浏览器中预览网页效果。

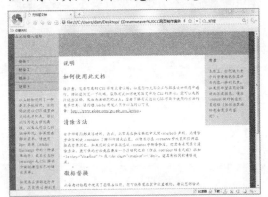

【例 1-11】利用【例 1-7】导出的本地站点【本地站点 A】，在 Dreamweaver CC 中创建一个名为【社交网络】的站点。

视频+素材（光盘素材\第 01 章\例 1-11）

step ① 启动 Dreamweaver CC，选择【站点】|【管理站点】命令。

step ② 在打开的【管理站点】对话框中单击【导入站点】按钮，打开【导入站点】对话框，选中【例 1-7】导出的【本地站点 A.ste】文件，并单击【打开】按钮。

step ③ 在打开的【选择站点】对话框中选择一个文件夹作为站点的根文件夹，然后单击【选择】按钮。

step ④ 返回【管理站点】对话框，选中导入的站点【本地站点 A2】，然后单击【编辑当前选定的站点】按钮，打开【站点设置对象】对话框，在【站点名称】文本框中输入【社交网络】。

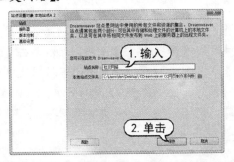

step ⑤ 单击【保存】按钮，返回【管理站点】对话框，单击【完成】按钮即可。

第 2 章
网页内容的编辑与处理

　　文本、图像和多媒体等元素是网页中不可缺少的部分，对文本进行格式化可以充分体现页面所要表达的重点，而在网页中插入图像和多媒体的实质则是把我们设计完成的最终效果直观地展示给网页浏览者。

　　本章将重点介绍使用 Dreamweaver CC 在网页中插入文本、图像和多媒体等元素的方法和技巧。

　　对应光盘视频

2.1 网页文本的处理与控制

在网页中，文字是将各种信息传达给浏览者的最主要和最有效的途径，无论设计者制作网页的目的是什么，文本都是网页中不可缺少的组成元素。在 Dreamweaver CC 中，用户可以通过设置文本的字体、字号、颜色、字符间距与行间距等属性来区别网页中不同的文本。

2.1.1 设置网页标题

在打开网页时，最先看到的是网页的标题。网页标题一般位于网页的左上角，也就是浏览器中当前网页的名称，如下图所示。在使用搜索引擎对网页进行搜索时，标题被优先搜索，因此，对于一个网页而言，标题是非常重要的部分。很多网站都会把一些重要的信息放在网页标题中。从而使网页在搜索结果中位于前列。

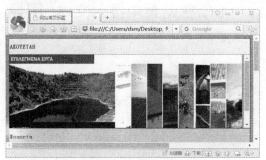

▶ 通过【页面属性】对话框设置网页标题：在 Dreamweaver CC 中，选择【修改】|【页面属性】命令，在打开的【页面属性】对话框中，可以设置网页的标题。在【页面属性】对话框的【分类】列表中选择【标题/编码】选项，然后在对话框右侧的【标题】文本框中可以输入网页的标题。

▶ 直接在 Dreamweaver 中设置网页标

题：除了可以在【页面属性】对话框中设置网页的标题以外，用户还可以在 Dreamweaver 文档窗口的标题处直接设置当前网页的标题。

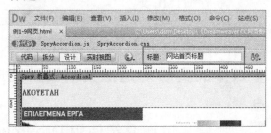

▶ 通过修改 HTML 代码设置网页的标题：用户还可以在 Dreamweaver 的代码视图中对网页标题进行设置，若在设计视图中已经设置好了网页的标题，那么在代码视图或拆分视图中就可以看到 HTML 代码中是如何设置标题的。

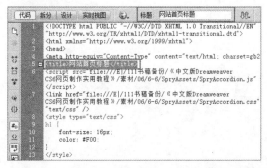

从上图所示可以看出，网页的标题在<title>…</title>标签中。因此，对于网页标题的设置可以在<title>…</title>标签之间进行任意修改。

实用技巧

HTML(Hyper Text Mark-up Language)即超文本标记语言，是 WWW 上通用的描述语言。HTML 语言主要是为了把存放在一台计算机中的文本或图形与另一台计算机中的文本或图形方便地联系在一起，形成有机的整体。

2.1.2 认识 HTML

HTML 文件通常由 3 部分组成：即起始标记、网页标题和文件主体。其中，文件主体是 HTML 文件的主要部分与核心内容，它包括文件所有的实际内容与绝大多数的标记符号。

1. HTML 文件的基本结构

在 HTML 文件中，有一些固定的标记要放在每一个 HTML 文件里。HTML 文件的总体结构如下所示：

```
<Html>
        <Head>
        网页的标题及属性
        </Head>
        <Body>
        文件主体
        </Body>
</Html>
```

以上结构中，各部分的含义如下。

➤ <Html></Html>标记：<Html>标记位于 HTML 文档的最前面，用于标识 HTML 文档的开始。而</Html>标记恰恰相反，它放在 HTML 文档的最后面，用来标识 HTML 文档的结束，两个标记必须一起使用。

➤ <Head></Head>标记：<Head></Head>标记对构成 HTML 文档的开头部分，在此标记对之间可以使用<Title></Title>、<Script></Script>等标记对。这些标记对都是描述 HTML 文档相关信息的，<Head></Head>标记对之间的内容不会在浏览器的窗口中显示出来，两个标记必须一起使用。

➤ <Body></Body>标记：<Body></Body>标记对之间的内容是 HTML 文档的主体部分，在此标记对之间可以包含众多的标记和信息，它们所定义的文本、图像等将会在浏览器的窗口中显示出来，两个标记必须一起使用。

2. 常用 HTML 标记简介

下面将介绍几种常用的 HTML 标记，包括 Title 标记、Base 标记、Link 标记以及 Meta 标记等。

➤ <Title></Title>标记：<Title></Title>标记标明 HTML 文件的标题，是对文件内容的概括。一个好的标题名称能使读者从中判断出该文件的大概内容。文件的标题一般不会显示在文本窗口中，而是以窗口的名称显示在标题栏中。<Title></Title>标记对只能放在<Head>与</Head>标记对之间：

<Title>我的网页</Title>

➤ <Base>标记：<Base>标记用于设定超链接的基准路径。使用这个标记，可以大大简化网页内超链接的编写。用户不必为每个超链接输入完整的路径，而只须指定它相对于<Base>标记所指定的基准地址的相对路径即可。该标记包含参数 Href，用于指明基准路径，其用法如下：

<Base href="URL">

➤ <Link>标记：<Link>标记表示超链接，在 HTML 文件的<Head>标记中可以出现任意数目的 Link 标记。它也包含有参数 Href。<Link>标记可以定义含有链接标记的文件与 URL 中定义文件之间的关系。该标记的用法如下：

<link rev="RELATIONSHIP"
rel="RELATIONSHIP" href="URL">

➤ <Meta>标记：<Meta>标记用于指明与文件内容相关的信息。每一个该标记指明一个名称或数值对。如果多个<Meta>标记使用了相同的名称，其内容便会合并成一个用逗号隔开的列表，也就是和该名称相关的值。Meta 标记的一般用法如下：

<Meta http-equiv="Content-Type"
content="text/html;charset=gb2312">

➤ <Img>标记：<Img>标记用于处理图

像的输出。HTML 采用的图像格式有 GIF、JPG 和 PNG 3 种。在网页中插入图像时，需要使用 HTML 的<Img>标记，其格式如下：

<Img Src="Picname">

▶ <Hr>标记：使用<Hr>标记可以在网页中插入一条水平线，它的使用方法如下：

<Hr Align=对齐方式 Width=x%,Size=n,Noshade>

▶ <Table></Table>标记：<Table></Table>标记对用于定义表格。网页中的一个表格由<Table>标记开始，</Table>标记结束，表格的内容由<Tr>标记和<Td>标记定义。<Tr>标记定义表格的一行，表格有多少行就有多少个<Tr>标记；<Td>标记则设定一个单元格来填充表格：

<Table　Border=1>

　　<Tr>

　　<Td>007</Td>

　　<Td>王燕</Td>

　　<Td>95</Td>

　　</Tr>

</Table>

▶ <Ol></Ol>标记：当网页中的某些内容存在排序关系时，可以使用编号列表，以表明这些内容是有前后顺序的。编号列表的应用格式如下：

<Ol>

　　<Li>编号列表

　　……

</Ol>

▶ <Ul></Ul>标记：当网页内容出现并列选项时，可以采用符号列表。它的标记是<Ul>(它是 Unordered List 英文的缩写)，在每一个列表项的开始处需要使用<Li>标记以示区别。符号列表的使用格式如下：

<Ul>

　　<Li>符号列表

　　……

</Ul>

▶ <Frame><Frameset>标记：在设计框架网页时，<Frame>标记和<Frameset>标记用于定义框架网页的结构。由于框架网页的出现，从根本上改变了 HTML 文档的传统结构，因此在出现<Frameset>标记的文档中，将不再使用<Body>标记：

<Html>

　　<Head>…</Head>

　　<Frameset>…</Frameset>

　　<Frame Src="URL">

</Html>

实用技巧

如果考虑到一些不支持框架网页功能的浏览器，可以使用<Noframes></Noframes>标记对，把此标记对放在<Frameset></Frameset>标记对之间。

2.1.3 网页文本的基本设置

文本是网页中最常见、也是应用最广泛的元素之一，是网页内容的核心部分。在网页中输入文本与在其他应用软件(例如 Word、Excel 等)中添加文本一样方便，用户可以在 Dreamweaver CC 中直接在网页中输入文本，也可以从其他文档中复制文本，还可以插入水平线和特殊字符等。

1. 设置文本标题

在 Dreamweaver CC 中，在设置网页文本之前，需要先将作为标题的文字选中，然后选择【修改】|【页面属性】命令，打开【页面属性】对话框。在 Dreamweaver 中，【页面属性】对话框中各属性选项的更改方式与【属性】面板相同。在【页面属性】对话框中，选中【分类】列表框中的【标题(CSS)】选项，在标题的设置选项可以看到，文本标题的设置共有 6 个级别，也就是说，用户最多可以直接在【页面属性】对话框中设置 6 个级别的标题。

在【页面属性】对话框中对文本的标题进行设置时，每个标题的字体大小和颜色都可以单独设置。需要对所有标题设置字体类型。通常情况下，【标题字体】下拉列表框中会为用户列出一些默认的字体，如果这些字体都不满足，用户还可以在【标题字体】下拉列表框中选中【管理字体】选项，打开【管理字体】对话框添加新的字体类型。

在【管理字体】对话框中的【可用字体】列表框中选择字体，然后单击【添加】按钮，即可将选中的字体添加至【选择的字体】列表中。

另外，在【管理字体】对话框中的【字体列表】列表框中单击【+】和【-】还可以对当前已有的字体进行添加或删除操作(需要注意的是，从【可用字体】列表框中添加字体每次只能添加一个，若添加数量超过一个，超出的字体将和第一个添加的字体被列在同一项中)。

在【管理字体】对话框中选择【本地

Web 字体】选项卡后，将打开如下图所示的选项区域，在该选项区域中用户可以设置并添加自定义字体。

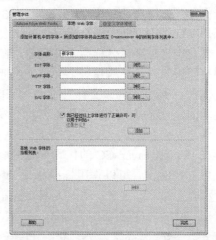

由于不同浏览器对字体格式的支持不一致，所以 Dreamweaver CC 提供了 EOT、WOFF、TTF 和 SVG 等 4 种字体的导入方式，其各自的特点如下。

➤ EOT 字体：.eot 字体是 IE 浏览器的专用字体，可以从 TrueType 创建此类字体。支持 EOT 字体的浏览器有 IE4+。

➤ WOFF 字体：.woff 字体是 Web 字体中的最佳格式，它是一个开放的 TrueType/OpenType 的压缩版本，同时也支持数据包的分类。支持 WOFF 字体的浏览器有 IE9+、Firefox3.5+、Chrome6+、Safari3.5+、Opera11.1+等。

➤ TTF 字体：.ttf 字体是 Windows 和 Mac 的最常见字体，它是一种 RAW 格式，因此不会为网站优化。支持 TTF 字体的浏览器有 IE9+、Firefox3.5+、Safari3.5+、Opera10+、iOS Mobile Safari4.2+等。

➤ SVG 字体：.svg 字体是基于 SVG 字体渲染的一种格式。支持 SVG 字体的浏览器有 Chrome4+、Safari3.1+、Opera10+、iOS Mobile Safari3.2+等。

在 Dreamweaver CC 中导入 Web 字体后，用户需要在【管理字体】对话框中选中【我已经对以上字体进行了正确许可，可以用于网站】复选框，这样单击【确定】按钮添加 Web 字体才会由只读变为可单击状态。这里需要注意的是，在添加应用 Web 字体之前应先保存要使用 Web 字体的网页，因为在用户添加 Web 字体的时候，Dreamweaver 会以设计者自定义的字体名称为文件夹名，在与该网页同级的目录下新建一个文件夹，把导入的 Web 字体复制到该文件夹中，并新建一份名为 stylesheet 的 CSS 文件也存放于该文件夹中。

在 Dreamweaver CC 的代码视图中，对于文本标题的设置可以使用标题标记\<h\>来编写。一般情况下，一级标题就是\<h1\>…\</h1\>，二级标题就是\<h2\>…\</h2\>。

【例 2-1】在 Dreamweaver CC 中添加标题字体 ALGER.ttf，并将设置的新标题应用于网页文本。

视频+素材 (光盘素材\第 02 章\例 2-1)

step 1 启动 Dreamweaver CC，创建一个空白网页，选择【修改】|【页面属性】命令，打开【页面属性】对话框。

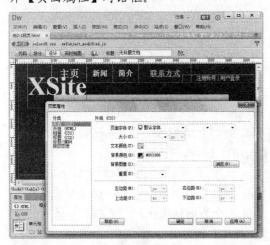

step 2 在【页面属性】对话框中单击【页面字体】下拉列表按钮，在弹出的下拉列表中选择【管理字体】选项，打开【管理字体】对话框。

step 3 在【管理字体】对话框中选择【本地 Web 字体】选项卡，然后在【字体名称】文本框中输入【新字体】。

step 4 单击【TTF 字体:】文本框后的【浏览】按钮，打开【打开】对话框，选中 ALGER.ttf 文件，然后单击【打开】按钮。

step 5 返回【管理字体】对话框，选中【我已经对以上字体进行了正确许可，可以用于网站】复选框，并单击【完成】按钮。

step 6 返回【页面属性】对话框，单击【页面字体】下拉列表按钮，在弹出的下拉列表中选择创建的【新字体】字体。

step 7 在【页面属性】对话框中的【分类】列表框中选择【标题(CSS)】选项，并在打开的选项区域中单击【标题字体】下拉列表按钮，在弹出的下拉列表中选择【新字体】选项。

step 8 分别设置【标题 1】和【标题 3】的字体大小和颜色，完成后单击【应用】按钮。

step 9 此时，网页的效果将如下图所示。

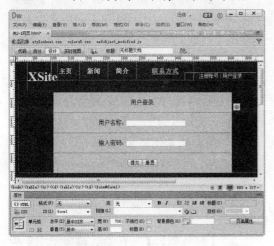

2. 添加空格

在 Dreamweaver CC 中添加空格时，如果直接在文档窗口中选中文本，并按下键盘上的空格键，则只能输入一个空格，连续按下空格键光标将不会向后移动，继续添加空格。

使用 Dreamweaver 在网页中连续输入空格的方法有以下两种：

➤ 按下【Ctrl+Shift+空格】组合键即可在网页中输入连续的空格。

➤ 在【代码】视图中合适的位置上输入【 】，可以为网页文本添加 1 个空格键，若需要输入多个空格键，可以使用【;】将若干个【 】分开，从而实现连续空格键的输入。

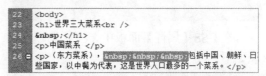

另外，用户还可以选择【编辑】|【首选项】命令，打开【首选项】对话框，然后在该对话框的【分类】列表中选择【常规】选项，在打开的选项区域中选中【允许多个连续的空格】复选框，设置 Dreamweaver CC 可以通过按下键盘上的空格键在文本中输入多个空格。

3. 设置网页文字

设置网页中的文本属性，可以将网页中的文本设置成色彩纷呈、样式各异的文本，使枯燥的文本更显生动。在 Dreamweaver CC

中，用户可以通过编辑文本来设置文本的字体、颜色以及对齐方式等属性。

(1) 在【属性】面板中编辑 CSS 规则

在 Dreamweaver 中选择【窗口】|【属性】命令，打开【属性】面板，将鼠标光标定位在一段已经应用了 CSS 规则的文本中，然后单击【CSS】按钮，该规则将显示在【目标规则】下拉列表框中，或者直接从【目标规则】下拉列表框中选中一个规则赋予需要应用样式的文本。通过使用【属性】面板中的各个选项可以对 CSS 规则进行修改.

在 CSS【属性】面板中，主要选项的功能如下。

➤ 【目标规则】下拉列表框：该下拉列表框中的选项为 CSS【属性】面板中正在编辑的规则。当网页文本已经应用了样式规则时，在页面的文本内部单击，将会显示出影响该文本格式的规则。如果要创建新规则，在【目标规则】下拉列表框中选择【新 CSS 规则】选项，然后单击【编辑规则】按钮，在打开的【新建 CSS 规则】对话框中设置即可。

➤ 【编辑规则】按钮：该按钮可以用来打开目标规则的【CSS 规则定义】对话框。

➤ 【字体】下拉列表框：该下拉列表框用于更改目标规则的字体。

➤ 【大小】下拉列表框：该下拉列表框用于设置目标规则的字体大小。

➤ 【文本颜色】按钮：单击该按钮可以在弹出的颜色面板中为目标规则设置颜色。

➤ 【左对齐】按钮、【居中对齐】按钮、【右对齐】按钮和【两端对齐】按钮：用于设置目标规则的各种对齐属性。

(2) 在【属性】面板中编辑 HTML 格式

在网页文档中选中需要设置格式的文本后，在【属性】面板中单击 HTML 按钮，可以设置应用于所选文本的选项。

在 HTML【属性】面板中，主要选项的功能如下。

➤ 【格式】下拉列表框：该下拉列表框用于设置所选文本的段落样式。【段落】应用【<p>】标签的默认格式，【标题】应用【<h1>】标签标识。

➤ ID 下拉列表框：该下拉列表框用于为所选内容分配 ID，以表示其唯一性。ID下拉列表框中默认设置为"无"选项，如果使用，ID 下拉列表框中将列出文档内所有未使用的已声明 ID(ID 在同一个页面中是唯一的，也就是一个 ID 在同一个页面中只能出现一次)。

➤ 【类】下拉列表框：该下拉列表框用于显示当前应用于所选文本的类样式。如果没有对所选内容应用过任何样式，则【类】下拉列表框中显示【无】选项。如果对所选内容应用了样式，则该下拉列表框中会显示出应用于该文本的样式。类与 ID 不一样，ID有唯一性，而类可以被重复使用，一个页面中可以多次出现同一个类。

➤ 【粗体】按钮 **B**：该按钮用于设置文本是否以粗体显示。根据【首选参数】对话框的【常规】类别中设置的样式首选参数，用【<b>】或【<strong>】来标记所选文本。

➤ 【斜体】按钮 *I*：该按钮用于设置文本是否以斜体显示。根据【首选参数】对话框的【常规】类别中设置的样式首选参数，用【i】或【em】来标记所选文本。

➤ 【项目列表】按钮：该按钮用于为所选文本创建项目列表，又被称为无序列表，有方形、空心圆和实心圆等 3 种表示标记的方式。

➤ 【编号列表】按钮：该按钮用于为所选文本创建编号列表，又被称为有序列表，可以用数字、大小写字母、大小写罗马数字来标记。

➤ 【内缩区块】按钮■和【删除内缩区块】按钮■：用于通过应用或删除 blockquote 标签，减小所选文本或删除所选文本的缩进。

➤ 【链接】下拉列表框：该下拉列表框用于创建所选文本的超链接。

➤ 【标题】文本框：该文本框用于为超链接指定文本工具提示。

➤ 【目标】下拉列表框：该下拉列表框用于指定将链接文档加载到目标框架或窗口，它包含【_blank】、【_parent】、【_self】和【_top】等 4 个选项。

2.1.4　使用项目列表

在 Dreamweaver CC 中，用户可以使用【属性】面板和"文本"插入栏实现项目列表的编辑。在 Dreamweaver 中，可以将列表设置为有序列表和无序列表。

1. 设置无序列表

无序列表指的是以【•】、【。】等符号开头，并且没有顺序的列表项目。在无序列表中通常不会有顺序级别的区别，只在文字的前面使用一个项目符号作为每个列表项的前缀。在设置无序列表时，用户只需先将文字部分选中，然后在【属性】面板中单击【项目列表】按钮即可。

设置无序列表后，文本前将自动添加一个列表符号（【•】符号）。当用户需要在列表中设置下级列表时，只需将文本选中，然后单击【项目列表】按钮后的【缩进】按钮即可。被选中的文本会向后缩进一些，并且其

项目符号将会发生改变。

实用技巧

用户可以将选中的文本设置为下级列表，也可以将其设置为上级列表。与【缩进】按钮相对应的是【凸出】按钮，在需要设置上级列表时，选中相应的文本并单击【凸出】按钮即可。

2. 设置有序列表

有序列表以数字或英文字母开头，并且每个项目都会有先后顺序。将网页中的文本选中后，在【属性】面板中单击【编号列表】按钮■，即可为文本设置有序列表。

实用技巧

与【编号列表】按钮配合使用的是【凸出】按钮和【缩进】按钮，这两个按钮的使用方法在介绍无序列表设置中讲解过，这里不再详细介绍。

3. 定义项目列表

编号列表和项目列表的前导符还可以自行编辑。设置列表属性的具体方法如下。

【例 2-2】在 Dreamweaver CC 中定义项目列表的属性。

视频+素材 （光盘素材\第 02 章\例 2-2）

step 1 将光标移至编号列表或项目列表中，选择【格式】|【列表】|【属性】命令，打开【列表属性】对话框。

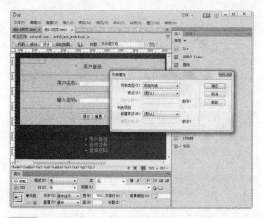

step② 在【列表属性】对话框中设置完列表的属性后，单击【确定】按钮。

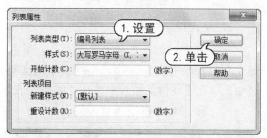

step③ 此时，页面中项目列表的效果将如下图所示。

【列表属性】对话框中的主要参数选项的具体作用如下。

▶ 【列表类型】下拉列表：可以选择列表类型。

▶ 【样式】下拉列表：设置选择的列表样式。

▶ 【新建样式】下拉列表：可以选择列表的项目样式。

▶ 【开始计数】文本框：可以设置编号列表的起始编号数字，只对编号列表有用。

▶ 【重设计数】文本框：可以重新设置编号列表编号数字，只对编号列表有用。

2.1.5 使用外部文本

网页中的文字较多，如果用户已经编写

了文字，只需要把编辑好的文字直接粘贴到 Dreamweaver 中或导入到已编排好的文件中即可。

1. 粘贴文本

在 Dreamweaver CC 中，粘贴文本是使用外部文本的一种常用方法。在复制、粘贴文本时，一般情况下都会直接从 Word 文件中粘贴。在 Dreamweaver CC 中布局好文本所要放置的位置，然后将文本粘贴在文档窗口中。当粘贴的文本中有图片和文字叠加的情况时，如果直接粘贴会使图片上的文字和图片分离。

用户可以在 Dreamweaver 中选择【编辑】|【选择性粘贴】命令，打开【选择性粘贴】对话框，设置粘贴所复制内容中的文本、带结构的文本、带结构的文本以及基本格式和带结构的文本以及全部格式，具体如下。

▶ 仅文本：在【选择性粘贴】文本框中选中【仅文本】单选按钮，单击【确定】按钮，粘贴至 Dreamweaver 的外部文本将只包含文字，其他图片、文字样式以及段落设置则不会被粘贴。

▶ 带结构的文本(段落、列表、表格等)：在【选择性粘贴】文本框中选中【带结构的文本】单选按钮，单击【确定】按钮，粘贴至 Dreamweaver 的外部文本将会保持其段落、列表、表格等最简单的设置。

▶ 带结构的文本以及基本格式(粗体、斜体)：在【选择性粘贴】文本框中选中【带结构的文本以及基本格式】单选按钮，单击【确定】按钮，粘贴至 Dreamweaver 的外部文本将会保持其原稿中的一些粗体和斜体设置,同时文字中的基本设置和图片也会显示。

> 带结构的文本以及全部格式(粗体、斜体、样式):在【选择性粘贴】文本框中选中【带结构的文本以及全部格式】单选按钮,单击【确定】按钮,粘贴至 Dreamweaver 的外部文本将会保持其原稿中所有的效果和内容。

【例 2-3】将 Word 中的内容复制到 Dreamweaver CC 中。

视频+素材 (光盘素材\第 02 章\例 2-3)

step 1 打开一个 Word 文档,选中需要复制的内容,按【Ctrl+C】组合键。

step 2 切换至 Dreamweaver CC,新建一个空白网页,然后选择【编辑】|【选择性粘贴】命令,打开【选择性粘贴】对话框,并在该对话框中选中【带结构的文本以及基本格式】单选按钮。

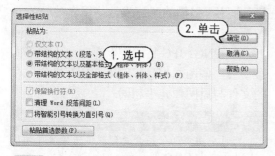

step 3 在【选择性粘贴】对话框中单击【确定】按钮,即可将 Word 中的内容粘贴至 Dreamweaver CC 中,效果如下图所示。

2. 粘贴表格

用户虽然可以直接在 Dreamweaver CC 中制作表格,但对于一些数据量较大的表格而言,在 Dreamweaver 中进行制作很繁琐。这时,可以用专业的表格制作软件(例如 Excel)制作表格,然后将制作好的表格粘贴至 Dreamweaver 中。

【例 2-4】将 Excel 中创建的表格内容粘贴到 Dreamweaver CC 中。

视频+素材 (光盘素材\第 02 章\例 2-4)

step 1 打开一个 Excel 表格,选中表格中需要复制的单元格,按【Ctrl+C】组合键。

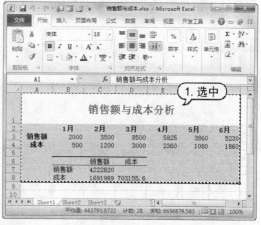

step 2 切换至 Dreamweaver CC,新建一个空白网页,然后选择【编辑】|【选择性粘贴】命令,打开【选择性粘贴】对话框,并在该对话框中选中【带结构的文本以及全部格式】单选按钮。

step 3 在【选择性粘贴】对话框中单击【确

定】按钮，即可将表格中的内容粘贴至 Dreamweaver CC中，效果如下图所示。

后在打开的对话框中选中相应的 Word(或 Excel)文档，并单击【确定】按钮即可。

2.1.6 导入 Word 与 Excel 文档

用户还可以参考下面介绍的两种方法，将 Word 和 Excel 文档中的内容导入至 Dreamweaver CC 中。

▶ 直接导入 Word 和 Excel 文档：在 Dreamweaver 中选择【文件】|【导入】|【导入 Word 文档】(或【Excel 文档】命令)，然

▶ 在 Dreamweaver CC 中打开 Word 和 Excel 文档：在 Excel 中创建一个表格后(或在 Word 中创建一个文档)，选择【文件】|【另存为】命令，打开【另存为】对话框，然后在该对话框中将创建的文档保存为 HTML 文件。接下来，在 Dreamweaver 中选择【文件】|【打开】命令，将保存的 Excel(或 Word)文件打开，即可将文档中的内容导入。

2.2 网页图像的插入与编辑

图像是网页中最基本的元素之一，制作精美的图像可以大大增强网页的视觉效果。图像所蕴含的信息量对于网页而言更加显得重要。在网页中插入图像通常是用于添加图形界面(例如按钮)、创建具有视觉感染力的内容(例如照片、背景等)或交互式设计元素。

2.2.1 网页图像简介

网页中使用的图像文件要符合几种条件，最为重要的是为了使网页文件快速传输，应尽量压缩文件的大小。但缩小文件后，画质也会相对降低。保持较高画质的同时尽量缩小文件的大小，是图像文件应用在网页中的基本要求。在图像文件的格式中符合这种条件的有 GIF、JPG/JPEG、PNG 等文件格式。

▶ GIF：相比 JPG 或 PNG 格式，GIF 文件虽然相对比较小，但这种格式的图片文件最多只能显示 256 种颜色。因此，GIF 格式很少使用在照片等需要很多颜色的图像中，多使用在菜单或图标等简单的图像中。

▶ JPG/JPEG：JPG/JPEG 格式的图片比 GIF 格式使用更多的颜色，因此适合体现照片图像。这种格式适合保存用数码相机拍摄的照片、扫描的照片或是使用多种颜色的图片。

▶ PNG：JPG 格式在保存时由于压缩而会损失一些图像信息，但用 PNG 格式保存的文件与原图像几乎相同。

实用技巧

网页中图像的使用会受到网络传输速度的限制，为了减少下载时间，一个页面中的图像文件大小最好不要超过 100KB。

2.2.2 在【设计】视图中插入图像

在 Dreamweaver CC 的【设计】视图中

直接为网页插入图像是一种比较快捷的方法。用户在文档窗口中找到网页上需要插入图像的位置后，选择【插入】|【图像】命令，在打开的【选择图像源文件】对话框中选择电脑中的图片文件，并单击【确定】按钮即可。

【例 2-5】在网页中插入一个图像文件。

视频+素材 (光盘素材\第 02 章\例 2-5)

step 1　使用Dreamweaver CC打开一个网页，将鼠标指针插入网页中合适的位置。

step 2　选择【插入】|【图像对象】|【图像】命令，打开【选择图像源文件】对话框，选中一个图片文件，并单击【确定】按钮。

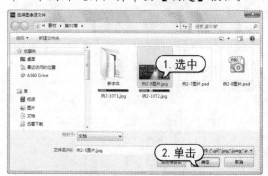

step 3　此时，即可将选中的图片插入至网页中，效果如下图所示。

2.2.3　设置网页背景图像

背景图像是网页中的另外一种图像显示方式，该方式的图像既不影响文件输入也不影响插入式图像的显示。在 Dreamweaver CC中，将鼠标光标插入至网页文档中，然后单击【属性】检查器中的【页面属性】按钮，即可打开【页面属性】对话框，然后设置当前网页的背景图像，具体方法如下。

【例 2-6】使用 Dreamweaver CC 为网页设置背景图像。

视频+素材 (光盘素材\第 02 章\例 2-6)

step 1　在Dreamweaver CC中打开一个需要设置背景的网页，将鼠标光标插入至网页中，单击【属性】检查器中的【页面属性】按钮。

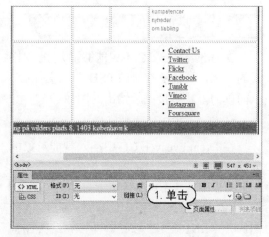

step 2　在打开的【页面属性】对话框的【分类】列表框中选择【外观(CSS)】选项，然后单击对话框右侧【外观(CSS)】选项区域中的【浏览】按钮。

step 3　在打开的【选择图像源文件】对话框中选中一个图片，单击【确定】按钮。

step 4　此时，被选中的图片文件将作为网页的背景图像显示在页面中。

2.2.4 插入 Photoshop 智能对象

Dreamweaver CC 不仅能够插入 PSD 格式的图像，还能够在修改 PSD 图像文件后，以简单的方式直接更新输出的图像。

1. 插入 PSD 格式的图像

在 Dreamweaver CC 中插入智能对象的方法与插入普通图像的方法类似。打开【插入】面板中的【常用】选项卡，单击【图像】按钮，在打开的对话框中选择格式为 PSD 的图像并单击【确定】按钮，即可将此类图像插入至网页中。当用户使用 Photoshop 更改 PSD 源文件时，Dreamweaver CC 会自动检测到网页中图像源文件的变化，并提示用户可以更新。

【例 2-7】使用 Dreamweaver CC 在网页中插入一个 PSD 文件，并在图像源文件发生变化后更新该文件。

🎬 视频+素材 (光盘素材\第 02 章\例 2-7)

step ① 使用 Photoshop 制作一个如下图所示的 PSD 文件。

step ② 在 Dreamweaver CC 中将鼠标指针插入网页中需要插入图片的位置，单击【插入】面板中【常用】选项卡内的【图像】按钮，打开【选择图像源文件】对话框。

step ③ 在【选择图像源文件】对话框中选中步骤 1 创建的 PSD 文件，单击【确定】按钮。此时，Dreamweaver CC 将打开如下图所示的【图像优化】对话框。

step ④ 在【图像优化】对话框中单击【确定】按钮，打开【保存 Web 图像】对话框。

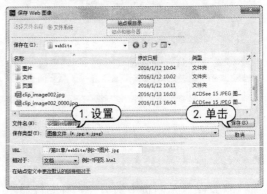

step ⑤ 在【保存 Web 图像】对话框中设置将

图像保存为JPEG格式，然后单击【保存】按钮保存图像。图像保存后，页面中将插入如下图所示的图像，在图像的左上角将显示一个【图像已同步】标志，表示该图像为Photoshop智能对象。

step 6　切换至Photoshop，对PSD文件进行修改并保存图片。

step 7　此时，Dreamweaver CC将自动检测图像源文件的变化，并在图像左上角显示【原始资源已修改】标志。

step 8　用户可以在图片【属性】检查器中单击【从源文件更新】按钮，自动将新的PSD文件应用到网页中。

2. 复制 Photoshop 选区图像

由于 PSD 格式的图像属于分层图像，因此用户还可以在 Photoshop 中有选择地复制图像，然后粘贴至 Dreamweaver 中。此时，既可以选择一个图层中的图像也可以选择局部的图像。

【例 2-8】将 Photoshop 中编辑的图片复制到创建的网页中。
🔘 视频+素材 (光盘素材\第 02 章\例 2-8)

step 1　在Photoshop中选中分层图像的其中一个图层，并选中图层中的某个区域，选择【编辑】|【拷贝】命令(快捷键:【Ctrl+C】)。

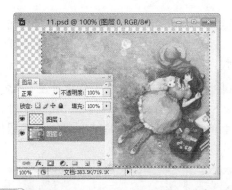

step 2　切换至Dreamweaver CC，选择【编辑】|【粘贴】命令(快捷键:【Ctrl+V】)，并在打开的【图像优化】对话框中单击【确定】按钮。

step 3　在打开的【保存Web图像】对话框中设置保存图像后，单击【保存】按钮即可将图像复制到网页中。

3. 复制 Photoshop 切片图像

要将图像中的局部插入网页，还有一种方法是通过 Photoshop 中的切片图像。当在Photoshop 中使用【切片工具】将图像分割成若干份后，可以使用【切片选择工具】选中其中的一个切片图像进行复制，然后将其粘贴至由 Dreamweaver CC 编辑的网页中。

【例 2-9】将 Photoshop 中切片的图像复制到创建的网页中。
🔘 视频+素材 (光盘素材\第 02 章\例 2-9)

step 1　在Photoshop中使用【切片工具】将图像分割成若干块。

step 2　使用【切片选择工具】选中其中某个区域，然后选择【编辑】|【拷贝】命令。

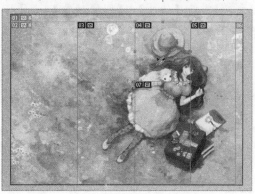

step 3 切换至Dreamweaver CC,将鼠标指针插入网页中合适的位置,然后选择【编辑】|【粘贴】命令,打开【图像优化】对话框。

step 4 在【图像优化】对话框中单击【确定】按钮,然后在打开的【保存Web图像】对话框中将图像保存,即可将Photoshop中的图像切片复制到网页中。

2.2.5 制作鼠标经过图像

鼠标经过图像是指在浏览器中查看并使用鼠标指针经过时发生变化的图像。如果用户要在网页中插入鼠标经过图像,必须拥有两幅图像(主图像和次图像),并且两幅图像的尺寸要相同。

【例 2-10】使用 Dreamweaver CC 在网页中插入鼠标经过图像。

视频+素材 (光盘素材\第 02 章\例 2-10)

step 1 在Dreamweaver CC中打开一个网页文档,将鼠标指针插入文档中合适的位置。

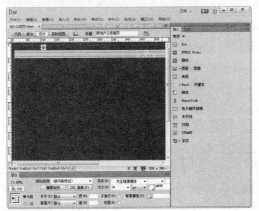

step 2 选择【插入】|【图像对象】|【鼠标经过图像】命令,打开【插入鼠标经过图像】对话框。

step 3 在【插入鼠标经过图像】对话框中,单击【原始图像】文本框后的【浏览】按钮,在打开的【原始图像】对话框中选择一张图像作为网页中基本显示的图像。

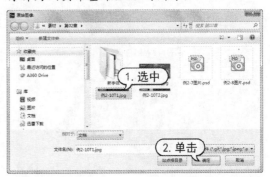

step 4 单击【确定】按钮返回【插入鼠标经过图像】对话框,在该对话框中单击【鼠标经过图像】文本框后的【浏览】按钮,并在打开的【鼠标经过图像】对话框中选中一张作为鼠标光标移动到图像上方所显示的图像。

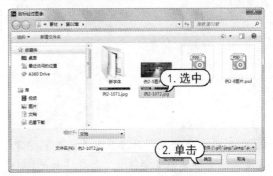

step 5 单击【确定】按钮,返回【插入鼠标经过图像】对话框,在该对话框中选中【预载鼠标经过图像】复选框。

step 6 最后,单击【确定】按钮,即可在网页中插入一个鼠标经过图像。

step 7 单击【文档】工具栏中的【实时视图】按钮预览网页,当鼠标位于图像外时页面中图像的效果如下图所示。

step 8 将鼠标指针移动至图像上时,图像的效果如下图所示。

在【插入鼠标经过图像】对话框中，各选项的功能如下。

▷ 【图像名称】文本框：用于指定图像的名称。在不是使用 JavaScript 等控制图像的情况下，用户可以使用 Dreamweaver 自动赋予的图像名称。

▷ 【原始图像】文本框：用于指定网页中基本显示的图像。

▷ 【鼠标经过图像】文本框：用于指定鼠标光标移动到图像上方时所显示的替换图像。

▷ 【预载鼠标经过图像】复选框：无论是否通过鼠标光标指向原始图像来显示鼠标经过图像，浏览器都会将鼠标经过图像下载到本地缓存中，以便加快网页的浏览速度。如果没有选中该复选框，则只有在浏览器中光标指向原始图像后，鼠标经过图像才会被浏览器存放到本地缓存中。

▷ 【替换文本】文本框：用于指定鼠标光标移动到图像上时显示的文本。

▷ 【按下时，前往的 URL】文本框：用于指定单击轮换图像时，跳转到的到网页地址或文件名称。

2.2.6 编辑网页中的图像

默认状态下，插入到网页中的图像使用的是原图像的大小、颜色等属性。而根据不同的网页设计需求，用户需要适当地重新调整图像的属性。图像的属性既包括其基本属性，如大小、源文件等，也包括改变图像本身的属性，如亮度、对比度、锐化等。

1. 设置图像的基本属性

在 Dreamweaver CC 中，选中不同的网页元素，【属性】检查器将显示不同的属性参数。如果选中图片，【属性】检查器将显示图片的各项属性参数。

(1) 设置图像名称

在 Dreamweaver CC 中选中网页中的图像，在打开的【属性】面板的【图像】文本框中用户可以对网页中插入的图像进行命名操作。

(2) 设置图像大小

在 Dreamweaver CC 中调整图像的大小有两种方法，一种是在【属性】面板中设置；另一种是在设计窗口中拖动图像来改变大小。具体如下：

▷ 选中网页文档中的图像，打开【属性】面板，在【宽】和【高】文本框中分别输入图像的宽度和高度，单位为像素。

▶ 选中网页中的图像后,在图像周围会显示 3 个控制柄,调整不同的控制柄即可分别在水平、垂直、水平和垂直 3 个方向调整图像的大小。

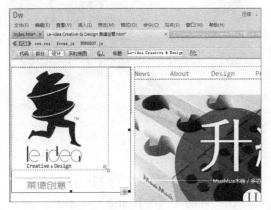

(3) 替换图像源文件

在利用 Dreamweaver CC 设计网页的过程中,如果用户需要替换网页中的某个图像,可以参考以下实例所介绍的方法。

【例 2-11】使用 Dreamweaver CC 在网页中设置替换图像源文件。

🎬 视频+素材 (光盘素材\第 02 章\例 2-11)

step❶ 选中页面中插入的图像,在图像【属性】面板的【替换】下拉列表中输入替换文本内容。

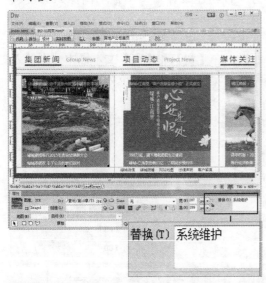

step❷ 在浏览器中浏览网页,当图片无法显示时,即可显示替换文本。

(4) 剪裁网页图像

裁切图像可以将图像中不需要的部分剪切掉,选中图像后,在【属性】面板中单击【裁切】按钮🔲,选中的图像周围会显示阴影边框,调整阴影边框,然后按 Enter 键,即可裁切图像(阴影部分的图像将被剪切掉)。

2. 使用图像编辑器

在 Dreamweaver CC 中,图像编辑器主要分为内部图像编辑器和外部图像编辑器。下面将分别介绍图像编辑器的具体功能。

(1) 使用内部图像编辑器

Dreamweaver CC 具备基本的图形编辑功能,用户可以不用借助外部图形编辑软件,直接对图形进行修剪、重新取样、调整图像的亮度和对比度以及锐化图像等操作。

用户在选中网页文档中的图像后,在打开的【属性】面板中可以分别使用【重新取样】按钮🔲、【亮度和对比度】按钮🔲和【锐化】按钮🔲来实现对图像的编辑操作。其中,【重新取样】按钮、【亮度和对比度】按钮和【锐化】按钮的功能如下。

▶【亮度和对比度】按钮：单击该按钮，可以在打开的对话框中，设置修正过暗或过亮的图像，调整图像的高亮显示、阴影和中间色调。

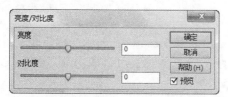

▶【锐化】按钮：要显示页面中数码图像文件中的细节，经常需要锐化图像，从而提高边缘的对比度，使图像更清晰。选中图像，然后单击【锐化】按钮，系统会自动打开一个信息提示框，执行该操作同样是无法撤销的，单击【确定】按钮，打开【锐化】对话框。可以通过拖动滑块控件或在文本框中输入一个 0～10 的数值，来指定 Dreamweaver CC 应用于图像的锐化程度。

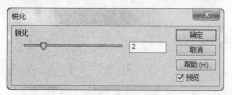

▶【重新取样】按钮：可以添加或减少已调整大小的 JPEG 或 GIF 图像文件中的像素，使图像与原始图像的外观尽可能地匹配。对图像进行重新取样会减小图像文件的大小，其结果是下载性能的提高。使用时，先选择文档中的图像，然后单击【重新取样】按钮即可。

(2) 使用外部图像编辑器

在 Dreamweaver CC 网页文档中的图像，用户可以使用外部图像编辑器(例如 Photoshop)对其进行编辑操作，在外部图像编辑器中编辑完图像后，保存并返回 Dreamweaver 时，网页文档窗口中的图像也随之同步更新。

【例2-12】在 Dreamweaver CC 中设置外部图像编辑器 Photoshop。

视频+素材 (光盘素材\第 02 章\例 2-12)

step 1 选中网页中需要编辑的图像，然后选择【编辑】|【首选项】命令，打开【首选项】对话框。

step 2 在【首选项】对话框的【分类】列表框中选择【文件类型/编辑器】选项，在显示的选项区域中，用户可以为图像文件设置外部图像编辑器。

step 3 在【文件类型/编辑器】选项区域中单击【编辑器】列表框上方的【+】按钮，在打开的【选择外部编辑器】对话框中选中外部图像编辑器的启动文件，并单击【打开】按钮。

step 4 返回【首选项】对话框后，单击【确定】按钮即可。

2.3 在网页中插入多媒体元素

除了在网页中使用文本和图像元素来表达页面信息以外，还可以向网页中插入 Flash 动画、视频和音乐控件等内容，以丰富网页的效果。

2.3.1 在网页中插入 Flash 动画

Flash 动画是网页中最流行的动画格式。在 Dreamweaver CC 中，Flash 动画也是最常用的多媒体插件之一，它将声音、图像和动画等内容加入到一个文件中并能制作较好的动画效果，同时使用了优化的算法将多媒体数据进行压缩，使文件变得很小，因此，非常适合在网上传播。

1. Flash 动画和网页

Flash 可以制作出文件体积小、效果丰富的矢量动画。Flash 小电影是网上最流行的动画格式，被广泛应用于网页页面中。下面将介绍 Flash 动画在网页中的作用。

➤ 展示动态效果：如果想让网页给访问者留下深刻的印象或体现动态的页面效果，有时可以完全利用 Flash 动画来创建网页。

➤ 突出网页气氛：很多网页都使用 Flash 动画。在网页中插入符合网页内容的 Flash 效果或动态菜单，可以进一步突出网页的主题效果。

➤ 制作绚丽广告：Flash 广告比普通广告更富有动态感，会给浏览者留下深刻的印象，因此非常引人注目。Flash 广告一般会出现在网站的首页中，单击广告就会跳转到相关的网页上。

2. 插入 Flash 动画

在 Dreamweaver CC 中，用户可以选择【插入】|【媒体】| Flash SWF 命令，或在【插入】面板的【媒体】选项卡中单击 Flash SWF 按钮，在网页中插入 Flash 动画。

【例 2-13】使用 Dreamweaver CC 在网页中插入 Flash 动画。

视频+素材 (光盘素材\第 02 章\例 2-13)

step 1 启动 Dreamweaver CC，打开如下图所示的网页，并将鼠标指针插入页面中合适的位置。

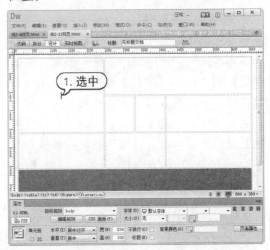

step 2 选择【插入】|【媒体】| Flash SWF 命令，或单击【插入】面板中【媒体】选项卡中的 Flash SWF 按钮，打开【选择 SWF】对话框。

step 3 选中一个 Flash 动画文件，单击【确定】按钮，在打开的【对象标签辅助功能属性】对话框中再次单击【确定】按钮，即可在网页中插入一个 Flash 动画。

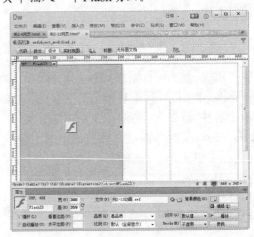

3. 设置 Flash 动画属性

在 Dreamweaver CC 文档窗口中插入 Flash 动画后，用户可以在【属性】检查器中设置动画的属性参数。

在 Flash 动画的【属性】检查器中，常用选项的功能如下。

➤ SWF：表示输入 Flash 动画的种类。

➤ 【宽】和【高】文本框：用于指定 Flash 动画的宽度和高度。这两个文本框中没有输入单位时，自动选择像素为单位。

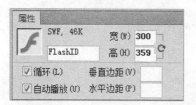

➤ 【循环】复选框：设置反复运行 Flash 动画。

➤ 【自动播放】复选框：设置在浏览器中读取网页文件的同时立即播放 Flash 动画。

➤ 【品质】下拉列表：设置使用<object>标签或<embed>标签来插入动画时的品质。

➤ 【比例】下拉列表：在设置的动画区域上，选择 Flash 动画的显示方式。

➤ 【垂直边距】和【水平边距】文本框：指定页面中 Flash 动画上、下、左、右的边距。

➤ 【文件】文本框：用于指定 Flash 动画文件的路径。可以通过单击【浏览】按钮来选择文件。

➤ 【对齐】下拉列表：选择 Flash 动画的放置位置。

➤ Wmode 下拉列表：设置 Flash 动画的背景是否透明。

➤ 【参数】按钮：单击该按钮，可以在打开的【参数】对话框中添加 Flash 动画的属性和相关参数。

➤ 【播放/停止】按钮：单击【播放】按钮或【停止】按钮，就会在文档窗口中播放或停止播放 Flash 动画。

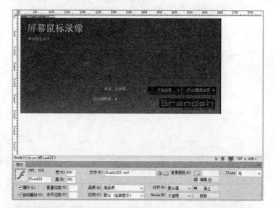

2.3.2 在网页中插入视频和音频

在网络发展的初期，很难在网页中看到图像或听到音乐。随着网络传播速度的增强和流式服务的实现，现在已经完全可以通过网络观看录像、电影或收听音乐。本节将介绍使用 Dreamweaver CC 在网页中插入视频和音频的方法。

1. 插入与设置 Flash 视频

Flash 视频并不是 Flash 动画，它的出现是为了解决 Flash 以前版本对连续视频只能使用 JPEG 图像进行帧内压缩，并且压缩效率低，文件很大，不适合视频存储的弊端。Flash 视频采用帧间压缩的方法，可以有效地缩小文件大小，并保证视频的质量。

下面将通过一个简单的实例，介绍使用

Dreamweaver CC 在网页中插入 Flash 视频的方法。

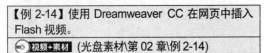
step① 在Dreamweaver CC中打开一个网页，将鼠标指针插入页面中合适的位置，选择【插入】|【媒体】| Flash Video命令，或在【插入】窗口的【媒体】选项卡中单击Flash Video按钮，打开【插入FLV】对话框。

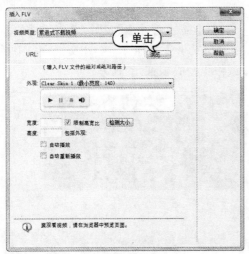

step② 在【插入FLV】对话框中单击【浏览】按钮，然后在打开的【选择FLV】对话框中选择一个FLV文件，并单击【确定】按钮。

step③ 返回【插入FLV】对话框后，在该对话框的【宽度】和【高度】文本框中输入相应的参数。

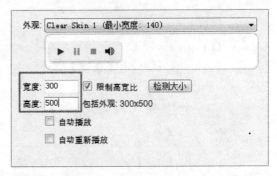

step④ 在【插入FLV】对话框中单击【确定】按钮，即可在网页中插入一个Flash视频。

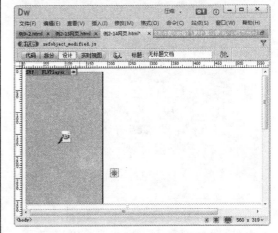

在【插入 FLV】对话框中，各选项的功能如下。

➤ 【视频类型】下拉列表：选择视频的类型，可以选择【累进式下载视频】和【流视频】两种视频。

➤ URL 文本框：用于输入文件地址，单击该文本框后的【浏览】按钮可以浏览文件。

➤ 【宽度】和【高度】文本框：设置Flash 视频的大小。

➤ 【限制高宽比】复选框：保持 Flash视频宽度与高度的比例。

➤ 【检测大小】按钮：检测 Flash 视频的大小。

➤ 【自动播放】复选框：在浏览器中读取 Flash 视频的同时立即播放 Flash 视频。

➤ 【自动重新播放】复选框：在浏览器中播放完 Flash 视频后自动重放。

若在【插入 FLV】对话框的【视频类

型】下拉列表中选择【流视频】选项，则
进入流媒体设置界面。Flash 视频是一种流
媒体格式，它可以使用 HTTP 服务器或专
门的 Flash Communication Server 流服务器
进行流式传送。

在流媒体设置界面中，比较重要的选项
功能说明如下。

➤　【服务器 URL】文本框：输入流媒
体文件的地址。

➤　【流名称】文本框：定义流媒体文件
的名称。

➤　【实时视频输入】复选框：设置流媒
体文件的实时输入。

➤　【缓冲时间】文本框：设置流媒体文
件的缓冲时间(以秒为单位)。

2. 在网页中插入普通音视频

网络中最常见的音视频是在线音乐和电影
预告。在网页中插入音视频文件或单击链接，就
可以使用 Windows Media Player 或其他播放软
件来收听、收看音视频。

在 Dreamweaver 中，用一般的插件对象
将音视频嵌入到网页内，该对象只需要音视
频文件的源文件名以及对象的宽度和高度。

【例 2-15】使用 Dreamweaver CC 在网页中插入音
视频文件。

🎬 视频+素材 (光盘素材\第 02 章\例 2-15)

step① 将鼠标指针插入网页中合适的位置，

选择【插入】|【媒体】|【插件】命令，或单
击【插入】面板中【媒体】选项卡中的【插
件】按钮。

step② 在打开的对话框中选中一个插件文
件后，单击【确定】按钮。

step③ 此时，Dreamweaver将【插件】显示
为一个通用占位符。

在网页中插入插件后，可以在【属性】
检查器中设置以下参数。

➤　【插件】文本框：可以输入用于播放
媒体对象的插件名称，使该名称可以被脚本
引用。

➤　【宽】文本框：可以设置对象的宽度，
默认单位为像素。

➤　【高】文本框：可以设置对象的高度，
默认单位为像素。

➤　【垂直边距】文本框：设置对象上端
和下端与其他内容的间距，单位为像素。

➤　【水平边距】文本框：设置对象左端
和右端与其他内容的间距，单位为像素。

➤　【源文件】文本框：设置插件内容的

URL 地址，既可以直接输入地址，也可以单击其右侧的【浏览文件】按钮，从磁盘中选择文件。

➤ 【插件 URL】文本框：输入插件所在的路径。在浏览网页时，如果浏览器中没有安装该插件，则从此路径上下载插件。

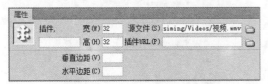

➤ 【对齐】下拉列表：选择插件内容在文档窗口中水平方向的对齐方式。

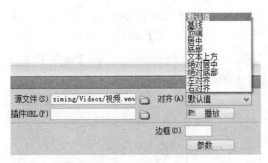

➤ 【播放/停止】按钮：单击【播放】按钮，就会在文档窗口中播放插件。在播放插件的过程中【播放】按钮会切换成【停止】按钮，单击【停止】按钮，将停止插件的播放。

➤ 【边框】文本框：设置对象边框的宽度，单位为像素。

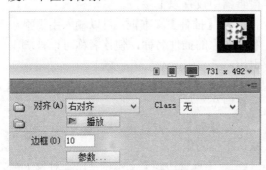

➤ 【参数】按钮：单击该按钮，将打开【参数】对话框，提示用户输入其他在【属性】检查器上没有出现的参数。

流式视频文件的形式主要使用 ASF 或

WMV 格式。而利用 Dreamweaver 参数面板就可以调节各种 WMV 画面。它可以在播放时移动视频的进度滑块，也可以在视频下面显示标题。

2.3.3 插入 HTML5 视频与音频

Dreamweaver CC 允许用户在网页中插入和预览 HTML 5 音频与视频。下面将通过实例，介绍在网页中插入 HTML 5 Video 和 HTML 5 Audio 的方法。

1. 插入 HTML 5 Video

HTML 5 视频元素提供一种将电影或视频嵌入网页的标准方式。在 Dreamweaver CC 中，用户可以通过选择【插入】|【媒体】| HTML Video 命令，在网页中插入一个 HTML 5 视频，并通过【属性】检查器来设置其各项参数值。

【例 2-16】使用 Dreamweaver CC 在网页中插入 HTML 5 视频。
视频+素材 (光盘素材\第 02 章\例 2-16)

step 1 在 Dreamweaver CC 中打开一个网页，将鼠标指针插入页眉中合适的位置。

step 2 选择【插入】|【媒体】|HTML 5 Video 命令，即可在页面中插入一个HTML 5 视频。

step 3 选中页面中的HTML 5 视频，在【属性】检查器中，单击【源】文本框后的【浏览】按钮 。

step 4 在打开的【选择视频】对话框中选中视频文件，并单击【确定】按钮。

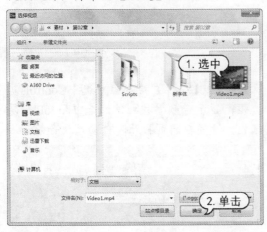

step 5 在【属性】检查器的W文本框中设置视频在页面中的宽度，在H文本框中设置视频在页面中的高度。

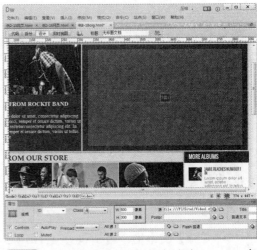

step 6 在【属性】检查器中选中Controls复选框，设置显示视频控制控件(例如播放、暂停和静音等)，选中AutoPlay复选框，设置视频在网页打开时自动播放。

step 7 选择【文件】|【保存】命令，将网页保存，然后按F12 键预览网页，页面中的HTML 5 视频效果如下图所示。

在 HTML 5 视频的【属性】检查器中，比较重要的选项功能介绍如下。

➤ ID 文本框：用于设置视频的标题。

➤ W(宽度)文本框：用于设置视频在页

面中的宽度。

➤ H(高度)文本框：用于设置视频在页面中的高度。

➤ Controls 复选框：用于设置是否在页面中显示视频控制控件。

➤ AutoPlay 复选框：用于设置是否在打开网页时自动加载播放视频。

➤ Loop 复选框：设置是否再页面中循环播放视频。

➤ Muted 复选框：设置视频的音频部分是否静音。

➤ 【源】文本框：用于设置 HTML 5 视频文件的位置。

➤ 【Alt 源 1】和【Alt 源 2】文本框，用于设置当【源】文本框中设置的视频格式不被当前浏览器支持时，打开的第 2 个和第 3 个视频格式。

➤ 【Flash 回退】文本框：用于设置在不支持 HTML 5 视频的浏览器中显示 SWF 文件。

2. 插入 HTML 5 Audio

Dreamweaver CC 允许用户在网页中插入和预览 HTML 5 音频。下面将通过实例，介绍在页面中插入 HTML 5 音频的方法。

【例 2-17】使用 Dreamweaver CC 在网页中插入 HTML 5 音频。

🎬 视频+素材 (光盘素材\第 02 章\例 2-17)

step 1 打开一个网页，将鼠标指针插入页面中合适的位置。

step 2 选择【插入】|【媒体】| HTML 5 Audio 命令，插入一个 HTML 5 音频。

step 3 选中页面中的 HTML 5 音频，在【属性】检查器中单击【源】文本框后面的【浏览】按钮📁。

step 4 在打开的【选择音频】对话框中选择一个音频文件，然后单击【确定】按钮。

step 5 在【属性】检查器中选中 Controls 复选框，显示音频播放控件，选中 AutoPlay 复选框，设置在网页打开时自动播放音频。

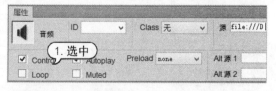

step 6 选择【文件】|【保存】命令，将网页保存，然后按 F12 键预览网页。

2.4　案例演练

本章的案例演练包括制作网页导航条、图片导航网页和 Flash 导航页等多个综合实例操作，用户通过练习从而巩固本章所学知识。

【例2-18】通过 Dreamweaver CC 制作一个网页导航条。

视频+素材 (光盘素材\第 02 章\例2-18)

step ① 启动Dreamweaver CC，新建一个空白网页文档，并将该文档以文件名Webdaohang.html保存。

step ② 选择【修改】|【页面属性】命令，打开【页面属性】对话框，在该对话框的【分类】列表框中选中【外观HTML】选项，并单击【背景图像】文本框右侧的【浏览】按钮。

step ③ 在打开的【选择图像源文件】对话框中选择一个图像文件，单击【确定】按钮。

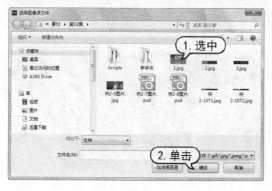

step ④ 返回【页面属性】对话框，单击该对话框中的【确定】按钮，为Webdaohang.html网页设置背景图像。

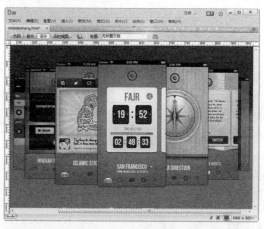

step ⑤ 将鼠标光标插入网页中，按Enter键换行。然后选择【窗口】|【插入】命令，打开【插入】面板。

step ⑥ 在【插入】面板中选择【常用】选项卡，然后单击该选项卡中的【图像】按钮，并在弹出的列表中选择【鼠标经过图像】选项。

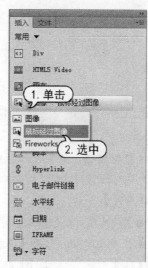

step ⑦ 在打开的【插入鼠标经过图像】对话

框中的【图像名称】文本框中输入Image1，单击【原始图像】文本框后的【浏览】按钮。

step 8 在打开的【原始图像】对话框中选择一张图片作为导航条的原始图像，单击【确定】按钮。

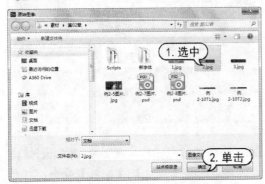

step 9 返回【插入鼠标经过图像】对话框，单击【鼠标经过图像】文本框后的【浏览】按钮，打开【鼠标经过图像】对话框。

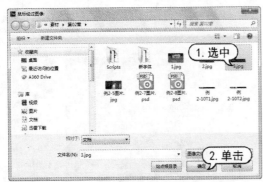

step 10 在【鼠标经过图像】对话框中选择一张图片作为鼠标经过导航条时显示的图像，然后单击【确定】按钮。

step 11 返回【插入鼠标经过图像】对话框，在【替换文本】文本框中输入文本【Home|Online help】，在【按下时，前往的URL】文本框中输入导航条链接的网页地址，然后单击【确

定】按钮。

step 12 此时，将在页面中插入如下图所示的网页导航条效果。

step 13 选择【文件】|【保存】命令，将网页保存后，单击【文档】工具栏中的【实时视图】按钮，预览网页效果。

step 14 当鼠标指针位于导航条之外时，导航条效果如下图所示。

step 15 当鼠标指针移动到导航条上时，导航条效果如下图所示。

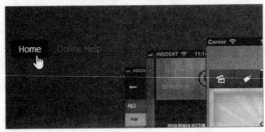

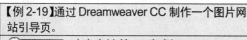

【例2-19】通过 Dreamweaver CC 制作一个图片网站引导页。

视频+素材 (光盘素材\第 02 章\例 2-19)

step ① 使用Dreamweaver CC制作一个名为Webyindaoye.html的网页文档，在【标题】栏中输入文本【网站引导页】。

step ② 选择【窗口】|【属性】命令，显示【属性】检查器，然后单击【属性】检查器中的【页面属性】按钮。

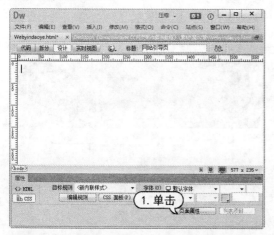

step ③ 在打开的【页面属性】对话框中选择【分类】列表框中的【外观(CSS)】选项，然后在【左边距】、【右边距】、【上边距】和【下边距】文本框中输入参数0，并单击【确定】按钮。

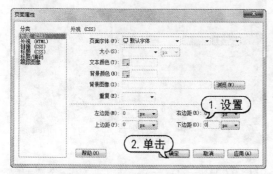

step ④ 选择【窗口】|【插入】命令，显示【插入】面板，单击【插入】面板【常用】选项卡中的【图像:图像】按钮。

step ⑤ 在打开的【选择图像源文件】对话框中选择bj.psd文件，单击【确定】按钮，在网页中插入图像。

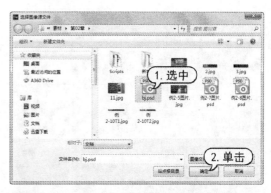

step ⑥ 在打开的【图像优化】对话框中设置图像的格式后，单击【确定】按钮。

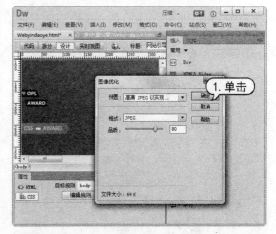

step ⑦ 在打开的【保存Web图像】对话框中设置Web图像的保存路径，并单击【保存】按钮，保存bj.jpg背景图像。

step ⑧ 此时，即可在网页中插入bj.jpg图像，在图像的左上角可以看到【图像已同步】图标，效果如下图所示。

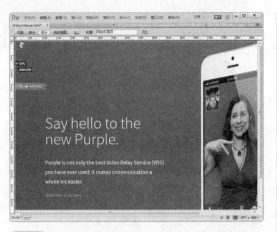

step ⑨ 选中页面中插入的图像，在图像【属性】检查器中单击【矩形热点工具】按钮。

step ⑩ 使用矩形热点工具，在图像上的文字位置绘制一个如下图所示的矩形热点。

step ⑪ 选中绘制的热点，在热点【属性】检查器的【链接】文本框中输入热点所链接的网页地址，然后单击【目标】下拉列表按钮，从弹出的下拉列表中选择【_self】选项。

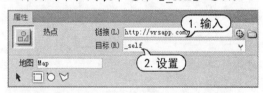

step ⑫ 将鼠标指针插入页面中图像的后方，按Enter键另起一行，然后在【插入】面板的【常用】选项卡中单击Div选项，打开【插入Div】对话框。

step ⑬ 在【插入Div】对话框的ID文本框中输入Div1，单击【确定】按钮。

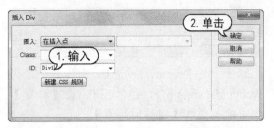

step ⑭ 在页面中插入一个层，然后在该层中输入文本，并在【属性】检查器中设置文本居中显示。

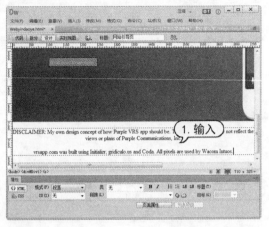

step ⑮ 选择【文件】|【保存】命令，将网页保存后，按F12键预览网站引导页的效果。

【例 2-20】 使用 Dreamweaver CC 制作一个 Flash 引导网页。

视频+素材 (光盘素材\第 02 章\例 2-20)

step ① 在Dreamweaver CC中打开如下图所示的网站引导页面。

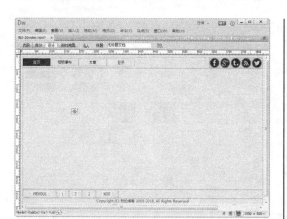

step 2 将鼠标指针插入到页面中合适的位置，选择【窗口】|【插入】命令，打开【插入】面板，并在该面板中选择【媒体】选项卡。

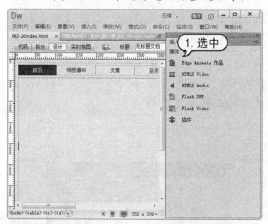

step 3 单击【插入】面板【媒体】选项卡中的Flash SWF按钮，打开【选择SWF】对话框，在该对话框中选择一个Flash文件后单击【确定】按钮。

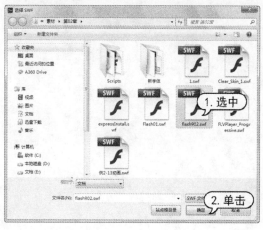

step 4 此时，将在网页中插入如下图所示的Flash动画。

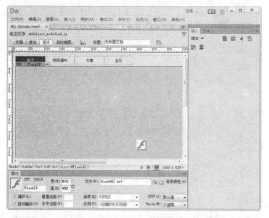

step 5 选择【窗口】|【属性】命令，显示【属性】检查器，然后在【宽】和【高】文本框中设置插入Flash动画的宽度和高度。

step 6 选择【文件】|【保存】命令，保存网页后，按F12键预览网页，网站Flash引导页面的效果如下图所示。

【例 2-21】使用 Dreamweaver CC 制作一个视频在线播放网页。

视频+素材 (光盘素材\第 02 章\例 2-22)

step 1 在Dreamweaver CC中打开素材网页。将鼠标指针插入网页中，选择【插入】|【媒体】|【HTML 5 Video】命令，在页面中插入一个HTML 5视频。

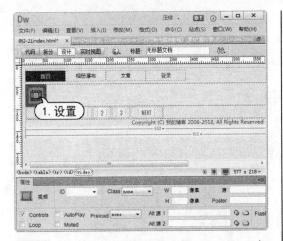

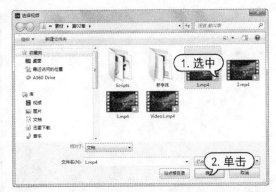

step 2 在【属性】检查器中选中Controls复选框，在W文本框中输入 815，在H文本框中输入 380，设置HTML 5 视频的属性。

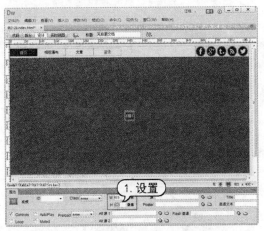

step 3 单击【属性】检查器中【源】文本框后面的【浏览】按钮，在打开的【选择视频】对话框中选择一个视频文件。

step 4 在【选择视频】对话框中单击【确定】按钮，然后在打开的Dreamweaver提示对话框中单击【是】按钮。

step 5 在打开的【复制文件为】对话框中，指定一个本地站点文件夹，单击【确定】按钮，将视频文件复制到本地站点文件夹中。

step 6 选择【文件】|【保存】命令保存网页，然后按F12 键预览网页，页面中的HTML 5 视频的效果如下图所示。

第3章

网页布局的规划与设计

　　网页内容的布局方式取决于网站的主题定位。在 Dreamweaver 中，表格是最常用的网页布局工具，表格在网页中不仅可以排列数据，而且可以对页面中的图像、文本、动画等元素进行准确定位，使网页页面效果显得整齐而有序。本章将通过实例，重点介绍使用表格规划网页布局的相关知识。

对应光盘视频

3.1 认识表格

网页能够向访问者提供的信息是多样化的，包括文字、图像、动画和视频等。如何将这些网页元素在网页中进行合理布局，使网页变得不仅美观而且有条理，是网页设计者在着手设计网页之前必须考虑的问题。表格的作用就是帮助用户高效、准确地定位各种网页数据，并直观、鲜明地表达设计者的思想。

3.1.1 表格简介

表格是用于在 HTML 页面中显示表格式数据以及对文本和图形进行布局的工具。表格由一行或多行组成，每行又由一个或多个单元格组成。

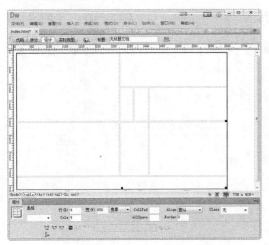

当选定表格或表格中有插入点时，Dreamweaver 将显示表格的宽度和每个表格列的列宽。宽度旁边是表格标题菜单与列标题菜单的箭头。使用这些菜单可以快速访问与表格相关的常用命令。

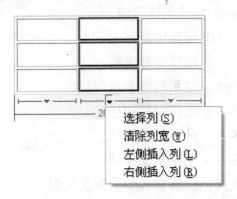

实用技巧

若用户在表格中设置插入点后未显示表格宽度或列的宽度，则说明没有在 HTML 代码中指定该表格或列的宽度。如果出现两个数字，则说明【设计】视图中显示的表格可视宽度与 HTML 代码中指定的宽度不一致。当用户拖动表格右下角来调整表格大小，或添加到单元格中的内容比单元格所设置的宽度大时，会出现这样的情况。

3.1.2 表格用途

使用表格排版的页面在不同平台、不同分辨率的浏览器中都能保持其原有的布局，并且在不同的浏览器平台中具有较好的兼容性，所以表格是网页中最常用的排版方式之一。

▶ 有序地整理页面内容：一般文档中的复杂内容可以利用表格有序地进行整理。在网页中也不例外，在网页文档中利用表格，可以将复杂的页面元素整理地更加有序。

▶ 合并页面中的多个图像：在制作网页时，有时需要使用较大的图像，在这种情况下，最好将图像分割成几个部分，然后再插入到网页中，分割后的图像可以利用表格合并起来。

➤ 构建网页文档的布局：在设计网页文档的布局时，可以选择是否显示表格。大部分网页的布局都使用表格形成，但由于有时不显示表格边框，因此访问者察觉不到主页的布局是由表格形成的这一特点。利用表格，可以根据需要拆分或合并文档的空间，随意地布置各种元素。

3.2　使用表格

表格可以帮助用户高效、准确地定位各种网页数据，并直观、鲜明地表达设计者的思想。

3.2.1　在网页中插入表格

表格是设计网页时不可缺少的元素，它以本、数据等元素有序地组织在一起并显示在页面中。下面将介绍在网页中插入表格的具体方法。

1. 插入表格

在 Dreamweaver 中，用户可以选择【插入】|【表格】命令，在网页中插入表格。

【例 3-1】使用 Dreamweaver CC 在网页中插入一个 3 行 3 列，宽度为 300 像素的表格。

视频+素材（光盘素材\第 03 章\例 3-1）

step 1　启动 Dreamweaver CC，打开一个网页并在将鼠标指针插入网页中合适的位置。

step 2　选择【插入】|【表格】命令，打开【表格】对话框，在【行数】文本框中输入 3，在【列】文本框中输入 3，在【表格宽度】文本框中输入 300，然后单击【确定】按钮。

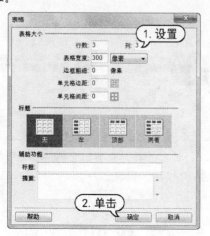

step 3　完成以上操作后，即可在网页中插入一个 3 行 3 列的表格。

在【表格】对话框中，用户可以对插入的表格进行精确设置，该对话框中比较重要的选项功能如下。

➤ 【行数】文本框：用于设置表格的行数。

➤ 【列】文本框：用于设置表格的列数。

➤ 【表格宽度】文本框：用于设置表格的宽度，在右边的下拉列表中可以选择度量单位，包括【百分比】和【像素】两个选项。

➤ 【边框粗细】文本框：用于设置表格边框的粗细。

➤ 【单元格边距】文本框：用于设置单元格中的内容与单元格边框之间的距离值。

➤ 【单元格间距】文本框：用于设置单元格与单元格之间的距离值。

2. 插入嵌套表格

嵌套表格就是在已经存在的表格中再插入表格。插入嵌套表格的方法与插入表格的方法相同。打开一个已经插入表格的网页文档，将光标移至表格的某个单元格中，选择【插入】|【表格】命令，打开【表格】对话框，然后在【行数】和【列】等文本框中输入参数，并单击【确定】按钮即可。

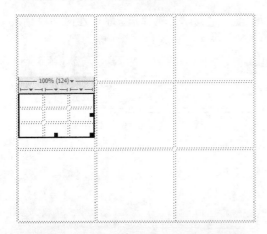

3.2.2 在表格中添加内容

为了使网页中的元素能够有序的在浏览器中显示，在插入文本和图像之前，最好先插入一个表格。在表格中插入文本与图像的方法与直接在网页中插入的方法基本相同，只是在插入之前，需要先将鼠标光标放置在表格中。

1. 在表格中输入文本

在网页中输入文本之前，首先插入一个2 行 1 列的表格，然后将鼠标光标放置在表格中，输入文本即可。

在表格中输入文本时，用户会发现表格宽度不会发生变化，而表格的高度将根据文本的输入发生变化。

2. 在表格中插入图像

在表格中插入图像的方法也很简单，将

鼠标光标置于表格中，然后按照插入图像的方法(单击【插入】面板中【常用】选项卡中的【图像】按钮)，即可在表格中插入所需的图像。

3.2.3 设置表格属性

表格由单元格组成，即使是一个最简单的表格，也有一个单元格。而表格与单元格的属性完全不同，选择不同的对象(表格或单元格)，【属性】检查器将会显示相应的选项参数。

1. 使用表格【属性】检查器

当用户在网页中插入一个表格后，【属性】检查器中将显示该表格的基本属性，如表格整体、行、列和单元格等，通过修改这些基本属性可以修改表格的属性。

【例 3-2】在 Dreamweaver CC 中修改网页中表格的属性。

视频+素材 (光盘素材\第 03 章\例 3-2)

step 1 在网页中插入一个 3 行 3 列的表格，在【属性】检查器的【宽】文本框中输入 400，设置表格的宽度。

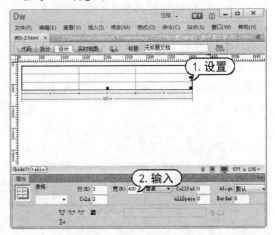

step 2 在【属性】检查器的【行】文本框中输入 6，在 Cols(列)文本框中输入 5，重新设置表格的行数和列数。

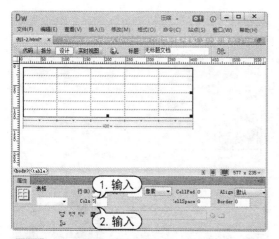

step 3 在【属性】检查器的 Border 文本框中输入 3，设置表格的边框宽度为 3。

step 4 单击【属性】检查器中的 Align 下拉列表按钮，在弹出的下拉列表中选择【居中对齐】选项，设置表格内插入元素居中对齐。

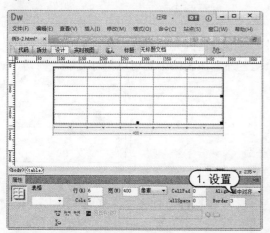

step 5 单击【属性】检查器中的【清除列宽】按钮，可以清除表格的宽度。

step 6 单击【属性】检查器中的【将表格宽度转换为像素】按钮，可以将以百分比为单位的表格宽度转换为具体的以像素为单位的宽度。

2. 使用单元格【属性】检查器

　　由于一个最简单的表格中也包括一个单元格，即一行与一列，所以当用户将鼠标光标放置在表格中后，实际上是将光标放置在单元格中，也就是选中了单元格。此时，【属性】检查器中将显示单元格的属性。

【例 3-3】在 Dreamweaver CC 中设置网页中表格单元格的属性。

🔴 视频+素材（光盘素材\第 03 章\例 3-3）

step 1 在网页中插入一个 3 行 3 列的表格，将鼠标指针插入表格中，显示单元格的【属性】检查器。

step 2 在【属性】检查器的【宽】文本框中输入 100，在【高】文本框中输入 80，设置单元格的高度为 80，宽度为 100。

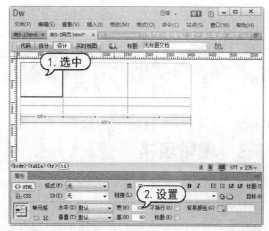

step 3 在单元格中输入一段文字，然后单击【属性】检查器中的【水平】下拉列表按钮，在弹出的下拉列表中选择【居中对齐】选项，设置单元格内的文字水平居中对齐。

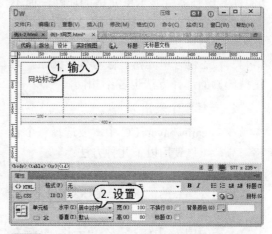

step 4 单击【属性】检查器的【垂直】下拉列表按钮，在弹出的下拉列表中选择【顶端】选项，设置单元格内文字垂直方向上对齐于顶端。

step 5 选中【属性】检查器中的【不换行】复选框，当用户在单元格中输入的内容超出单元格的宽度时，单元格将自动延伸宽度，而不会使输入的内容另起一行。

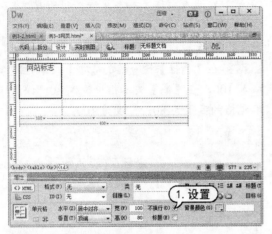

step 6 单击【属性】检查器中的【背景颜色】

按钮，在打开的颜色面板中，可以设置单元格的背景颜色。

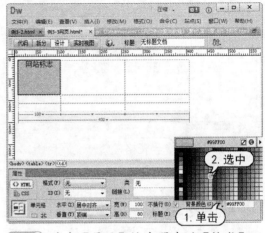

step 7 选中【属性】检查器中的【格式】下拉列表按钮，可在弹出的下拉列表中设置单元格中文本的格式。

3.3 编辑表格

当已创建好的表格不符合网页设计的要求时，可以通过拆分与合并表格中的单元格，或者增加与删除表格行或列来达到所需的目的。除此之外，在表格中还可以执行复制、剪切、粘贴等操作，并保存原有单元格的格式。

3.3.1 选定表格元素

将鼠标光标放置在网页中的表格内，【属性】检查器将显示单元格的属性，而不是表格的属性。这说明选中的是单元格，而非表格。在网页中创建一个表格，既包括表格自身，还包含单元格、行与列等元素，而这些元素的选择方法也各不相同。

1. 选择整个表格

在 Dreamweaver CC 中，要选择整个表格对象，可以使用以下几种方法：

➢ 将光标移动到表格的左上角或底部边缘稍向外一点的位置，当光标变成【表格】状光标时单击鼠标，即可选中整个表格。

➢ 单击表格中任意一个单元格，然后在文档窗口左下角的标签选择器中选择 <table> 标签，即可选中整个表格。

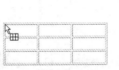

➢ 将鼠标光标移至任意单元格上，按住 Shift 键，单击鼠标，即可选中整个表格。

➢ 右击表格单元格，然后在弹出的快捷菜单中选择【修改】|【表格】|【选择表格】命令，即可选中整个表格。

2. 选中行和列

在对表格进行操作时，有时需要选中表格中的某一行或某个列，如果要选择表格的某一行或列，可以使用以下几种方法：

➢ 将光标移至表格的上边缘位置，当光标显示为向下箭头时，单击鼠标，即可选中表格的整列。

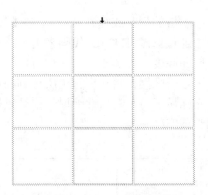

▶ 将光标移至表格的左边缘位置，当光标显示为向右箭头➡时，单击鼠标，即可选中表格的整行。

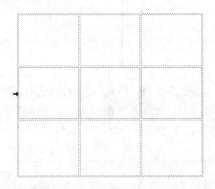

▶ 单击单元格，然后拖动鼠标，可以拖动选择整行或整列。同时，还可以拖动选择多行和多列。

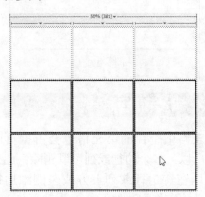

3. 选中单元格

要选择表格中单个的单元格，可以使用以下几种方法：

▶ 单击单元格，在文档窗口左下角的标签选择器中选择<td>标签。

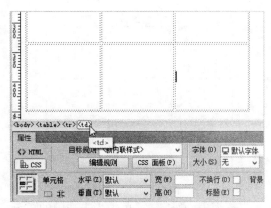

▶ 单击单元格，然后选择【编辑】|【全选】命令，或按【Ctrl+A】组合键，即可选中该单元格。

4. 选中单元格区域

在对 Dreamweaver CC 中的表格进行操作时，用户如果要选择单行或矩形单元格块，可以使用以下几种方法：

▶ 单击单元格，从一个单元格拖到另一个单元格即可。

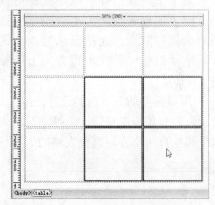

▶ 选择一个单元格，按住 Shift 键，单击矩形块的另一个单元格即可。

5. 选中不相邻的单元格

要选择表格中不相邻的多个单元格，可以使用以下几种方法：

▶ 按住 Ctrl 键，将鼠标光标移至任意单元格上，光标会显示一个矩形图形，单击所需选择的单元格、行或列即可选中。

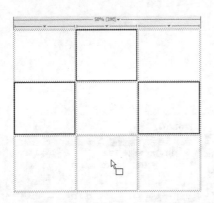

▶ 按住 Ctrl 键，单击尚未选中的单元格、行或列即可选中。

3.3.2 调整表格大小

当用户选中网页中的表格后，在表格右下角区域将显示 3 个控制点，通过拖动这 3 个控制点可以将表格横向、纵向或者整体放大或缩小，具体操作方法有以下几种：

▶ 用鼠标拖动右边的选择控制点，光标显示为水平调整指针，拖动鼠标可以在水平方向上调整表格的大小；用鼠标拖动底部的选择控制点，光标显示为垂直调整指针，拖动鼠标可以在垂直方向上调整表格的大小。

▶ 用鼠标拖动右下角的选择控制点，光标显示为沿对角线调整指针，拖动鼠标可以在水平和垂直两个方向调整表格的大小。

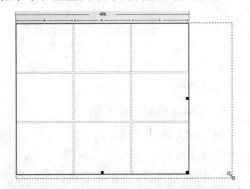

3.3.3 更改列宽和行高

要更改单元格的列宽和行高，可以在【属性】面板中调整数值，或拖动列或行的边框来更改表格的列宽或行高；也可以在【代码】视图中通过修改 HTML 代码来更改单元格的宽度和高度，具体操作方法如下：

▶ 更改列宽，将光标移至所选列的右边框，光标显示为左右指针 ⊪ 时，拖动鼠标即可调整其宽度。

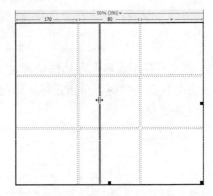

▶ 更改行高，将光标移至所选行的下边框，光标显示为上下指针 ⟊ 时，拖动鼠标即可调整其高度。

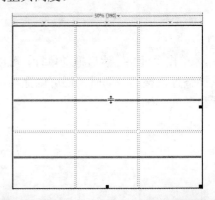

3.3.4 添加和删除行或列

表格中空白的单元格也会占据页面位置，所以，多余的行或列可以删除；此外，也可以在特定行或列上方或左侧添加行或列，具体操作方法如下：

▶ 要一次添加多行或多列，或者在当前单元格的下面添加行或在其右边添加列，可以选择【修改】|【表格】|【插入行或列】命令，打开【插入行或列】对话框，选择插入行或列、插入的行数或列数以及插入的位置，

然后单击【确定】按钮即可。

> 要在当前单元格的上面添加一行，选择【修改】|【表格】|【插入行】命令即可。

> 要在当前单元格的左边添加一列，选择【修改】|【表格】|【插入列】命令即可。

> 选择要删除的行或列，选择【修改】|【表格】|【删除行】命令或按 Delete 键，可以删除整行；选择【修改】|【表格】|【删除列】命令或按 Delete 键，可以删除整列。

> 要删除单元格中的内容，先选择要删除内容的单元格，然后选择【编辑】|【清除】命令，或按 Delete 键。

3.3.5 拆分与合并单元格

在制作页面时，如果插入的表格与实际效果不相符，例如有缺少或多余单元格的情况，可以根据需要，进行拆分或合并单元格操作。

> 选中要合并的单元格，选择【修改】|【表格】|【合并单元格】命令，即可合并选中的单元格。

> 选择需要拆分的单元格，然后选择【修改】|【表格】|【拆分单元格】命令，或单击【属性】面板中的合并按钮，打开【拆分单元格】对话框；选择要把单元格拆分成行或列，然后再设置要拆分的行数或列数，单击【确定】按钮即可拆分单元格。

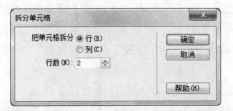

3.3.6 复制与粘贴单元格

用户在 Dreamweaver CC 中插入表格并

选中表格中的某个单元格，选择【编辑】命令，在弹出的菜单中可以对表格执行【剪切】、【拷贝】、【粘贴】等操作。

3.3.7 设置表格内容排序

对于网页中插入的表格，用户可以根据单个列的内容对表格中的行进行排序或者根据两个列的内容执行更加复杂的表格排序。

【例 3-4】在 Dreamweaver CC 中对网页表格中的内容进行排序处理。

视频+素材 (光盘素材\第 03 章\例 3-4)

step 1 启动 Dreamweaver CC，打开一个网页文档，选中文档中的表格，选择表格或任意单元格，选择【命令】|【排序表格】，打开【排序表格】对话框。

1	免费邮	企业邮箱
2	博客	微博
3	云课堂	云阅读
4	公益	媒体
5	应用盒子	游戏

step 2 在【排序表格】对话框中设置相应的参数选项后，单击【确定】按钮。

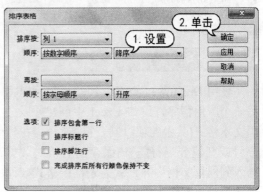

step 3 排序后的表格效果如下图所示。

5	应用盒子	游戏
4	公益	媒体
3	云课堂	云阅读
2	博客	微博
1	免费邮	企业邮箱

【排序表格】对话框中的主要参数选项的作用如下。

➤ 【排序按】下拉列表：选择使用哪个列的值对表格中的数据进行排序。

➤ 【顺序】下拉列表：确定是按字母还是按数字顺序以及是以升序(A 到 Z，数字从小到大)或是以降序进行排序。

➤ 【再按】和【顺序】下拉列表：确定将在另一列上应用的第二种排序方法的排序顺序。在【再按】下拉列表中指定将应用第二种排序方法的列，并在【顺序】下拉列表中指定第二种排序方法的排序顺序。

➤ 【排序包含第一行】复选框：指定将表格的第一行包括在排序中。如果第一行是不应移动的标题，则不选中此复选框。

➤ 【排序脚注行】复选框：指定按照与主体行相同的条件对表格的 tfoot 部分中的所有行进行排序。

➤ 【完成排序后所有行颜色保持不变】复选框：设置排序之后表格行属性与同一内容保持关联。

> ✍ **实用技巧**
>
> 用户在制作网页时，如果只需要对表格中的一部分内容执行排序操作，可以在选中表格中相应的内容后，再打开【排序表格】对话框进行相应的表格排序设置。

3.3.8 导入与导出表格式数据

使用 Dreamweaver CC，用户不仅可以将另一个应用程序，例如 Excel 中创建并以分隔文本格式(其中的项以制表符、逗号、冒号、分号或其他分隔符隔开)保存的表格式数据导入到网页文档中并设置为表格的格式，而且还可以将网页中的表格导出。

1．导入表格式数据

用户可以参考以下实例在 Dreamweaver CC 中导入表格式数据。

> 【例 3-5】在 Dreamweaver CC 中为网页导入表格式数据。
>
> ◉ 视频+素材 (光盘素材\第 03 章\例 3-5)

step 1 启动【记事本】工具，然后输入表格式数据，并使用逗号来分隔数据。

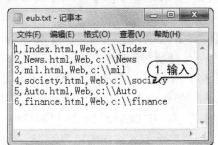

step 2 启动 Dreamweaver CC，打开一个一个网页文档，将鼠标插入文档中合适的位置上，然后选择【文件】|【导入】|【表格式数据】命令，打开【导入表格式数据】对话框。

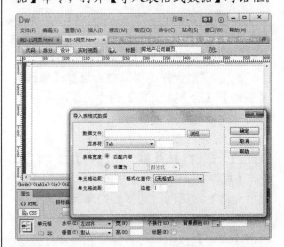

step 3 在【导入表格式数据】对话框中单击【浏览】按钮，打开【打开】对话框，然后在该对话框中选中步骤 1 创建的文件，并单击【打开】按钮。

step 4 返回【导入表格式数据】对话框，单击【定界符】下拉列表按钮，在弹出的下拉列表中选择【逗点】选项。

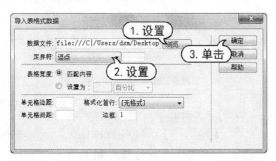

step 5 在【导入表格式数据】对话框中单击
【确定】按钮，即可在网页中导入表格式数据。

step 6 选择【文件】|【保存】命令，将网页
保存。

【导入表格式数据】对话框中主要参数选
项的具体作用如下。

▶ 【数据文件】文本框：用于设置要导
入的文件名称。用户也可以单击【浏览】按
钮选择一个导入文件。

▶ 【定界符】下拉列表框：可以选择在
导入的文件中所使用的定界符，如 Tab、逗
号、分号、引号等。如果在此选择【其他】
选项，在该下拉列表框右面将出现一个文本
框，用户可以在其中输入需要的定界符。定
界符就是在被导入的文件中用于区别行、列
等信息的标志符号。定界符选择不当，将直
接影响到导入后表格的格式，而且还有可能
无法导入。

▶ 【表格宽度】选项区域：可以选择创
建的表格宽度。其中，选择【匹配内容】单
选按钮，可以使每个列足够宽以适应该列中

最长的文本字符串；选择【设置为】单选按
钮，将以像素为单位，或按占浏览器窗口宽
度的百分比来指定固定的表格宽度。

▶ 【单元格边距】文本框与【单元格间
距】文本框：可以设置单元格的边距和间距。

▶ 【格式化首行】下拉列表框：可以设
置表格首行的格式，可以选择无格式、粗体、
斜体或加粗斜体等 4 种格式。

▶ 【边框】文本框：用于设置表格边框
的宽度，单位为像素。

2. 导出表格式数据

在 Dreamweaver CC 中，如果要将页面
内制作的表格及其内容导出为表格式数据，
可以参考下面的操作步骤。

【例 3-6】在 Dreamweaver CC 中导出网页中的表
格式数据。
视频+素材 (光盘素材\第 03 章\例 3-6)

step 1 在 Dreamweaver CC 中选择要导出的
表格，选择【文件】|【导出】|【表格】命令，
打开【导出表格】对话框。

step 2 在【导出表格】对话框中设置相应的
参数选项后，单击【导出】按钮，打开【表
格导出为】对话框。

step 3 在【表格导出为】对话框中设置导出
文件的名称和类型后，单击【保存】按钮即

可将表格导出。

【导出表格】对话框中主要选项的功能如下。

▶ 【换行符】下拉列表框：用于设置在哪个操作系统中打开导出的文件，例如Windows，Macintosh 或 UNIX 系统，因为在不同的操作系统中具有不同的指示文本行结尾的方式。

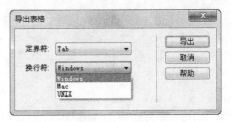

▶ 【定界符】下拉列表框：可以设置要导出的文件以什么符号作为定界符。

3.4 使用模板和库

模板是统一站点网页风格的工具，用户在设计批量网页布局时，为了站点的统一性，许多页面的布局都是相同的，这时可以将具有相同布局结构的页面制作成模板。将相同的元素制作成库项目，可以随时调用模板和库项目，减少重复操作，提高制作速度。

3.4.1 使用模板

模板的原意是制作某种产品的【样板】或【构架】。通常网页在整体布局上，为了保持一贯的设计风格，会使用统一的构架。在这种情况下，可以使用模板来保存经常重复的图像或结果，这样在制作新网页时，只需在模板的基础上进行略微修改即可。

1. 模板简介

一个站点中的大部分网页都会在整体上具有一定的格式，但有时也会根据网站建设的需要，只把主页设计成其他形式。在网页文件中对需要更换的内容部分和不变的固定部分分别进行标识，就可以很容易地创建出具有相似网页框架的模板。

使用模板可以一次性修改多个网页文档。使用模板的文档，只要没有在模板中删除该文档，它始终都会处于连接状态。因此，只要修改模板，就可以一次性地修改以它为基础的所有网页文档。

适当地使用模板可以节约大量的时间，而且模板将确保站点拥有统一的外观和风格，更容易为访问者导航。模板不是 HTML语言的基本元素，而是 Dreamweaver 特有的内容，它可以避免重复地在每个网页中输入或修改相同的部分。

2. 创建模板

模板最强大的功能之一是可以更新多个页面。用模板创建的文档与该模板保持连接状态，可以只修改模板并立即更新所有基于该模板的文档的相应部分。

在 Dreamweaver CC 中制作网页后，用户可以以当前页面为基准制作模板，也可以在新的文档中制作模板。

【例 3-7】在 Dreamweaver CC 中，利用已有的网页创建模板。

◉ 视频+素材 (光盘素材\第 03 章\例 3-7)

step① 启动 Dreamweaver CC，打开如下图所示的网页文档。

step② 选择【文件】|【另存为模板】命令，在打开的【另存模板】对话框中单击【保存】

按钮。

step 3 此时，在 Dreamweaver CC 标题栏中
将显示当前文档为模板文档。

step 2 打开模板后，将鼠标指针插入模板中
合适的位置，然后选择【窗口】|【插入】命
令，显示【插入】面板并选中该面板中的【模
板】选项卡。

> 🐟 实用技巧
>
> 将文档指定为模板时，应先定义本地站点。在【另
> 存模板】对话框中单击【站点】下拉列表按钮，在弹
> 出的下拉列表中选择保存模板的本地站点。

3. 创建模板区域

模板生成后，就可以在模板中分别定义
可编辑区域、可选区域和重复区域等。

(1) 可编辑区域

当将一个已经存在的网页转换为模板
时，整个文档将被锁定。如果在这种锁定状
态下从模板创建文档，那么系统将警告用户
该模板没有任何可编辑区域，同时用户将不
能改变页面中的任何内容。

因此，可编辑范围对于任何模板而言，
都是必不可少的，只有定义了可编辑区域的
模板才能应用到网站的网页中。设置可编辑
区域需要在制作模板时完成，用户可以将网
页中任意选中的区域设置为可编辑区域。

【例3-8】在【例3-7】制作的模板中创建一个可编
辑区域。

🎬 视频+素材 (光盘素材\第03章\例3-8)

step 1 选择【文件】|【打开】命令，然后在
打开的【打开】对话框中选择已创建的模板
文件，单击【打开】按钮。

step 3 在【模板】选项卡中单击【可编辑区
域】按钮，在打开的【新建可编辑区域】对
话框中单击【确定】按钮。

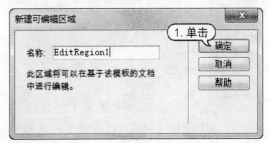

step 4 此时，将在模板中插入一个名为
EditRegion1 的可编辑区域，将鼠标指针插
入可编辑区域中，可以在该区域中输入预置
内容。

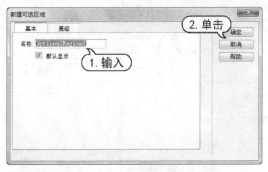

step 5 选择【文件】|【保存】命令，将创建的可编辑区域保存。

step 3 单击【确定】按钮，即可在模板中创建一个可选区域，效果如下图所示。

(2) 可选区域

模板中的可选区域可以在创建模板时定义。在使用模板创建网页时，对于可选区域中的内容，可以选择是否显示。

【例3-9】在【例3-8】制作的模板中创建可选区域。

视频+素材 (光盘素材\第03章\例3-9)

step 1 在 Dreamweaver CC 中选择【文件】|【打开】命令，打开【例3-8】创建的模板文件，将鼠标指针插入模板中需要创建可选区域的位置，在【插入】面板的【模板】选项卡中单击【可选区域】按钮。

在【新建可选区域】对话框中，各选项的功能如下。

▶ 【名称】文本框：用于设定可选区域的名称。

▶ 【默认显示】复选框：用于设置可选区域在默认情况下是否再基于模板的网页中显示。

▶ 【高级】选项卡：选择该选项卡，将显示【高级】选项，设置可选区域的使用参数和具体的表达式

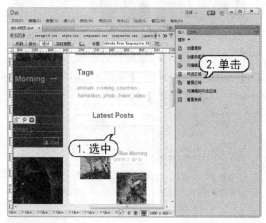

step 2 在打开的【新建可选区域】对话框中选择【基本】选项卡，然后在【名称】文本框中输入可选区域的名称【OptionalRegion1】，并选中【默认显示】复选框。

(3) 重复区域

在模板中定义重复区域，可以让用户在网页中创建可扩展的列表，并可保持模板中表格的设计不变。重复区域可以使用两种重复区域模板对象：区域重复或表格重复。重复区域是不可编辑的，如果想编辑重复区域中的内容，需要在重复区域中插入可编辑区。

【例 3-10】使用 Dreamweaver CC 在模板中插入重复区域。

 视频+素材 (光盘素材\第 03 章\例 3-10)

step 1　在 Dreamweaver CC 中打开一个模板文件，将鼠标指针插入模板中需要插入重复区域的位置，然后在【插入】面板的【模板】选项卡中单击【重复区域】按钮。

step 2　在打开的【新建重复区域】对话框的【名称】文本框中输入重复区域的名称，然后单击【确定】按钮。

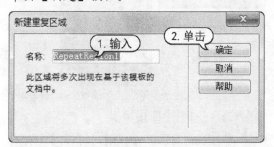

step 3　此时，将在模板中创建一个重复区域。

(4) 重复表格

重复区域通常用于表格中，包括表格中可编辑区域的重复区域，可以定义表格的属性，设置表格中的哪些单元格为可编辑的。

【例 3-11】使用 Dreamweaver CC 在模板内的表格中设置【重复表格】。

视频+素材 (光盘素材\第 03 章\例 3-11)

step 1　在 Dreamweaver CC 中打开一个模板文件，将鼠标指针插入模板中需要插入重复表格的位置，并在【插入】面板的【模板】选项卡中单击【重复表格】按钮。

step 2　在打开的【插入重复表格】对话框中设置重复表格的具体参数，然后单击【确定】按钮即可。

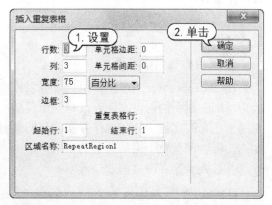

step 3　此时，将在模板中创建一个重复表格，如下图所示。

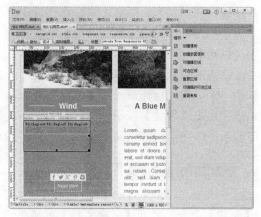

【重复表格】对话框中各选项的功能如下。

➤ 【行数】文本框：用于设置插入表格的行数。

➤ 【列】文本框：用于设置插入表格的列数。

➤ 【单元格边框】文本框：用于设置表

格的单元格边距。

　▶【单元格间距】文本框：用于设置表格的单元格间距。

　▶【宽度】文本框：用于设置表格宽度。

　▶【边框】文本框：用于设置表格的边框宽度。

　▶【起始行】文本框：用于设置可重复行的起始行。

　▶【结束行】文本框：用于设置可重复行的结束行。

　▶【区域名称】文本框：用于设置该重复表格的名称。

4. 使用模板创建网页

在 Dreamweaver CC 中，用户可以以模板为基础创建新的网页文档，或将一个模板应用于已有的文档。使用这样方法创建网页文档，可以保持整个网站页面的布局风格一致，并且大大提高网页的制作效率。

(1) 使用模板新建网页

在 Dreamweaver CC 中，要使用模板新建网页，可以选择【文件】|【新建】命令，打开【新建文档】对话框，然后在该对话框左侧的列表框中选择【网站模板】选项，并在【站点】列表框中选择模板所在的站点，在【站点的模板】列表框中选择所要使用的模板。完成以上操作后，在【新建文档】对话框中单击【创建】按钮即可。

【例 3-12】在 Dreamweaver CC 中使用模板创建网页。

视频+素材 (光盘素材\第 03 章\例 3-12)

step ① 启动 Dreamweaver CC，选择【文件】|【新建】命令，打开【新建文档】对话框，选中【网站模板】选项。

step ② 在【新建文档】对话框的【站点】列表框中选择【Dreamweaver 本地站点】选项，在【站点"测试站点"的模板】列表框中选中一个模板，然后单击【创建】按钮。

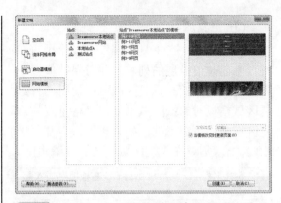

step ③ 此时，即可使用模板在 Dreamweaver CC 中创建一个如下图所示的网页文档。

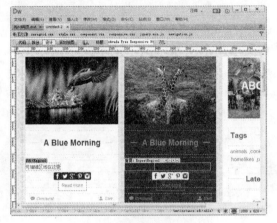

(2) 在网页中应用模板

在 Dreamweaver 中，用户可以对现有的文档应用已创建好的模板。在文档窗口中打开需要应用模板的文档，然后选择【窗口】|【资源】命令，打开【资源】面板，并在模板列表中选中需要应用的模板，然后单击面板下方的【应用】按钮，此时会出现如下两种情况。

　▶ 如果现有文档是从某个模板中派生出来的，则 Dreamweaver 会对两个模板的可编辑区域进行比较，然后在应用新模板之后，将原先文档中的内容放入到匹配的可编辑区域中。

　▶ 如果现有文档是一个尚未应用过模板的文档，将没有可编辑区域同模板进行比较，于是会出现不匹配情况，此时将自动打开【不一致的区域名称】话框，用户可以选择删除或保留不匹配的内容，决定是否将文档应用于新模板。可以选择未解析的内容，然后在【将内容移到新区域】下拉列表框中选择要应用到的区域内容。

【例3-13】在网页中应用创建的模板。

视频+素材 (光盘素材\第 03 章\例 3-13)

step① 在 Dreamweaver CC 中新建一个空白网页文档，然后选择【窗口】|【资源】命令，显示【资源】面板。

step② 在【资源】面板中单击【模板】按钮，显示当前站点中的模板列表。

step③ 在【资源】面板中选择要应用在网页中的模板，单击【应用】按钮，即可将模板应用于当前网页中。

(3) 分离网页模板

用模板设计网页时，模板有很多的锁定区域(即不可编辑区域)。为了能够修改基于模板的页面中的锁定区域和可编辑区域的内容，必须将页面从模板中分离出来。当页面

被分离后，它将成为一个普通的文档，不再具有可编辑区域或锁定区域，也不再与任何模板相关联。因此，当文档模板被更新时，文档页面也不会随之更新。

【例3-14】在 Dreamweaver CC 中，将页面从模板中分离。

视频+素材 (光盘素材\第 03 章\例 3-14)

step① 继续【例 3-13】的操作，使用模板创建网页后，选择【修改】|【模板】|【从模板中分离】命令。

step② 完成以上操作后，模板中的锁定区域将被全部删除，用户可以对网页中由模板创建的内容进行编辑。

(4) 更新模板页面

在网页模板被修改后，Dreamweaver 会提示用户是否更新基于该模板的文档，同时用户也可以使用更新命令来更新当前页面或整个站点。

▶ 更新站点模板：选择【修改】|【模板】|【更新页面】命令，可以更新整个站点或所有使用特定模板的文档。选择该命令后，将打开【更新页面】对话框。在对话框的【查看】下拉列表框中选择需要更新的范围，在【更新】选项区域中选中【模板】复选框，单击【开始】按钮后将在【状态】文本框中显示站点更新的结果。

▶ 更新基于模板的文档：要更新基于模板的页面，可打开一个基于模板的网页文档，选择【修改】|【模板】|【更新当前页】命令，

即可更新当前文档,同时反映模板的最新面貌。

5. 创建嵌套模板

嵌套模板对于控制共享许多设计元素的站点页面中的内容非常有用,但在各页之间有些差异。基本模板中的可编辑区域被传递到嵌套模板,并在基于嵌套模板创建的页面中保持可编辑,除非在这些区域中插入了新的模板区域。对基本模板所做的更改在基于基本模板的模板中自动更新,并在所有基于主模板和嵌套模板的文档中自动更新。

【例 3-15】在 Dreamweaver CC 中创建嵌套模板。

视频+素材 (光盘素材\第 03 章\例 3-15)

step 1 在 Dreamweaver CC 中打开【新建文档】对话框,在该对话框左侧的列表框中选择【网站模板】选项,在【站点】列表框中选择包含要使用的模板的站点,在【模板】列表框中选择要使用的模板来创建新文档。

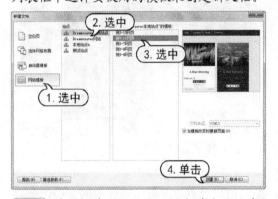

step 2 在【新建文档】对话框中单击【创建】按钮后,选择【文件】|【另存为模板】命令,在打开的【另存模板】对话框中单击【保存】按钮即可创建嵌套模板。

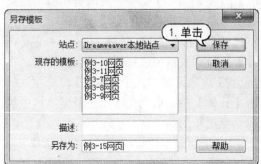

3.4.2 使用库

在 Dreamweaver CC 中,利用库可以创建一些内容(例如图像和版权信息等)反复出现的网页。在设计结构完全不同的网页时,若页面内容存在重复,就可以使用库来处理这些重复内容。

1. 认识库项目

库是一种特殊的文件,它包含可添加到网页文档中的一组单个资源或资源副本。库中的这些资源称为库项目。库项目可以是图像、表格或 SWF 文件等元素。当编辑某个库项目时,可以自动更新应用该库项目的所有网页文档。

在 Dreamweaver CC 中,库项目存储在每个站点的本地根目录的 Library 目录中。用户可以从网页文档中选中任意元素来创建库项目。对于链接项,库只存储对该项的引用。原始文件必须保留在指定的位置,这样才能使库项目正确工作。

使用库项目时,在网页文档中会插入该项目的链接,而不是项目的原始文件。如果创建的库项目附加行为的元素时,系统会将该元素及事件处理程序复制到库项目文件。但不会将关联的 JavaScript 代码复制到库项目中,不过,在将库项目插入文档时,会自动将相应的 JavaScript 函数插入到该文档的 head 部分。

2. 创建库项目

在 Dreamweaver CC 文档中,可以将网页文档中的任何元素创建为库项目,这些元素包括文本、图像、表格、表单、插件、ActiveX 控件以及 Java 程序等。

【例 3-16】在 Dreamweaver CC 中将网页元素保存为库项目。

视频+素材 (光盘素材\第 03 章\例 3-16)

step 1 选中要保存为库项目的网页元素,选择【修改】|【库】|【增加对象到库】命令,即可将对象添加到库中。

step 2 选择【窗口】|【资源】命令,打开【资

源】面板，单击【库】按钮 ，即可在该面板中显示添加到库中的对象。

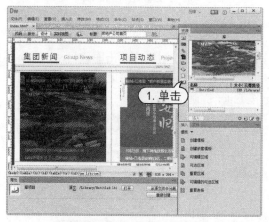

3. 设置库项目

在 Dreamweaver CC 中，用户可以方便地编辑库项目。在【资源】面板中选择创建的库项目后，可以直接将其拖动到网页文档中。选中网页文档中插入的库项目，在打开的【属性】面板中，用户可以设置库项目的属性参数。

库项目【属性】面板中的主要参数选项的功能如下。

▶ 【打开】按钮：单击【打开】按钮，将打开一个新文档窗口，在该窗口中用户可以对库项目进行各种编辑操作。

▶ 【从源文件中分离】按钮：用于断开所选库项目与其源文件之间的链接，使库项目成为文档中的普通对象。当分离一个库项目后，该对象不再随源文件的修改而自动更新。

▶ 【重新创建】按钮：用于选定当前的内容并改写原始库项目，使用该功能可以在丢失或意外删除原始库项目时重新创建库项目。

4. 应用库项目

在网页中应用库项目时，并不是在页面中插入库项目，而只是插入一个指向库项目的链接，即 Dreamweaver 向文档中插入的是该项目的 HTML 源代码副本，并添加一个包含对原始外部项目的说明性链接。用户可以先将光标置于文档窗口中需要应用库项目的位置，然后选择【资源】面板左侧的【库】选项，

并从中拖动一个库项目到文档窗口中(或者选中一个库项目，单击【资源】面板中的【插入】按钮)，即可将将库项目应用于该文档。

实用技巧

如果要插入库项目内容到网页中，而又不是要在文档中创建该库项目的实体，可以在按住 Ctrl 键的同时拖拽库项目至网页中。采用这种方式应用的库项目，用户可以在 Dreamweaver 中对创建的项目进行编辑，但当更新使用库项目的页面时，文档将不会随之更新。

5. 修改库项目

在 Dreamweaver CC 中通过对库项目的修改，用户可以引用外部库项目一次性更新整个站点上的内容。例如，如果需要更改某些文本或图像，则只需更新相应地库项目即可自动更新所有使用该库项目的页面。

(1) 更新关于所有文件的库项目

当用户修改一个库项目时，可以选择更新使用该项目的所有文件。如果选择不更新，文件将仍然与库项目保持关联；也可以在以后选择【修改】|【库】|【更新页面】命令，打开【更新页面】对话框，对库项目进行更新设置。

修改库项目，可以在【资源】面板的【库】

类别中选中一个库项目后，单击面板底部的
【编辑】按钮，此时 Dreamweaver CC 将打
开一个新的窗口用于编辑库项目。

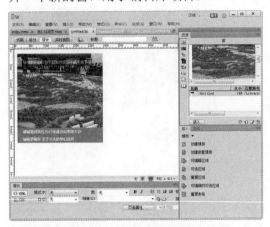

(2) 应用特定库项目的修改

当用户需要更新应用特定库项目的网站
站点(或所有网页)时，可以在 Dreamweaver
中选择【修改】|【库】|【更新页面】命令打
开【更新页面】对话框，然后在该对话框的
【查看】下拉列表框中选择【整个站点】选项，
并在该选项相邻的下拉列表中选择需要更新
的站点名称。

如果用户在【更新页面】对话框的【查
看】下拉列表框中选择了【文件使用】选项，
然后在该选项相邻的下拉列表框中选择库项
目的名称，则会更新当前站点中所有应用了
指定库项目的文档。

(3) 重命名库项目

当用户需要在【资源】面板中对一个库项
目重命名时，可以先选择【资源】面板左侧的
【库】选项，然后单击需要重命名的库项目，
并在短暂的停顿后再次单击库项目，使库项目
的名称变为可编辑状态，此时输入新的名称，
按 Enter 键确定即可。

(4) 从库项目中删除文件

若用户需要从库中删除一个库项目，可
以参考下面例 3-17 中的方法。

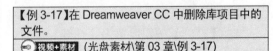
【例 3-17】在 Dreamweaver CC 中删除库项目中的
文件。

视频+素材 (光盘素材\第 03 章\例 3-17)

step 1 在 Dreamweaver CC 中，选择【窗口】
|【资源】命令，显示【资源】面板，单击该
面板左侧的【库】按钮。

step 2 在打开的库项目列表中选中需要删
除的库项目，然后单击面板底部的【删除】
按钮。

step 3 在 Dreamweaver 打开的提示对话框中
单击【是】按钮，即可将选中的库项目删除。

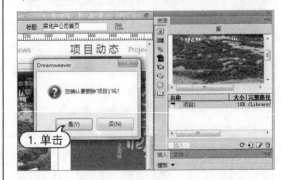

3.5　使用<div>标签

<div>标签是 HTML 众多标签中的一个，其相当于一个容器或一个方框，用户可以将网页中的文本、图片等素材都放置在这个容器内。

3.5.1　认识<div>标签

在规划网页布局时，如果用户使用层叠样式表格式(非传统的 HTML 表格或框架)组织网页中的内容，其基本构造块就是<div>标签，它是一个 HTML 标签，在大多数情况下用作文本、图像或其他页面元素的容器。

<div>标签是用来为 HTML 文档内大块(Block-Level)的内容提供结构的背景的元素。<div>起始标签和结束标签之间的所有内容都是用于构成这个块的，其中包含的元素的特性由<div>标签的属性来控制，或者是通过使用样式表格式化这个块来进行控制。

<div>标签常用于设置文本、图像、表格等网页对象的摆放位置。当用户将文本、图像，或其他对象放置在<div>标签中时，可称为 div block(层次)。

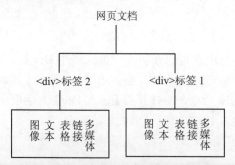

实用技巧

<div>标签可以把文档分割为独立的、不同的部分。它可以用作严格的组织工具，并且不使用任何格式与其关联。如果用 id 或 class 属性来标记<div>，那么该标签的作用会变得更加有效。

3.5.2　插入<div>标签

Div 布局层是网页中最基本的布局对象，也是最常见的布局对象。在 Dreamweaver CC 中，用户可以非常方便地插入该标签。

在【文档】窗口中，将插入点放置在需要显示<div>标签的位置。在【插入】面板的【常用】类别或【结构】类别中单击 Div 按钮。

在打开的【插入 Div】对话框中，可以命名<div>层的名称(例如，输入 ID 为 Div01)，然后单击【确定】按钮。

在【插入 Div】对话框中，各项参数的含义说明如下。

▶【插入】下拉列表：包括【在插入点】、【在开始标签结束之后】和【在结束标签之前】等选项，其中，【在插入点】选项表示会将<div>标签插入到当前光标所指示的位置；【在开始标签结束之后】选项表示会将<div>标签插入到选择的开始标签之后；【在结束标签之前】选项表示会将<div>标签插入到选择的开始标签之前。

▶【开始标签】下拉列表：若在【插入】下拉列表中选择【在开始标签结束之后】或【在结束标签之前】选项，可以在该列表中选择文档中所有的可用标签，作为开始标签。

▶ Class(类)下拉列表：用于设置<div>标签使用的 CSS 类。

▶【新建 CSS 规则】：根据<div>标签的 CSS 类或编号标记等，为<div>标签建立 CSS 样式。

此时，在文档窗口中会显示所插入的<div>标签，并在层中显示一段文本，以方便用户选择该层。

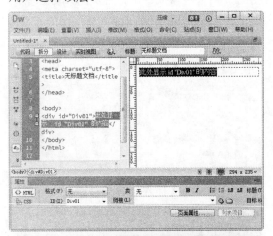

实用技巧

用户也可以选择【插入】|Div命令，或者选择【插入】|【结构】|Div命令，打开【插入Div】对话框，在网页中插入<div>标签。

3.5.3 编辑<div>标签

在网页中插入<div>标签之后，就可以对它进行操作或向其中添加内容。在为<div>标签分配边框时(或在选定了【CSS布局外框】时)，它们便具有可视边框(默认情况下，选择【查看】|【可视化助理】|【CSS布局外框】命令)。

1. 查看Div层

将指针移动到<div>标签上时，Dreamweaver将高亮显示此标签。当用户选择该Div层时，边框将以蓝色显示。

在选择<div>标签时，可以在【CSS设计器】面板中查看和编辑其规则。

2. 在Div层插入文本

用户也可以向<div>标签中添加内容。例如，将插入点放在<div>标签中，然后就像在页面中添加内容一样添加内容。

3. 插入多个Div层

用户可以在页面中插入多个Div层，将鼠标光标插入Div层的边框外，选择【插入】| Div命令，在打开的【插入Div】对话框中，输入ID值(例如Div02)。

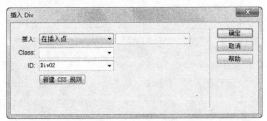

单击【确定】按钮，即可在文档中插入如下图所示的Div层。

4. 插入嵌套 Div 层

另外，用户还可以在 Div 层中插入其他 Div 层，并实现层与层之间的嵌套。例如，将鼠标光标置于 ID 为 Div02 的层中，选择【插入】| Div 命令。

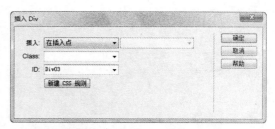

此时，即可插入一个嵌套层 Div03，该层嵌套在 ID 为 Div02 的 Div 层的内部，效果如下图所示。

在打开的【插入 Div】对话框中输入 ID 值 Div03，然后单击【确定】按钮。

3.6 案例演练

本章的案例演练部分主要讲解使用表格和 Div 规划和网页布局，用户通过练习从而巩固本章所学知识。

【例 3-18】在 Dreamweaver CC 中制作网站首页。

视频+素材（光盘素材\第 03 章\例 3-18）

step 1 使用 Dreamweaver CC 创建一个空白网页文档，在【标题】栏中输入文本 zAvada。

step 2 将鼠标指针插入网页中，选择【窗口】|【插入】命令，显示【插入】面板，单击该面板中【常用】选项卡中的【表格】选项。

step 3 打开【表格】对话框，在【行数】文本框中输入 3，【列】文本框中输入 3，【表格宽度】文本框中输入 100 并单击其后的下拉列表按钮，在弹出的下拉列表中选择【百分比】选项。

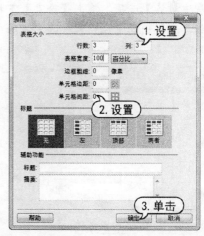

step 4 在【表格】对话框的【边框粗细】文本框中输入参数 0，然后单击【确定】按钮，在页面中插入一个 3 行 3 列的表格。

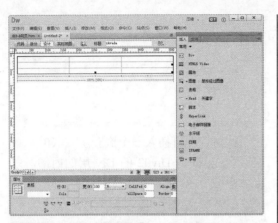

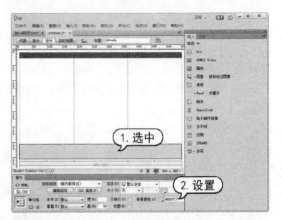

step⑤ 选中表格的第 1 行，在【属性】检查器中单击【合并所选单元格】按钮□。

step⑥ 在【属性】检查器中单击【水平】下拉列表按钮，在弹出的下拉列表中选择【左对齐】选项，在【背景色】文本框中输入【#4D4D4D】。

step⑦ 选中表格的第 2 行单元格，在【属性】检查器的【高】文本框中输入 280，单击【水平】下拉列表按钮，在弹出的下拉列表中选择【居中对齐】选项，单击【垂直】下拉列表按钮，在弹出的下拉列表中选中【居中】。

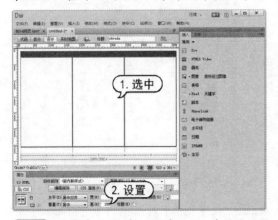

step⑧ 选中表格的第 3 行单元格，在【属性】检查器中单击【合并所选单元格】按钮□，在【背景色】文本框中输入【#DDD7C7】。

step⑨ 将鼠标指针插入表格第 1 行的单元格中，选择【插入】|【表格】命令，打开【表格】对话框。

step⑩ 在【表格】对话框的【行】文本框中输入参数 1，在【列】文本框中输入参数 6，在【表格宽度】文本框中输入参数 450，然后单击该文本框后的下拉列表按钮，在弹出的下拉列表中选择【像素】选项，在【边框粗细】、【单元格边距】和【单元格间距】文本框中输入参数 0。

step⑪ 单击【确定】按钮，在表格的第 1 行单元格中插入一个 1 行 6 列的嵌套表格。

step⑫ 选中嵌套表格的左侧第 1 个单元格，在【属性】检查器中的【宽】文本框中输入 30。

step⑬ 在嵌套表格的其他单元格中输入相应的文本，并在【属性】检查器中设置文本的属性，完成后的效果如下图所示。

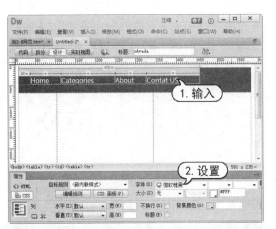

step 14 将鼠标指针插入表格第 2 行左侧的第 1 个单元格中,在【属性】检查器中单击【水平】下拉列表按钮,在弹出的下拉列表中选择【右对齐】选项。

step 15 选择【插入】|【表格】命令,在单元格中插入一个 4 行 1 列的嵌套表格,在【属性】检查器中设置该表格的宽度为 250,并在嵌套表格中添加如下图所示的图片和文本信息。

step 16 使用同样的方法,在表格第 2 行的其余 2 个单元格中也插入嵌套表格,并添加相应的内容。

step 17 将鼠标指针插入表格第 3 行的单元格

中,选择【插入】|【表格】命令,打开【表格】对话框,在单元格中插入一个 3 行 4 列,宽度为 600 的嵌套表格。

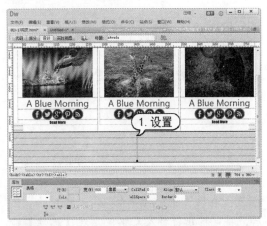

step 18 将鼠标插入嵌套表格中,输入网站的底部信息,并设置格式。

step 19 选择【文件】|【保存】命令,将网页保存,然后按 F12 键预览网页,效果如下图所示。

【例 3-19】在 Dreamweaver CC 中使用表格和 <div>标签规划网页布局。

视频+素材 (光盘素材\第 03 章\例 3-19)

step 1 启动 Dreamweaver CC,选择【文件】|【新建】命令,创建一个空白网页文档。

step 2 将鼠标指针插入网页中,选择【插入】|【表格】命令,打开【表格】对话框。

step 3 在【行数】文本框中输入 1,在【列】文本框中输入 1,设置【表格宽度】为 100%,

然后单击【确定】按钮。

step④ 在网页中插入一个 1 行 1 列的表格后，将鼠标指针插入表格中，在【属性】检查器中设置【水平】属性为【居中对齐】,【垂直】属性为【居中】，如下图所示。

step⑤ 选择【插入】|【表格】命令，在表格中插入一个 6 行 2 列，宽度为 800 像素的嵌套表格。

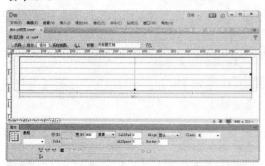

step⑥ 选中嵌套表格第 1 行第 1 列的单元

格，选择【插入】| Div 命令，打开【插入 Div】对话框，在 ID 文本框中输入 D1，然后单击【确定】按钮。

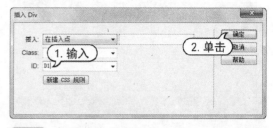

step⑦ 在该单元格中插入一个 Div 层，在【属性】检查器中单击【CSS 面板】按钮，打开【CSS 设计器】面板。

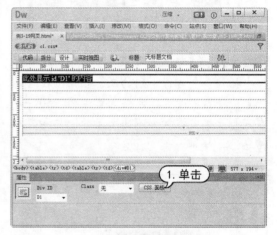

step⑧ 在【选择器】窗格中选中【#D1】选项，在【属性】窗格中设置其 CSS 样式属性。

step⑨ 在 ID 为 D1 的 Div 层中输入文本，并选择【插入】|【图像】|【图像】命令，插

入如下图所示的图片。

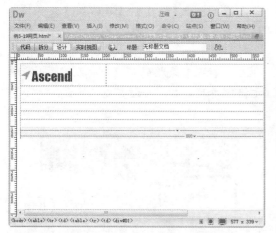

step 10 将鼠标指针插入嵌套表格的第 1 行第 2 列的单元格中，在【属性】检查器中设置【水平】属性为【右对齐】,【垂直】属性为【居中】。

step 11 选择【插入】| Div 命令，打开【插入 Div】对话框，在 ID 文本框中输入 D2，然后单击【确定】按钮。

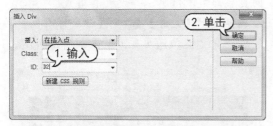

step 12 在 ID 为 D2 的 Div 层中输入文本，并在【属性】检查器中设置文本的格式。

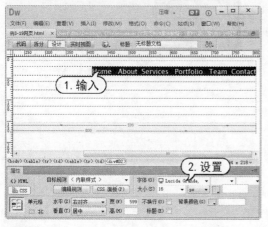

step 13 选中嵌套表格的第 2 行，选择【修改】

|【表格】|【合并单元格】命令，合并该行中的单元格。

step 14 选择【插入】|【图像】|【图像】命令，打开【插入图像源文件】对话框，在嵌套表格的第 2 行中插入图像素材。

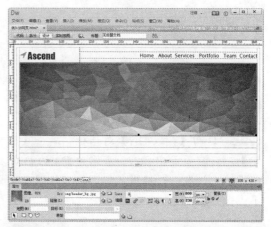

step 15 将鼠标指针插入图像素材的后方，选择【插入】| Div 命令，打开【插入 Div】对话框，在 ID 文本框中输入 D3，单击【新建 CSS 规则】按钮。

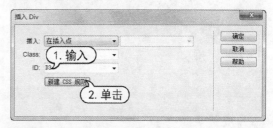

step 16 打开【新建 CSS 规则】对话框，保持默认设置，单击【确定】按钮。

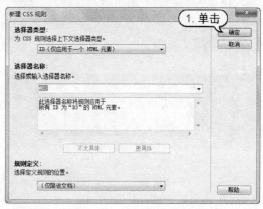

step 17 打开【#D3 的 CSS 规则定义】对话框，

在【分类】列表中选择【定位】选项，将Position 设置为absolute，然后单击【确定】按钮。

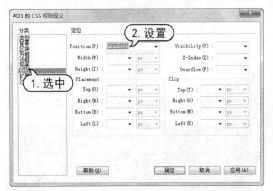

step 18 返回【插入 Div】对话框，单击【确定】按钮，在页面中插入一个名为 D3 的 Div，然后选中该 Div，使用鼠标调整其位置和大小，如下图所示。

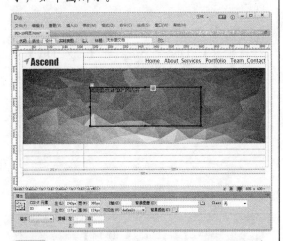

step 19 删除 D3 中的文本，输入新的文本并插入图像素材，如下图所示。

step 20 选中嵌套表格的第 1 列的第 3、4 行单元格，选择【修改】|【表格】|【合并单元格】命令，合并单元格，并在其中插入图像素材。

step 21 在嵌套表格的第 2 列的第 3、4 行单元格中输入文本，并设置文本格式。

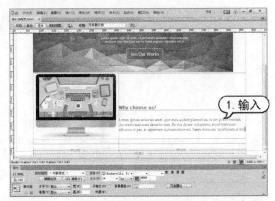

step 22 合并嵌套表格的第 5 行，然后选择【插入】|【水平线】命令，在单元格中插入水平线。

step 23 合并嵌套表格的第 6 行，在其中输入网页底部文本信息，并设置其格式。

step 24 选择【文件】|【保存】命令保存网页，然后按F12键预览网页，效果如下图所示。

第4章

网页链接的创建与设置

网页制作完成后，需要在页面中创建链接。使网页能够与网络中的其他页面建立联系。链接是一个网站的灵魂，网页设计者不仅要知道如何去创建页面之间的链接，更应该了解链接地址的真正意义。本章将通过实例操作，帮助用户掌握使用 Dreamweaver CC 在网页中创建并设置超链接的方法。

对应光盘视频

例 4-1 创建文本链接　　　　　　例 4-5 创建文件下载链接
例 4-2 创建图像映射链接　　　　例 4-6 制作电子邮件链接
例 4-3 创建锚点链接　　　　　　例 4-7 制作网站首页导航栏
例 4-4 创建音频链接　　　　　　例 4-8 在网页中设置超链接

4.1 超链接简介

超链接是网页中的重要组成部分，其本质上属于一个网页的一部分，它是一种允许网页与其他网页或站点之间进行连接的元素。将各个网页链接在一起后，才能真正构成一个网站。

4.1.1 超链接的类型

超链接与 URL 及网页文件的存放路径是紧密相关的。URL 可以简单地称为网址，顾名思义，就是 Internet 文件在网上的地址，定义超链接其实就是指定一个 URL 地址来访问它指向的 Internet 资源。

URL(Uniform Resource Locator，统一资源定位器)是指 Internet 文件在网上的地址，是使用数字和字母按一定顺序排列来确定的 Internet 地址，由访问方法、服务器名、端口号，以及文档位置组成。在 Dreamweaver 中，用户可以创建下列几种类型的超链接。

▶ 页间链接：利用该链接可以跳转到其他文档或文件，例如图形、PDF 或声音文件等。

▶ 页内链接：也称为锚记链接，利用它可以跳转到本站点指定文档的位置。

▶ E-mail 链接：使用 E-mail 链接，可以启动电子邮件程序，允许用户书写电子邮件，并发送到指定的地址。

▶ 空链接及脚本链接：空链接与脚本链接允许用户附加行为至对象或创建一个执行 JavaScript 代码的链接。

4.1.2 超链接的路径

从作为链接起点的文档到作为链接目标的文档之间的文件路径，对于创建链接至关重要。一般来说，链接路径分为绝对路径与相对路径两类。

1. 绝对路径

绝对路径是指包括服务器协议在内的完全路径，例如：

http://www.xdchiang/dreamweaver/ index.htm

绝对路径与链接的源端点无关，只要目标站点的地址不变，无论文档在站点中如何移动，都可以正常实现跳转而不会发生错误。如果要链接当前站点之外的网页或网站，就必须使用绝对路径。

> **实用技巧**
>
> 绝对路径链接方式不利于测试。如果在站点中使用绝对路径地址，要想测试链接是否有效，就必须在 Internet 服务器端进行。此外，使用绝对路径不利于站点的移植。例如，一个较为重要的站点，可能会在几个服务器上创建镜像，同一个文档也就有几个不同的网址，要将文档在这些站点之间移植，必须对站点中的每个使用绝对路径的链接进行一一修改，这样才能达到预期目的。

2. 相对路径

相对路径包括根相对路径(Site Root)和文档相对路径(Document)两种：

▶ 使用 Dreamweaver 制作网页时，需要选定一个文件夹来定义一个本地站点，模拟服务器上的根文件夹，系统会根据这个文件夹来确定所有链接的本地文件位置，而根相对路径中的根就是指这个文件夹。

▶ 文档相对路径是指包含当前文档的文件夹，也就是以当前网页所在的文件夹为基础来计算的路径。

文档的根相对路径(也称相对根目录的路径)以 "/" 开头，路径是从当前站点的根目录开始计算(例如在 C 盘 Web 目录建立的名为 web 的站点，这时/index.htm 的实际路径为 C:\Web\index.htm。根相对路径适用于链接内容频繁更换环境中的文件，这样即使站点中的文件被移动了，链接仍可以生效，但是仅限于在该站点中)。

如果网站的目录结构过深，在引用根目录下的文件时，用根相对路径会更好些。例如网页文件中需要引用根目录下 images 目

录中的一个图 good.gif，在当前网页中用文档相对路径表示为：../../.. /images/good.gif，

而如果使用根相对路径，只要表示为：/images/good.gif 即可。

4.2　创建网页基本链接

网页的最大优点在于可以使用户通过超链接功能，在多个网页文档之间自如地来回访问。为了使网站成为一个有机的整体，我们需要将站点中的页面通过链接的方式建立起联系，做好网页彼此之间的链接，就可以让浏览器在不同的页面之间进行跳转。

4.2.1　创建文本链接

网页中最容易制作并且最常用的就是文本链接。文本链接指的是单击文本时，出现与之相链接的其他页面或主页的形式。

在 Dreamweaver CC 中添加文本链接的方法非常简单，选中页面中要添加链接的文本，然后在【属性】检查器的【链接】文本框中设置链接地址即可。

【例 4-1】使用 Dreamweaver CC 在网页中设置文本链接。

📀 视频+素材 (光盘素材\第 04 章\例 4-1)

step ① 在 Dreamweaver CC 中打开一个网页文档，然后选中网页中需要设置链接的文本。

step ② 在【属性】检查器中单击【链接】文本

框后的【浏览】按钮 。

step ③ 在打开的【选择文件】对话框中选择站点中的一个目标网页文件后，单击【确定】按钮即可。

step ④ 成功创建文本链接后，网页中文本的效果如下图所示。

🐟 实用技巧

如果用户想要让文本链接访问网络中的一个网站或网页，可以在【属性】检查器的【链接】文本框中输入目标网站地址即可。

4.2.2 创建图像映射链接

Dreamweaver CC 的图像编辑器能使用户非常方便地创建和编辑客户端的映像图，在图像的【属性】检查器中使用绘制工具，可以直接在网页的图像上绘制用来激活超链接的热区，再通过热区添加链接，达到创建图像映射链接的目的。

【例4-2】使用 Dreamweaver CC 在网页中创建图像映射链接。

🎬 视频+素材 (光盘素材\第 04 章\例4-2)

step 1 使用 Dreamweaver CC 打开一个网页文档，选中网页中的图像，单击【属性】检查器中的□按钮。

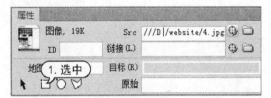

step 2 在选中的图像上绘制一个如下图所示的图像热区。

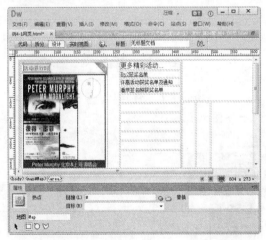

step 3 选中绘制的图像热区，然后在【属性】检查器的【链接】文本框中输入目标网页地址。

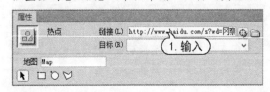

step 4 单击【目标】下拉列表按钮，在弹出的

下拉列表中选择 new 选项，设置从新窗口中打开目标网页。

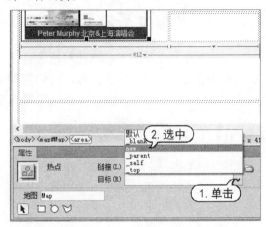

step 5 成功创建图像映射链接后，在浏览网页时，单击图片上设置的映射链接即可访问相应的网页。

在图像的【属性】检查器中，用于创建图像映射链接的各选项的功能如下。

▶ 【地图】文本框：输入需要的映像名称，即可完成对热区的命名。如果在同一个网页文档中使用了多个映像图，则应保证该文本框中输入的名称是唯一的。

▶ 矩形热区工具□：单击该按钮，然后按住鼠标并在图像上拖动，可以绘制出矩形区域。

▶ 圆形热区工具○：单击该按钮，然后按住鼠标并在图像上拖动，可以绘制出圆形区域。

▷ 多边形热区工具 ▽：单击该按钮，然后按住鼠标并在图像上拖动，可以绘制出多边形区域。

▷ 指针热点工具 ▷：可以将光标恢复为标准箭头状态，这时可以从图像上选取热区，被选中的热区边框上会出现控制点。

4.3 制作锚点链接

制作网页时，最好将所有内容都显示在一个画面上。但是，在制作文档的过程中经常需要插入很多内容。这时由于文档的内容过长，就需要移动滚动条来查找所需的内容。如果不喜欢使用滚动条，可以尝试在页面中使用锚点。利用锚点可以避免移动滚动条查找长文档时所带来的各种不便。

4.3.1 锚点链接简介

对于需要显示大段内容的网页，例如说明、帮助信息和小说等，浏览时需要不断翻页。如果网页浏览者需要跳跃性地浏览页面内容，就需要在页面中设置锚点链接，锚点的作用类似于书签，可以帮助我们迅速找到网页中需要的部分。

应用锚点链接时，当前页面会在同一个网页中的不同位置进行切换，因此，在网页各个部分应适当创建一些返回到原位置(例

如，返回顶部、转到首页等)的锚点。这样，浏览位置移动到网页下方后，可以通过此类锚点快速返回。

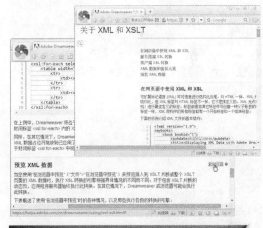

4.3.2 创建锚点链接

在 Dreamweaver CC 中，用户可以参考下面实例中介绍的方法，在网页中创建锚点链接。

【例 4-3】使用 Dreamweaver CC 在网页中创建锚点链接。

🎬 视频+素材 (光盘素材\第 04 章\例 4-3)

step 1 打开一个名为 Index.html 的网页，并将鼠标指针插入到网页的顶部。

step 2 在【文档】工具栏中单击【拆分】按钮，显示【拆分】视图。

step 3 在界面左侧的代码视图中输入如下代码，命名一个锚点：

```
<a name="top" hefr="index.html#top">
</a>
```

step 4 此时，设计视图中将添加如下图所示的锚点图标。

step 5 单击【文档】工具栏中的【设计】按钮，切换回设计视图，然后滚动页面至网页的底部，并选中文本 Top。

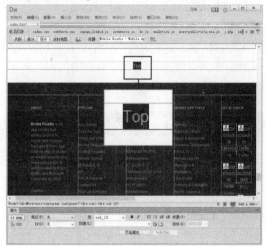

step 6 单击【属性】检查器的【链接】文本框后的【浏览文件】按钮，在打开的【选择文件】对话框中选择 Index.html 文件，并单击【确定】按钮。

step 7 在【属性】检查器的【链接】文本框中，添加【#top】。

step 8 此时，将在代码视图中添加如下代码：

```
<a href="index.htm#top">Top</a>
```

step 9 将网页保存后，按 F12 键预览网页，单击页面底部的 Top 文本，网页将自动返回到页面的顶部。

4.4 制作音视频链接

网页中使用源代码链接音乐或视频文件时，单击链接的同时会自动运行播放软件，从而播放相应的内容。如果链接的是 MP3 文件，则单击链接后，将打开【文件下载】对话框，在该对话框中单击【打开】按钮，就可以听到音乐。下面将通过实例介绍如何在 Dreamweaver CC 中创建音视频链接。

【例 4-4】使用 Dreamweaver CC 在网页中创建音频链接。

视频+素材 (光盘素材\第 04 章\例 4-4)

step 1 在 Dreamweaver CC 中打开一个网页，然后选中页面中的一张图片。

step 2 在【属性】检查器中单击【矩形】热点工具，在图片上绘制如下图所示的矩形热点区域。

step 3 选中绘制的热点区域，在【属性】检查器中单击【链接】文本框后的【浏览文件】按钮，打开【选择文件】对话框。

step 4 在【选择文件】对话框中选择一个音乐文件，单击【确定】按钮。

step 5 将网页保存后，按 F12 键预览网页，单击页面中设置的音频链接，并在打开的【文件下载】对话框中单击【打开】按钮，浏览器将在打开的窗口中播放该音乐。

4.5 制作文件下载链接

在软件和源代码下载网站中，下载链接是必不可少的，该链接可以帮助访问者下载相关的资料。下面将通过实例，介绍在 Dreamweaver CC 中创建文件下载链接的方法。

【例 4-5】使用 Dreamweaver CC 在网页中创建下载链接。

视频+素材 (光盘素材\第 04 章\例 4-5)

step 1 打开一个网页，选中页面中需要设置下载链接的网页元素。

step 2 在【属性】检查器中单击【链接】文本框后的【浏览文件】按钮。

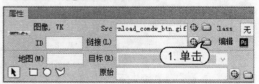

step 3 在打开的【选择文件】对话框中选择一个文件，单击【确定】按钮。

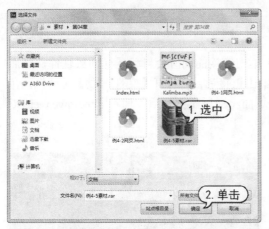

step ④ 单击【属性】检查器中的【目标】下拉列表按钮，在弹出的下拉列表中选择new选项。

step ⑤ 选择【文件】|【保存】命令，将网页保存，然后按F12键预览网页。

step ⑥ 单击页面中的文件下载链接，然后在打开的【新建下载任务】对话框中单击【下载】按钮即可下载文件。

4.6　制作电子邮件链接

　　电子邮件链接是一种特殊的链接，单击电子邮件链接，可以打开一个空白邮件通讯窗口，在该窗口中用户可以创建电子邮件，并设定将其发送到指定的地址。下面将通过实例，介绍在 Dreamweaver CC 中创建电子邮件链接的具体方法。

【例4-6】使用 Dreamweaver CC 在网页中创建电子邮件链接。

视频+素材 (光盘素材\第 04 章\例 4-6)

step ① 在 Dreamweaver CC 中打开一个网页，选中网页中选中需要设置电子邮件链接的文本。

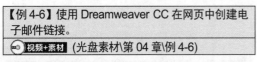

step ② 在【属性】检查器的【链接】文本框中输入：【mailto:miaofa@sina.com】创建一个电子邮件链接。

step ③ 此时，网页中文本的效果将如下图所示。

step ④ 在【属性】检查器的邮件链接后，继续输入如下信息：先输入符号【?】，然后输入【subject=】为电子邮件设定预置主题，具体代

码如下:

mailto:miaofa@sina.com? subject=网站管理员来信

step 5 还可以添加一个连接符【&】,然后输入【cc=】,并输入另一个电子邮件地址为邮件设定抄送,具体代码如下:

mailto:miaofa@sina.com? subject=网站管理员来信

&cc=duming1980@hotmail.com

step 6 将网页保存后,按 F12 键预览网页。当用户单击网页中的电子邮件链接时,弹出的邮件应用程序中将自动为电子邮件添加主题和抄送邮件地址。

4.7 案例演练

本章的案例演练部分将通过实例操作练习在网页中设置各类超链接的方法,用户通过练习从而巩固本章所学知识。

【例 4-7】在 Dreamweaver CC 中制作一个游戏网站的首页导航栏。

视频+素材 (光盘素材\第 04 章\例 4-7)

step 1 选择【文件】|【新建】命令,创建一个空白网页,然后将鼠标指针插入入页面中,选择【插入】|【表格】命令,在网页中插入一个 5 行 2 列的表格。

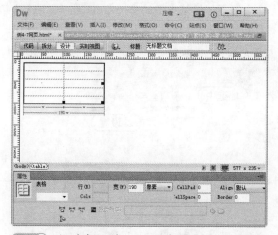

step 2 合并表格第一行的单元格,然后选择【插入】|【图像】命令,在该单元格中插入图像,并在其余单元格中输入文本信息。

step 3 选中表格第一行中的图片,然后在【属性】检查器中单击【矩形热点工具】按钮,在该图像上(在文字【更多】上)绘制一个图

像热点。

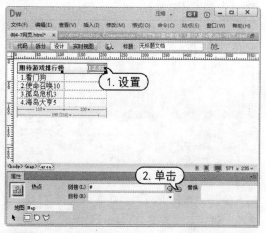

step 4 选中绘制的图像热点,在热点【属性】检查器中单击【链接】文本框后的【浏览文件】按钮,打开【选择文件】对话框。

step 5 在【选择文件】对话框中选择链接的目标文件,单击【确定】按钮,创建图像热点链接。

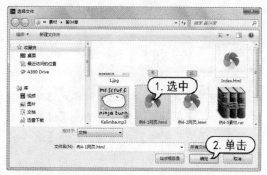

step 6 单击【属性】检查器中的【目标】下拉列表按钮,在弹出的下拉列表中选择【_blank】

选项，设置在新窗口中打开超链接页面。

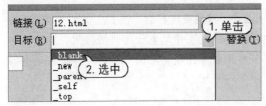

step ⑦ 选中表格中第 2 行第 1 列单元格中的文字，然后在【属性】检查器的【链接】文本框中输入文本超链接。

step ⑧ 单击【属性】检查器中的【目标】下拉列表按钮，在弹出的下拉列表中选择【_self】选项，设置在当前窗口中打开链接页面。

step ⑨ 参考以上操作步骤，设置表格中其他单元格中的文本链接。

step ⑩ 将鼠标指针依次插入表格第 2 至 5 行第 2 列的单元格中，选择【插入】|【图像】|【图像】命令，在单元格中插入图片素材。

step ⑪ 选中表格中第 2 行第 2 列单元格中的图片，然后在【属性】检查器中单击【链接】文本框后的【浏览文件】按钮，打开【选择文件】对话框，设置图像超链接。

step ⑫ 单击【属性】检查器中的【目标】下拉列表按钮，在弹出的下拉列表中选择【_self】选项，设置在当前窗口中打开链接页面。

step ⑬ 参考以上操作步骤，设置其他单元格中的图像链接。

step ⑭ 选择【修改】|【页面属性】命令，打开【页面属性】对话框，在【分类】列表中选择【链接（CSS）】选项，然后在对话框右侧的选项区域中设置超链接文本的属性参数，最后单击【确定】按钮。

step ⑮ 选择【文件】|【保存】命令，保存网页文件，按 F12 键预览网页，导航栏的效果如下图所示。

期待游戏排行榜		更多>>
1.看门狗	专	论
2.使命召唤10	专	论
3.孤岛危机3	专	论
4.海岛大亨5	专	论

【例 4-8】使用 Dreamweaver CC 在网页中设置超链接。

视频+素材 (光盘素材\第 04 章\例 4-8)

step 1 在 Dreamweaver CC 中，打开一个需要设置超链接的网页。

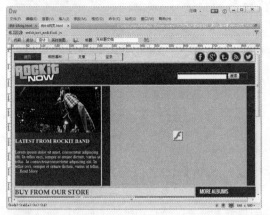

step 2 选中页面中需要设置链接的文本，然后选择【窗口】|【代码检查器】命令，打开如下图所示的【代码检查器】面板。

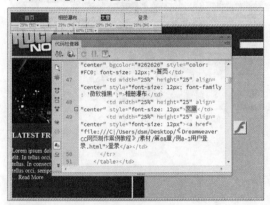

step 3 在【代码检查器】面板中显示了当前页面中所选的文本。

step 4 在【代码检查器】窗口中将文本所在的代码行修改为如下图所示，设置文本【文章】链接网址【steaity.com】。

<a href="http://steaity.com">文章</a>

step 5 选择【文件】|【保存】命令保存网页，然后按 F12 键预览网页，单击页面中的文本【文章】将访问指定的页面。

step 6 返回 Dreamweaver CC，在【代码检查器】窗口中添加如下代码：

<a href="http://steaity.com" target="new">文章</a>

step 7 保存并按 F12 键预览网页，单击创建的文本链接，将打开一个新的浏览器窗口，访问指定的页面。

step 8 返回 Dreamweaver CC，选中页面中的文本【相册瀑布】。

step 9 选择【窗口】|【属性】命令，显示【属性】检查器，选择【窗口】|【文件】命令，打开【文件】面板。

step 10 单击【属性】检查器中的【指向文件】按钮，按住鼠标左键不放，将软件显示的指向线拖动至【文件】面板中的【相册.html】文件上。

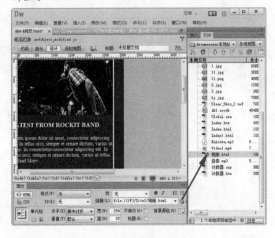

step 11 释放鼠标，即可为页面中的文本【相册瀑布】上设置链接至【相册.html】的超链接。

step 12 选中页面底部的文本【返回顶部】，在

【属性】检查器的【链接】文本框中输入【#top】。

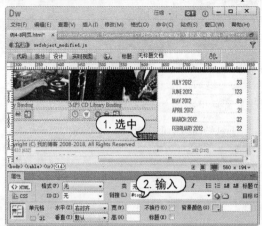

step 13 向上滑动页面，将鼠标指针插入页面中文本【首页】的后方。

step 14 在【文本】工具栏中单击【拆分】视图，然后在界面左侧的代码视图中输入如下代码：

```
<a name="top" hefr="例 4-8 网页.html#top">
</a>
```

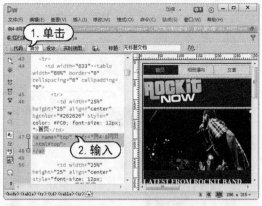

step 15 选择【文件】|【保存】命令，将网页保存，按 F12 键预览网页，单击页面底部的【返回顶部】链接，将自动跳转至页面顶部位置。

第 5 章

使用 CSS 美化网页

CSS（层叠样式表）是一种用于表现 HTML 或 XML 等文件样式的计算机语言。使用 CSS 样式，可以有效地对页面的布局、字体、颜色、背景和其他效果实现精确的控制。本章将主要介绍 CSS 样式的相关知识，帮助用户掌握利用 CSS 样式创建精致网页效果的方法。

 对应光盘视频

5.1 认识 CSS 样式表

CSS 是英语 Cascading Style Sheets（层叠样式表）的缩写，它是一种用于表现 HTML 或 XML 等文件样式的计算机语言。

5.1.1 CSS 样式表简介

要管理一个系统的网站，使用 CSS 样式，可以快速格式化整个站点或多个文档中的字体、图像等网页元素的格式。并且，CSS 样式可以实现多种不能用 HTML 样式实现的功能。

CSS 是用来控制网页文档中的某文本区域外观的一组格式属性。使用 CSS 能够简化网页代码，加快下载速度，减少上传的代码量，从而可以避免重复操作。CSS 样式表是对 HTML 语法的一次革新，它位于文档的 <head> 标签内，作用范围由 CLASS 或其他任何符合 CSS 规范的文本来设置。对于其他现有的文档，只要其中的 CSS 样式符合规范，Dreamweaver 就能识别它们。

使用 CSS 技术，可以有效地对页面的布局、字体、颜色、背景和其他效果实现更加精确的控制。CSS 样式表的主要功能有以下几点：

➤ 几乎所有的浏览器中都可以使用。

➤ 以前一些只有通过图片转换实现的功能，现在只要用 CSS 就可以轻松实现，从而可以更快地下载页面。

➤ 使页面的字体变得更漂亮、更容易编排，使页面真正变得赏心悦目。

➤ 可以轻松地控制页面的布局。

➤ 可以将许多网页的风格格式同时更新，不用再一页一页地更新。

5.1.2 CSS 的规则分类

CSS 样式规则由两部分组成：选择器和声明（大多数情况下为包含多个声明的代码块）。选择器是标识已设置格式元素的术语，例如 p、h1、类名称或 ID，而声明块则用于定义样式属性。例如下面的 CSS 规则中，h1 是选择器，大括号(｛｝)之间的所有内容都是声明块。

```
h1 {
    font-size: 12 pixels;
    font-family: Times New Roman;
    font-weight:bold;
}
```

每个声明都由属性(例如上述规则中的 font-family)和值(例如 Times New Roman)两部分组成。在如上的 CSS 规则中，已经创建了 h1 标签样式，即所有链接到此样式的 h1 标签的文本的大小为 12 像素、字体为 Times New Roman、字体样式为粗体。

样式存放在与要设置格式的实际文本分离的位置，通常在外部样式表或 HTML 文档的文件头部分中。因此，可以将 h1 标签的某个规则一次应用于许多标签(如果在外部样式表中，则可以将此规则一次应用于多个不同页面中的许多标签)。这样，CSS 就可以提供非常便利的更新功能。只要在一个位置更新 CSS 规则，使用已定义样式的所有元素的格式设置将自动更新为新样式。

1. CSS 样式类型

在 Dreamweaver CC 中，用户可以定义如下几种 CSS 样式类型。

➤ 类样式：可将样式属性应用于页面上的任何元素。

➤ HTML 标签样式：重新定义特定标签(如 h1)的格式。创建或更改 h1 标签的 CSS 样式时，所有用 h1 标签设置了格式的文本都会立即更新。

➤ 高级样式：重新定义特定元素组合的格式，或其他 CSS 允许的选择器表单的格式

(例如，每当 h2 标题出现在表格单元格内时，就会应用选择器 td h2)。高级样式还可以重定义包含特定 id 属性的标签的格式(例如，由#myStyle 定义的样式可以应用于所有包含属性/值对 id="myStyle"的标签)。

2. CSS 规则应用范围

在 Dreamweaver CC 中，有外部样式表和内部样式表，二者的区别在与应用的范围和存放位置。Dreamweaver 可以判断现有文档中定义的符合 CSS 样式准则的样式，并且在【设计】视图中直接呈现已应用的样式。但要注意的是，有些 CSS 样式在 Microsoft Internet Explorer、Netscape、Opera、Apple Safari 或其他浏览器中呈现的外观不相同，而有些 CSS 样式目前不被任何浏览器支持。下面是这两种样式表的介绍。

➤ 外部 CSS 样式表：存储在一个单独的外部 CSS(.css)文件中的若干组 CSS 规则。此文件利用文档头部分的链接或@import 规则链接到网站中的一个或多个页面中。

➤ 内部CSS样式表：若干组包括在HTML文档头部分的<style>标签中的 CSS 规则。

5.2　使用【CSS 设计器】面板

在 Dreamweaver CC 中，用户可以利用【CSS 设计器】面板在页面中创建或附加 CSS 样式表，并设定其媒体查询、选择器以及具体的属性。

5.2.1 认识【CSS 设计器】面板

在 Dreamweaver CC 中，选择【窗口】|【CSS 设计器】命令，可以打开【CSS 设计器】面板，该面板中显示了当前所选页面元素的 CSS 规则和属性，包括【源】、【@媒体】、【选择器】和【属性】等 4 个窗格，从中可以"可视化"地创建 CSS 文件、规则以及设定属性和媒体查询。

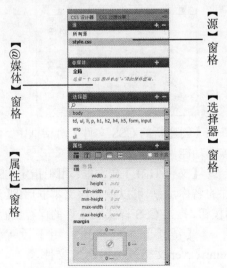

在【CSS 设计器】面板中，各部分窗格

的主要功能如下。

➤ 【源】窗格：该窗格中列出了所有与文档相关的样式表。使用【源】窗格用户可以创建 CSS 并将其附加到文档，也可以定义文档中的样式。

➤ 【@媒体】窗格：在【源】窗格中列出了所选源中的全部媒体查询。如果用户不选定特定的 CSS，则【@媒体】窗格将显示与文档关联的所有媒体查询。

➤ 【选择器】窗格：在【@媒体】窗格中列出了所选源中的全部媒体查询。如果用户同时选择了一个媒体查询，则【选择器】窗格将为该媒体查询缩小选择器列表范围。如果没有选择 CSS 或媒体查询，则该窗格将显示文档中的所有选择器。

➤ 【属性】窗格：用于显示可为指定的选择器设定的属性。

5.2.2 创建与附加 CSS 样式表

在 Dreamweaver CC 中，用户可以在【CSS 设计器】面板中实现对 CSS 样式表的创建与附加操作。

1. 创建 CSS 样式表

用户可以通过在【CSS 设计器】面板中单击【源】窗格内的 **+** 按钮，在弹出的下拉菜单中选择【创建新的 CSS 文件】命令，创建 CSS 样式表。

【例 5-1】在 Dreamweaver CC 中创建一个 CSS 样式表文档并将其链接到网页。

🎬 视频+素材 (光盘素材\第 05 章\例 5-1)

step ① 选择【窗口】|【CSS 设计器】命令，显示【CSS 设计器】面板，单击该面板中【源】窗格内容的 **+** 按钮，在弹出的下拉菜单中选择【创建新的 CSS 文件】命令。

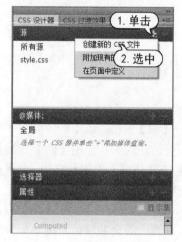

step ② 在打开的【创建新的 CSS 文件】对话框中，单击【文件/URL】文本框后的【浏览】按钮。

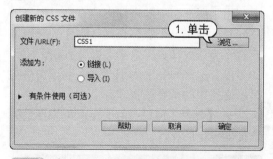

step ③ 在打开的【将样式表文件另存为】对话框中设定 CSS 样式表文件的保存路径后，在【文件名】文本框中输入 CSS 样式表文件的名称 CSS1.css。

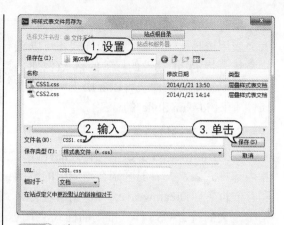

step ④ 单击【保存】按钮，返回【创建新的 CSS 文件】对话框，在该对话框中选中【链接】单选按钮，并单击【确定】按钮，即可在【CSS 选择器】面板的【源】窗格中新建一个名为 CSS1 的 CSS 样式表。

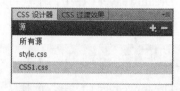

step ⑤ 选择【文件】|【保存】命令，保存网页，选择【窗口】|【文件】命令，打开【文件】面板即可在该面板中看到创建的 CSS 样式表文件。

在【创建新的 CSS 文件】对话框中，各选项的功能说明如下。

▶ 【文件/URL】文本框：用于指定 CSS 文件的名称，用户可以单击该文本框后的【浏览】按钮，指定 CSS 样式表文件的保存路径。

▶ 【链接】单选按钮：用于设置将 Dreamweaver 文档链接到 CSS 文件。

▶ 【导入】单选按钮：用于设置将 CSS

文件导入到当前文档。

> 　【有条件使用（可选）】按钮：单击该按钮后，可以在显示的选项区域中指定要与 CSS 文件发生关联的媒体查询。

2. 附加 CSS 样式表

　　在【CSS 设计器】面板中单击【源】窗格内的■按钮，在弹出的下拉菜单中选择【附加现有 CSS 文件】命令，然后在打开的【使用现有的 CSS 文件】对话框中，用户可以将现有的 CSS 样式表附加至当前网页中。

【例 5-2】使用 Dreamweaver CC，在网页中附加一个 CSS 样式表。

视频+素材 (光盘素材\第 05 章\例 5-2)

step① 在 Dreamweaver CC 中打开一个网页文档，选择【窗口】|【CSS 设计器】命令，显示【CSS 设计器】面板。

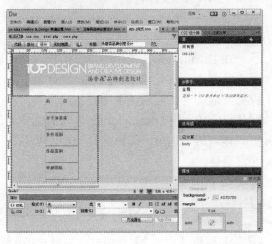

step② 在【CSS 设计器】面板的【源】窗格中单击■按钮，在弹出的下拉菜单中选中【附加现有的 CSS 文件】命令。

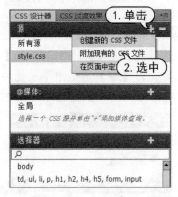

step③ 在打开的【使用现有的 CSS 文件】对话框中单击【浏览】按钮。

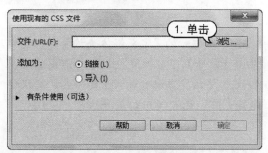

step④ 在打开的【选择样式表文件】对话框中选择一个 CSS 文件，单击【确定】按钮。

step⑤ 此时，CSS1.css 文件将被导入至【CSS 设计器】面板的【源】窗格中。

5.2.3 设定媒体查询

　　在 Dreamweaver CC 中，用户可以在【CSS 设计器】面板的【@媒体】窗格中，通过设定媒体查询为不同大小和尺寸的媒体设定不同的 CSS，以适合相应的设备显示。

【例5-3】在 Dreamweaver CC 的【CSS 设计器】中设定媒体查询。

视频+素材 (光盘素材\第 05 章\例 5-3)

step 1 继续【例 5-1】的操作，在【CSS 设计器】面板的【源】窗格中单击选中 CSS1 源后，单击【@媒体】窗格中的 ➕ 按钮。

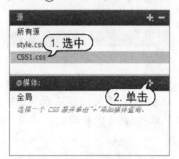

step 2 在打开的【定义媒体查询】对话框中单击【条件】下拉列表按钮，在弹出的下拉列表中列出了 Dreamweaver 支持的所有媒体查询条件，选中其中的某一项。

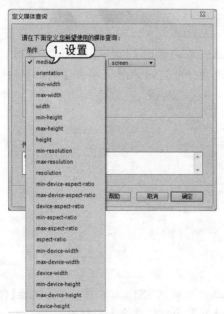

step 3 单击【条件】下拉列表后的下拉列表按钮，在弹出的下拉列表中，可以根据需求选择【条件】，设定媒体查询的详细信息（用户应确保为所选择的条件指定有效值，否则

将无法创建相应的媒体查询）。

step 4 将鼠标指针移动到条件的后方，然后单击显示的【添加条件】按钮，即可添加新的条件。

step 5 完成以上设置后，在【定义媒体查询】对话框中单击【确定】按钮即可在【@媒体】窗格中创建媒体查询。

5.2.4 设定选择器

在 Dreamweaver CC 中，当用户选择网页中的某个页面元素后，【CSS 设计器】面板将智能选定并提示使用相关的选择器。在默认设置中，由 Dreamweaver 选择的选择器更具体，用户也可以编辑选择器，使其并不非常具体。

【例5-4】在 Dreamweaver CC 中定义 CSS 样式选择器。

视频+素材 (光盘素材\第 05 章\例 5-4)

step 1 继续【例 5-2】的操作，在【CSS 设

计器】面板的【源】窗格中单击选中 CSS1
源后，单击【选择器】窗格中的 + 按钮。

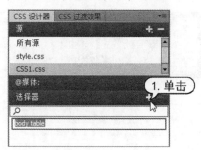

step 2 在显示的文本框中输入所需设定选
择器的第一个英文字母，在显示的列表框中
选择需要的选择器。

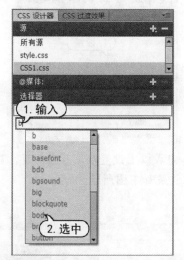

step 3 在【源】窗格中选中 Style1 源，在【选
择器】窗格中右击 img 选择器，在弹出的快
捷菜单中选择【直接复制】命令。

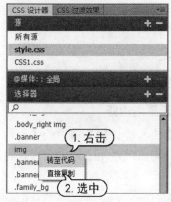

step 4 选中复制的 img 选择器后，将其拖拽
至 CSS1 源中。

step 5 在【源】窗格中选中 CSS1 源，即可
在【选择器】窗格中看到复制的 img 选择器。

5.2.5 设置 CSS 规则属性

在 Dreamweaver CC 中，CSS 样式的属
性分为布局、文本、边框、背景和其他几个
类别。

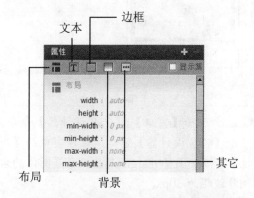

在【CSS 设计器】窗口的【选择器】窗
格中选中一个选择器后，选中【属性】窗格
中的【显示集】复选框，可以查看集合属性。

如果用户需要设置诸如宽度、边框等属
性，可以在【属性】检查器中选中 CSS 选项，
然后在显示的选项区域中进行设置。

如果用户需要设定渐变背景或边距、填充或位置等框控件信息，可以参考下面介绍的方法。

1. 设置外边距

在【CSS 设计器】窗口的【属性】窗格中，用户可以通过 margin 属性快速设置外边距。

【例 5-5】在 Dreamweaver CC 中设置 CSS 样式的外边距属性。

视频+素材 (光盘素材\第 05 章\例 5-5)

step 1 使用 Dreamweaver 打开一个网页文档，选中页面中的一张图片。

step 2 选择【窗口】|【CSS 设计器】命令，显示【CSS 设计器】窗口，在该窗口的【属性】窗格中调整 margin 属性，设置图像的右侧外边距为 30px。

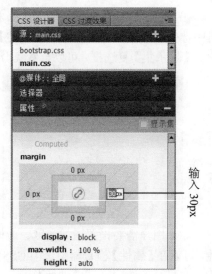

step 3 此时页面中的图像效果如下图所示。

step 4 参考上述步骤，在【属性】窗格中设置 margin 属性的其他参数。

step 5 完成以上设置后，保存网页，页面中的图像效果如下图所示。

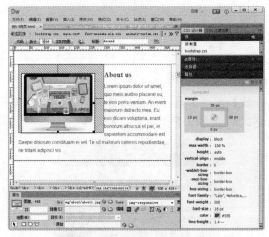

2. 设置内边距

在【CSS 设计器】窗口的【属性】窗格中，用户可以通过 padding 属性快速设置内边距。

【例 5-6】在 Dreamweaver CC 中设置 CSS 样式的内边距属性。

视频+素材 (光盘素材\第 05 章\例 5-6)

step① 使用 Dreamweaver CC 打开一个网页文档，选中页面中如下图所示的文本。

step② 在【CSS 设计器】窗口中的【属性】窗格中调整 padding 属性，设置图像的上方内边距为 30px。

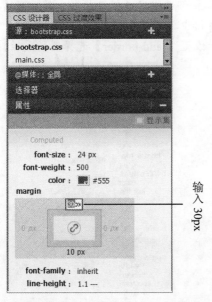

step③ 此时，页面中被选中文本的效果如下图所示。

3. 设置位置

在【CSS 设计器】窗口的【属性】窗格中，用户可以通过 position 属性快速设置目标对象的位置。

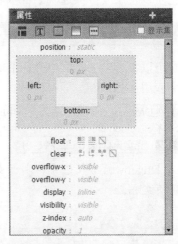

4. 设置禁用或删除 CSS 属性

在【CSS 设计器】窗口中，用户可以设置禁用或删除各种 CSS 属性。将鼠标指针移动到具体CSS 属性的后方，然后单击 按钮，可以禁用该属性，单击 按钮，可以删除相应的 CSS 属性。

【例 5-7】在【CSS 设计器】窗口中设置禁用 CSS 属性。

视频+素材 (光盘素材\第 05 章\例 5-7)

step① 在 Dreamweaver CC 中打开一个网页文档，选中页面中的一个图像，然后选择【窗口】|【CSS 设计器】命令，显示【CSS 设计器】面板。

step② 在【CSS 设计器】面板的【属性】窗格中将鼠标移动到 margin 属性的后方，然后单击【禁用 CSS 属性】按钮 。

5.3 使用 CSS 样式

在 Dreamweaver CC 中，用户可以在【属性】检查器中对文档中选中的网页元素套用 CSS 样式，也可以使用【多类选区】面板将多个 CSS 样式应用于单个网页元素。

5.3.1 应用 CSS 样式

用户可以参考以下实例中介绍的方法，在网页中应用 CSS 样式。

【例 5-8】在 Dreamweaver CC 中为网页中的图像应用 CSS 样式。

视频+素材 (光盘素材\第 05 章\例 5-8)

step 1 在 Dreamweaver CC 中，打开如下图所示的网页文档。

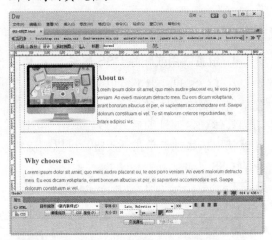

step 2 选择【窗口】|【CSS 设计器】命令，显示【CSS 设计器】面板，然后选中【源】窗格中的【所有源】选项。

step 3 在【选择器】窗格中定义一个名为【.add-border】的选择器。

step 4 选中定义的选择器，然后在【属性】窗格中单击【边框】按钮，并参考下图所示设置【.add-border】选择器的属性。

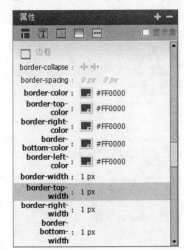

step 5 选中页面中的图像，选择【窗口】|【属性】命令，显示【属性】检查器。

step 6 单击【属性】检查器中的 Class 下拉列表按钮，在弹出的下拉列表中选择【.add-border】选项。

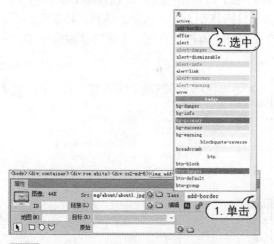

step 7 此时，页面中被选中的图像域将自动套用相应的 CSS 样式。

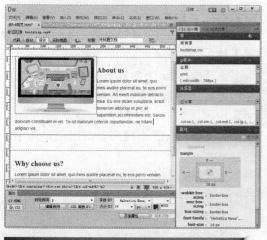

5.3.2 使用多类 CSS 选区

在 Dreamweaver CC 中使用"多类选区"面板可以将多个 CSS 类应用于单个元素。

【例 5-9】在 Dreamweaver CC 中将多个 CSS 类应用于网页元素。

视频+素材（光盘素材\第 05 章\例 5-9）

step 1 在 Dreamweaver CC 中打开网页文档，在【CSS 设计器】窗口的【选择器】窗格中定义一个名为【.backgroundTable】的选择器，并在【属性】窗格中设置其背景颜色为【#FF0000】。

step 2 选中页面中的文本，单击【属性】检查器的【类】下拉列表按钮，在弹出的下拉列表中选择【应用多个类】选项。

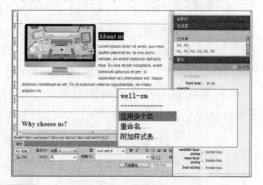

step 3 在打开的【多类选区】对话框中选中【backgroundTable】复选框和【add-border】复选框，单击【确定】按钮。

step 4 此时，将在文本上应用两个 CSS 样式类。

5.4 编辑 CSS 样式

要在 Dreamweaver CC 中编辑 CSS 规则属性，除了可以使用【CSS 设计器】面板的【属性】窗格以外，还可以在【属性】检查器中单击【目标规则】下拉按钮，选择具体的选择器，然后单击【编辑规则】按钮，打开【CSS 规则定义】对话框进行设置。下面将详细介绍【CSS 规则定义】对话框中重要选项的功能。

5.4.1 设定【类型】属性

用户在 Dreamweaver CC 中选中【CSS 规则定义】对话框中【分类】列表中的【类型】选项，将显示【类型】选项区域，在该选项区域中可以定义 CSS 样式的基本字体和类型设置。

【例 5-10】在 Dreamweaver CC 中打开【CSS 规则定义】对话框，设定 CSS 样式的【类型】属性。

视频+素材（光盘素材\第 05 章\例 5-10）

step 1 在 Dreamweaver CC 中打开一个网页，在【属性】检查器中单击【目标规则】下拉列表按钮，在弹出的下拉列表中选择【.backgroundTable】选项。

step 2 单击【属性】检查器中的【编辑规则】按钮，然后在打开的【CSS 规则定义】对话框中选中【分类】列表中的【类型】选项，即可在右侧的选项区域中设置 CSS 样式的【类型】属性。

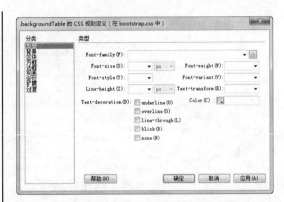

在【类型】选项区域中，其中比较重要的选项功能如下。

▶ Font-family 下拉列表：用于为样式设置字体。

▶ Font-size 下拉列表：定义字体大小，可以通过选择数字和度量单位设置特定的大小，也可以选择相对大小。

▶ Font-style 下拉列表：用于设置字体的样式。

▶ Line-height 下拉列表：设置文本所在行的高度。

▶ Text-decoration 选项区域：向文本中添加下划线、上划线或删除线，或使文本闪烁。

▶ Font-weight 下拉列表：对字体应用特定或相对的粗体量。

▶ Font-variant 下拉列表：设置文本的小型大写字母变体。

▶ Font-transform 下拉列表：将所选内容中的每个单词的首字母大写，或将文本设置为全部大写或小写。

▶ Color 文本框：用于设置文本颜色。

5.4.2 设定【背景】属性

在【CSS 规则定义】对话框中选中【分类】列表中的【背景】选项后，将显示【背景】选项区域，在该选项区域中不仅能够设定 CSS 样式对网页中的任何元素应用背景属性，还可以设置背景图像的位置。

【背景】选项区域中比较重要的选项功能如下。

➤ Background-color(背景颜色)文本框：设置元素的背景颜色。

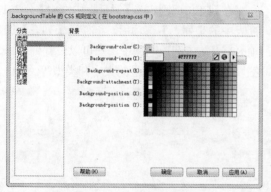

➤ Background-image(背景图片)下拉列表：设置元素的背景图像。

➤ Background-repeat 下拉列表：确定是否以及如何重复背景图像。

➤ Background-attachment 下拉列表：确定背景图像是固定在其原始位置还是随内容一起滚动。

➤Background-position (X)和 Background-position (Y)下拉列表：指定背景图像相对于元素的初始位置。

5.4.3 设定【区块】属性

在【CSS 规则定义】对话框中选中【分类】列表中的【区块】选项，将显示【区块】选项区域，在该选项区域中用户可以定义标签和属性的间距和对齐设置。

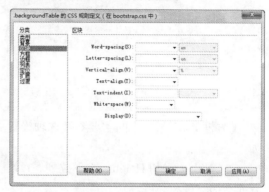

【区块】选项区域中比较重要的选项功能如下。

➤ Word-spacing(单词间距)：设置字词的间距。如果要设置特定的值，可在下拉菜单中选择【值】选项后输入数值。

➤ Letter-spacing(字母间距)下拉列表：该下拉列表用于设置增加或减小字母或字符之间的间距。

➤ Vertical-align 下拉列表：用于指定应用此属性的元素的垂直对齐方式。

➤ Text-align(文本对齐)下拉列表：设置文本在元素内的对齐方式。

➤ Text-indent(文本缩进)文本框：指定第一行文本的缩进方式。

➤ White-space(空格)下拉列表：确定如何处理元素中的空格。

➤ Display(显示)下拉列表：用于指定是否以及如何显示元素(若选择 none 选项，将禁用指定元素的 CSS 显示)。

5.4.4 设定【方框】属性

在【CSS 规则定义】对话框中选中【分类】列表中的【方框】选项，将显示【方框】选项区域，在该选项区域中用户可以设置用于控制元素在页面上放置方式的标签和属性。

【方框】选项区域中的主要参数选项设置如下。

▶ Width(宽)和 Height(高)下拉列表：设置元素的宽度和高度。

▶ Float(浮动)下拉列表：该下拉列表用于在网页中设置各种页面元素(例如文本、AP Div、表格等)在围绕元素的哪个边浮动。

▶ Clear(清除)下拉列表：该下拉列表用于定义不允许 AP 元素的边。如果清除边上出现 AP 元素，则带清除设置的元素将移到该元素的下方。

▶ Padding(填充)选项区域：该选项区域用于指定元素内容与元素边框之间的间距，取消选中【全部相同】复选框，可以设置元素各个边的填充。

▶ Margin(边距)选项区域：该选项区域用于指定一个元素的边框与另一个元素之间的间距。取消选中【全部相同】复选框，可以设置元素各个边的边距。

5.4.5 设定【边框】属性

在【CSS 规则定义】对话框中选中【分类】列表中的【边框】选项后，将显示【边框】选项区域，在该选项区域中用户可以设置网页元素周围的边框属性，例如宽度、颜色和样式等。

【边框】选项区域中比较重要的选项功能如下。

▶ Style(类型)选项区域：设置边框的样式外观，取消选中【全部相同】复选框，可以设置元素各个边的边框样式。

▶ Width(宽)选项区域：设置元素边框的粗细，取消选中【全部相同】复选框，可以设置元素各个边的边框宽度。

▶ Color(颜色)选项区域：设置边框的颜色，取消选中【全部相同】复选框，可以设置元素各个边的边框颜色。

5.4.6 设定【列表】属性

在【CSS 规则定义】对话框中选中【分类】列表中的【列表】选项后，将显示【列表】选项区域，在该选项区域中用户可以设置列表标签属性，例如项目符号的大小和类型等。

【列表】选项区域中比较重要的选项功能如下。

▶ List-style-type(列表目录类型)下拉列表：设置项目符号或编号的外观。

▶ List-style-image(列表样式图像)下拉列表：可以自定义图像项目符号。

▶ List-style-Position(列表样式段落)下

拉列表：用于设置列表项文本是否换行并缩进(外部)或者文本是否换行到左边距(内部)。

5.4.7 设定【定位】属性

在【CSS 规则定义】对话框中选中【分类】列表中的【定位】选项后，将显示【定位】选项区域，在该选项区域中用户可以设置与 CSS 样式相关的内容在页面中的定位方式。

【定位】选项区域中比较重要的选项功能如下。

▶ Position(位置)下拉列表：确定浏览器应如何来定位选定的元素。

▶ Visibility(可见性)下拉列表：确定内容的初始显示条件，默认情况下内容将继承父级标签的值。

▶ Z-Index(Z 轴)下拉列表：确定内容的堆叠顺序，Z 轴值较高的元素显示在 Z 轴值较低的元素的上方。值可以为正，也可以为负。

▶ Overflow(溢出)下拉列表：确定当容器的内容超出容器的显示范围时的处理方式。

▶ Placement(位置)选项区域：指定内容块的位置和大小。

▶ Clip(剪辑)选项区域：定义内容的可见部分，如果指定了剪辑区域，可以通过脚本语言访问它，并设置属性以创建像擦除这样的特殊效果。

5.4.8 设定【扩展】属性

在【CSS 规则定义】对话框中选中【分类】列表中的【列表】选项后，将显示【列表】选项区域，该选项区域中包括过滤器、分页和指针等选项。

【扩展】选项区域中比较重要的选项功能如下。

▶ Page-break-before 和 Page-break-after (分页符位置)下拉列表：打印期间在样式所控制的对象之前或者之后强行分页。在弹出菜单中选择要设置的选项。此选项不受任何 4.0 版本浏览器的支持，但可能受未来的浏览器的支持。

▶ Cursor(光标)下拉列表：当指针位于样式所控制的对象上时改变指针图像。

▶ Filter(过滤器)下拉列表：对样式所控制的对象应用特殊效果。

5.4.9 设定【过渡】属性

在【CSS 规则定义】对话框中选中【分类】列表中的【过渡】选项后，将显示【过渡】选项区域，在该选项区域中，用户可以设定各种 CSS3 过渡效果。Dreamweaver CC 提供了【CSS 过渡效果】窗口，在该窗口中，用户可以非常方便地创建并应用 CSS3 过渡效果。

5.5　应用 CSS3 过渡效果

在 Dreamweaver CC 中，用户可以使用【CSS 过渡效果】面板创建、修改和删除 CSS3 过渡效果。下面将介绍【CSS 过渡效果】面板的具体用法。

5.5.1　创建 CSS3 过渡效果

在 Dreamweaver CC 中，选择【窗口】|【CSS 过渡效果】命令，将显示【CSS 过渡效果】面板，然后在该面板中单击【新建过渡效果】按钮 **+**，可以为网页中具体的页面元素设置 CSS3 过渡效果，具体方法如下。

【例 5-11】在 Dreamweaver CC 中为网页中的页面元素设置 CSS3 过渡效果。

📹 视频+素材（光盘素材\第 05 章\例 5-11）

step ① 在 Dreamweaver CC 中打开如下图所示的网页，并选中页面中的文本。

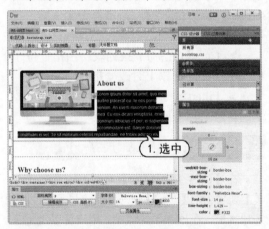

step ② 选择【窗口】|【属性】命令，显示【属性】检查器，在其【目标规则】文本框中查看被选文本的选择器（p）。

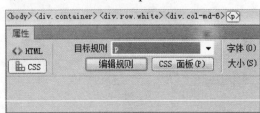

step ③ 选择【窗口】|【CSS 过渡效果】命令，显示【CSS 过渡效果】面板，然后单击该面板中的【新建过渡效果】按钮 **+**。

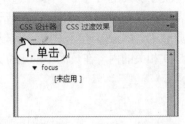

step ④ 在打开的【新建过渡效果】对话框中单击【目标规则】下拉列表按钮，在弹出的下拉列表中选择 p 选项。

step ⑤ 在【新建过渡效果】对话框中单击【过渡效果开启】下拉列表按钮，在弹出的下拉列表中选择 active 选项，设置当鼠标指针单击目标对象时，启动过渡效果。

step ⑥ 在【新建过渡效果】对话框中单击【属性】列表框下方的 **+** 按钮，在弹出的下拉列表中选择 color 选项，设置过渡效果的变化属性为 coler。

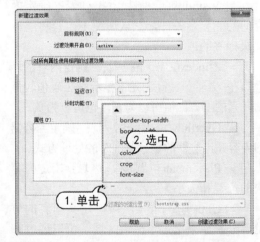

step ⑦ 在【新建过渡效果】对话框的【结束值】文本框中输入参数【#F00】，然后单击【创建过渡效果】按钮。

step ⑧ 完成以上操作后，即可在【CSS 过渡效果】面板中创建如下图所示的 CSS3 过渡效果，并显示效果所应用实例的个数。

显示效果应用实例个数

step 9 选择【文件】|【保存】命令，将网页保存后，按 F12 键预览网页效果，如下图所示。

step 10 当用户将鼠标指针移动到页面中的文本上并单击时，文本的颜色将发生变化。

5.5.2 编辑 CSS3 过渡效果

在 Dreamweaver CC 的【CSS 过渡效果】面板中，用户选中某个过渡效果后，可以单击面板中的【编辑所选过渡效果】按钮，编辑页面中的 CSS3 过渡效果。

【例 5-12】在 Dreamweaver CC 中编辑已创建的 CSS3 过渡效果。

视频+素材（光盘素材\第 05 章\例 5-12）

step 1 在【CSS 过渡效果】面板中选中已创建的 CSS3 过渡效果，然后单击面板中的【编辑所选过渡效果】按钮。

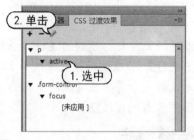

step 2 在打开的【编辑过渡效果】对话框的【持续时间】文本框中输入 5，在【延迟】文本框中输入 2。

step 3 单击【计时功能】下拉列表按钮，在弹出的下拉列表中选择 ease 选项。

step 4 单击【编辑过渡效果】对话框中的【保存过渡效果】按钮，然后保存网页并按 F12 键预览网页，当鼠标指针移动至页面中的文本上方时，文本字体将经过 5 秒的延迟，才自动由黑色变为红色。

step 5 当鼠标指针离开页面中的文本上方后，红色的文本将持续 5 秒才逐渐变为黑色。

5.5.3 删除 CSS3 过渡效果

要删除页面中设置的 CSS3 过渡效果，可以参考下面实例所介绍的方法。

【例 5-13】在 Dreamweaver CC 中删除已创建的 CSS3 过渡效果。

视频+素材 (光盘素材\第 05 章\例 5-13)

step 1 在【CSS 过渡效果】面板中选中已创建的 CSS3 过渡效果，然后单击━按钮。

step 2 在打开的【删除过渡效果】对话框中，用户可以选择删除目标规则的【过渡属性】或【完整规则】，若在该对话框中选中【过渡属性】单选按钮，再单击【删除】按钮，将删除页面中设置的过渡属性。

step 3 若选中【完整规则】单选按钮，再单击【删除】按钮，将会把 CSS3 过渡属性，连同规则一并删除。

5.6 案例演练

本章的案例演练部分包括使用 Dreamweaver CC 在网页中设置网页背景色和 CSS3 过渡效果两个综合实例操作，用户通过练习从而巩固本章所学知识。

【例 5-14】在 Dreamweaver CC 中使用 CSS 修饰网页。

视频+素材 (光盘素材\第 05 章\例 5-14)

step 1 启动 Dreamweaver CC，打开一个网页文档。

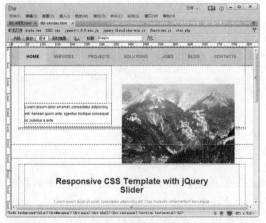

step 2 选择【窗口】|【CSS 设计器】命令，显示【CSS 设计器】面板。

step 3 在【CSS 设计器】面板的【源】窗格中单击➕按钮，在弹出的下拉菜单中选择【创建新的 CSS 文件】命令。

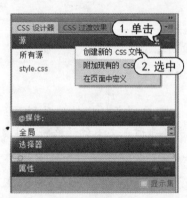

step 4 在打开的【创建新的 CSS 文件】对话框中单击【浏览】按钮。

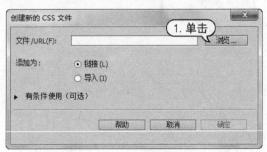

step 5 在打开的【将样式表文件另存为】对话框的【文件名】文本框中输入文件名

【CSS1】，然后单击【保存】按钮。

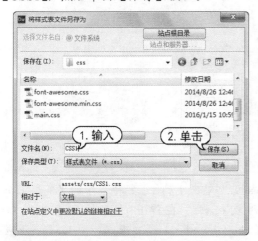

step 6 返回【创建新的 CSS 文件】对话框，单击该对话框中的【确定】按钮，在【CSS 设计器】面板的【源】窗格中将创建一个新的 CSS 样式表。

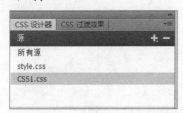

step 7 在【CSS 设计器】面板的【选择器】窗格中单击➕按钮，然后在窗格中输入【.font-size】并按 Ener 键，在该窗格中定义一个新的选择器。

step 8 在【CSS 设计器】面板的【选择器】窗格中选中【.font-size】选择器，然后在【属

性】窗格中单击【文本】按钮。

step 9 在【属性】窗格中显示的【文本】选项区域中，单击【font-size】选项，在弹出的菜单中选择 medium 选项。

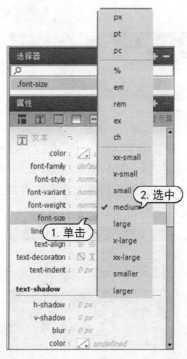

step 10 选中页面中的一段文本，然后选择【窗口】|【属性】命令，显示【属性】检查器。

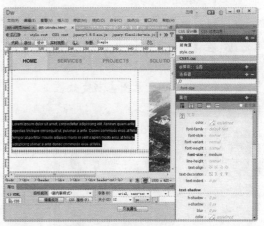

step 11 单击【属性】检查器中的【类】下拉列表按钮，在弹出的下拉列表中选择【.font-size】选项。

step 12 此时，页面中被选中的文本字体大小将改变，如下图所示。

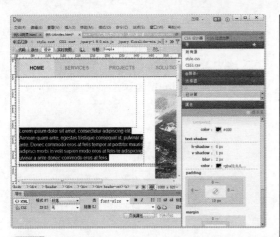

显示定义的背景图像渐变。

step 16 在标签检查器中单击<body>标签。

step 17 单击【属性】检查器中的【类】下拉列表按钮，在弹出的下拉列表中选择【.background-color】选项，在<body>标签上应用设置的背景渐变效果。

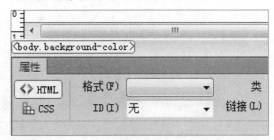

step 13 重复步骤7的操作，在【CSS设计器】面板的【选择器】窗格中定义一个名为【.background-color】的选择器，然后在【属性】窗格中单击【背景】按钮。

step 18 选择【文件】|【保存】命令，将网页保存，然后按F12键预览网页。

step 14 在【属性】窗格中单击【gradient】选项后的【设置背景图像渐变】按钮，在打开的面板中设定一个背景图像渐变效果。

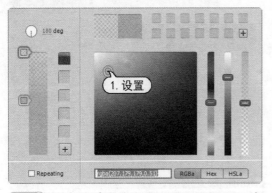

step 15 完成背景图像渐变效果的设置后，在页面中任意位置单击，此时【属性】窗格中将

【例5-15】在Dreamweaver CC中为网页中的超链接设置CSS3过渡效果。

视频+素材 (光盘素材\第05章\例5-15)

step 1 继续【例5-14】的操作，在【CSS设计器】面板的【选择器】窗格中单击+按钮，然后在窗格中输入【.cont】并按Ener键，定义一个新的选择器。

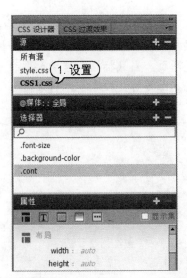

step 2 选择【窗口】|【CSS 过渡效果】命令，显示【CSS 过渡效果】面板。

step 3 在【CSS 过渡效果】面板中单击【新建过渡效果】按钮+，打开【新建过渡效果】对话框。

step 4 在【新建过渡效果】对话框中单击【目标规则】下拉列表按钮，在弹出的下拉列表中选择【.cont】选项，单击【过渡效果开启】下拉列表按钮，在弹出的下拉列表中选择【hover】选项。

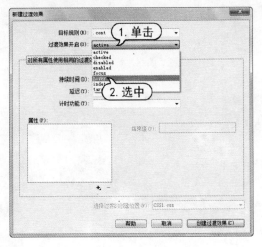

step 5 单击【新建过渡效果】对话框中【属性】列表框下的 + 按钮，在弹出的下拉列表中选择【color】选项，然后单击【结束值】按钮，在弹出的颜色选择器中选择红色色块。

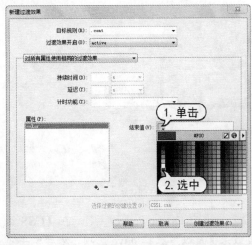

step 6 完成以上设置后，单击【创建过渡效果】按钮，在【CSS 过渡效果】窗口中添加如下过渡效果。

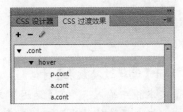

step 7 选中页面中的超链接，然后单击【属性】检查器中的【类】下拉列表按钮，在弹出的下拉列表中选择 cont 选项。

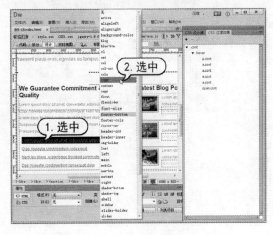

step 8 选择【文件】|【保存】命令，保存网页后，按F12键预览网页，当鼠标指针移动到页面中的超链接上时，链接的颜色将变为红色。

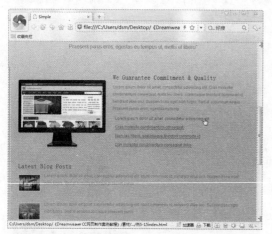

step 9 返回 Dreamweaver CC，在【CSS过渡效果】面板中选择hove选项，然后单击窗口中的【编辑所选过渡效果】按钮。

step 10 打开【编辑过渡效果】对话框，在【持续时间】文本框中输入5，在【延迟】文本框中输入5，单击【计时功能】下拉列表按钮，在弹出的下拉列表中选择【ease-in】选项。

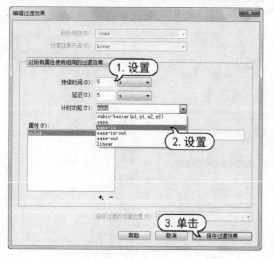

step 11 单击【编辑过渡效果】对话框中的【保存过渡效果】按钮，然后保存网页并按F12键预览网页，当鼠标指针移动至页面中的超链接文本上方时，文本字体将经过5秒的延迟，才自动由黑色变为红色。

step 12 当鼠标指针离开超链接文本后，需要经过5秒，超链接文本的颜色才会逐渐恢复为黑色，如下图所示。

第6章
在网页中插入表单

表单提供了从网页浏览者那里收集信息的方法，常用于调查、订购和搜索等。一般表单由两部分组成：一部分是描述表单元素的 HTML 源代码；另一部分是客户端脚本或是服务器端用来处理用户信息的程序。本章将重点介绍使用 Dreamweaver CC 在网页中创建表单，插入表单对象和制作表单网页的方法与技巧。

 **对应光盘视频**

6.1　在网页中创建表单

表单允许服务器端的程序来处理用户端输入的信息，通常包括调查的表单、提交订购的表单和搜索查询的表单等。表单包括描述表单的 HTML 源代码和处理表单数据的服务器端应用程序或客户端脚本。本节主要介绍在 Dreamweaver CC 中使用表单的方法。

6.1.1　表单简介

表单在网页中是供访问者填写信息的区域，从而可以收集客户端信息，使网页更具有交互的功能。

1. 表单的概念

表单一般被设置在一个 HTML 文档中，访问者填写相关信息后提交表单，表单内容会自动从客户端的浏览器传送到服务器端，经过服务器上的 ASP 或 CGI 等程序处理后，再将访问者所需的信息传送到客户端浏览器中。几乎所有网站都使用了表单，例如搜索栏、论坛和订单等。

表单使用<form></form>标记来创建，在<form></form>标记之间的部分都属于表单的内容。<form>标记具有 action、method 和 target 属性。

▶ action：处理程序的程序名，例如<form action=" URL ">，如果属性是空值，则当前文档的 URL 将被使用，当提交表单时，服务器将执行处理程序。

▶ method：定义处理程序从表单中获得信息的方式，可以选择 GET 或 POST 中的一种。GET 方式是处理程序从当前 HTML 文档中获取数据，这种方式传送的数据量是有限制的，一般在 1kB 之内；POST 方式是当前 HTML 文档把数据传送给处理程序，传送的数据量要比使用 GET 方式大得多。

▶ target：指定目标窗口或帧。可以选择当前窗口_self、父级窗口_parent、顶层窗口_top 或空白窗口_blank。

表单是由窗体和控件组成的，一个表单一般包含用户填写信息的输入框和提交按钮

等，这些输入框和按钮叫做控件。

2. 表单的对象

在 Dreamweaver CC 中，表单输入类型称为表单对象。用户要在网页文档中插入表单对象，可以单击【插入】面板中的 ▾ 按钮，在弹出的下拉列表中选择【表单】选项卡，然后单击相应的表单对象按钮，即可在网页中插入表单对象。

在【插入】面板的插入【表单】选项卡中比较重要的选项功能如下。

▶【表单】按钮：用于在文档中插入一个表单。访问者要提交给服务器的数据信息必须放在表单中，只有这样，数据才能被正确地处理。

▶【文本】按钮：用于在表单中插入文本域。文本域可以接收任何类型的字母数字项，输入的文本可以显示为单行、多行或者显示为星号(用于密码保护)。

▶【隐藏】按钮：用于在文档中插入一个可以存储用户数据的隐藏域。使用隐藏域可以实现浏览器与服务器在后台隐藏地交换信息，例如，输入的用户名、E-mail 地址或其他参数，当下次访问站点时能够使用输入的这些信息。

▶【文本区域】按钮：用于在表单中插入一个多行文本域。

▶【复选框】按钮：用于在表单中插入复选框。在实际应用中，多个复选框可以共用一个名称，也可以共用一个 Name 属性值，实现多项选择的功能。

▶【单选按钮】按钮：用于在表单中插入单选按钮。单选按钮代表互相排斥的选择，

选择一组中的某个按钮，同时取消选择该组中的其他按钮。

> 【单选按钮组】按钮：用于插入共享同一名称的单选按钮的集合。

> 【选择】按钮：用于在表单中插入列表或菜单。【列表】选项在滚动列表中显示选项值，并允许用户在列表中选择多个选项。【菜单】选项在下拉式菜单中显示选项值，而且只允许用户选择一个选项。

> 【图像按钮】按钮：用于在表单中插入一幅图像。可以使用图像按钮替换【提交】按钮，以生成图形化按钮。

> 【文件】按钮：用于在文档中插入空白文本域和【浏览】按钮。用户使用文件域可以浏览硬盘上的文件，并将这些文件作为表单数据上传。

> 【按钮】按钮：用于在表单中插入文本按钮。按钮在单击时执行任务，如提交或重置表单，也可以为按钮添加自定义名称或标签。

实用技巧

除了上面所介绍的表单对象之外，在【表单】选项卡中，还有周、日期、时间、搜索、Tel、Url等选项。

6.1.2 制作表单

用户要在网页中制作一个表单，可以在 Dreamweaver 中选择【插入】|【表单】|【表单】命令，或单击【插入】面板中【表单】选项卡中的【表单】按钮。选中网页中插入的表单，在【属性】检查器中可以设置表单的属性。

【例 6-1】使用 Dreamweaver CC 在网页中插入表单。

视频+素材 (光盘素材\第 06 章\例 6-1)

step① 在 Dreamweaver CC 中打开一个网页文档，将鼠标指针插入页面中合适的位置

step② 选择【窗口】|【插入】命令，显示【插入】面板，然后单击该面板中【表单】选项卡中的【表单】按钮，即可在网页中插入一个表单。

step③ 关闭【插入】面板，将鼠标指针插入页面中的表单内，选择【窗口】|【属性】命令，在显示的【属性】检查器中，可以设置表单的各项参数。

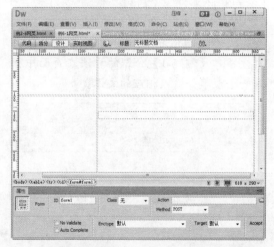

表单【属性】检查器中，比较重要的选项功能如下。

> ID 文本框：用于设置表单的名称，为了正确处理表单，一定要给表单设置名称。

> Action(动作)文本框：用于设置处理表单的服务器脚本路径。如果该表单通过电子邮件方式发送，不被服务器脚本处理，需要在 Action 文本框中输入"mailto："以及要发送到的邮箱地址。

> Method(方法)下拉列表：用于设置表单被处理后,处理程序获取表单数据的方式。

> Entype(编码类型)下拉列表：用于设置发送数据的编码类型。

➤ Class(类)下拉列表：选择应用在表单上的类样式。

对于网页制作者来说，表单的创建是比较容易的事情，不过表单的美化却不是一件简单的事情。很多情况下需要使用 CSS 来修饰表单，使其能与网页风格融合。

6.2　插入表单对象

创建表单时，需要先插入标签，并在其内部制作表格后再插入文本框、文本区域、密码域、单选按钮或复选框等各种表单要素。

6.2.1　插入文本域

文本域是可输入单行文本的表单要素，也就是通常登录页面上输入用户名的地方。下面将通过一个简单的实例，介绍在表单中插入文本域的方法。

【例 6-2】使用 Dreamweaver CC 在网页中插入的表单内插入文本域。

📀 视频+素材 (光盘素材\第 06 章\例 6-2)

step 1 使用 Dreamweaver CC 打开一个网页，参考【例 6-1】介绍的方法在页面中插入一个表单并输入相应的文本。

step 2 将鼠标指针插入表单中，选择【窗口】|【插入】命令，显示【插入】面板并选择【表单】选项卡。

step 3 单击【表单】选项卡中的【文本】按钮，即可在表单中插入一个文本域。

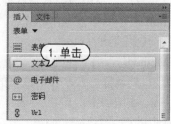

step 4 选中表单中插入的文本域，在【属性】检查器中可以设置文本域的属性参数。

在文本域的【属性】检查器中，比较重要的选项功能如下。

➤ Name 文本框：用于设置文本域的名称。

➤ Size 文本框：用英文字符单位来指定文本域的宽度。一个中文字符相当于 2 个英文字符的宽度。

➤ Max Length 文本框：指定可以在文本域中输入的最大字符数。

➤ Class 下拉列表：选择应用在文本域上的类样式。

➤ Disabled 复选框：设置禁止在文本域中输入内容。

➤ Required 复选框：将文本框设置为在提交之前必须输入的字段。

➤ Auto Focus 复选框：设置在支持 HTML 5 的浏览器打开网页时，鼠标光标自动聚焦在文本域中。

> ➤ Read Only 复选框：使文本域成为只读文本域。

> ➤ Auto Complete 复选框：设置表单是否启用自动完成功能。

> ➤ Value 文本框：显示文本域时，作为默认值来显示的文本。

> ➤ Pattern 文本框：设置文本域用于验证输入字段的模式。

6.2.2 插入密码域

密码域是输入密码时使用的文本框，其制作方法与文本域的制作方法几乎一样，但输入内容后，页面将会显示为星号【*】。下面将通过一个简单的实例，介绍在表单中插入密码域的方法。

【例 6-3】使用 Dreamweaver CC 在网页中插入的表单内插入密码域。
🎬视频+素材 (光盘素材\第 06 章\例 6-3)

step 1 继续【例 6-2】的操作，将鼠标指针插入文本域的下方，然后单击【插入】面板中【表单】选项卡中的【密码】按钮。

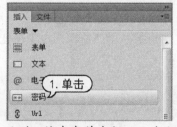

step 2 此时，将在表单中插入一个如下图所示的密码域。

step 3 选中页面中插入的密码域，在打开的【属性】检查器中可以设置其属性参数（密码域的【属性】检查器与文本域类似，这里不再详细介绍）。

step 4 在【文档】工具栏中单击【实时视图】按钮，预览网页，在密码域中输入文本的效果如下图所示。

用户登录

Text Field: 123456

Password: ••••••••

6.2.3 插入文本区域

文本区域与文本域不同，它是可以输入多行文本的表单要素。网页中最常见的文本区域是加入会员时显示的【服务条款】。

在网页中使用文本区域，可以在网页文件中先显示其中的一部分内容而节省空间，如果用户想要查看未显示的部分内容时，可以通过拖动滚动条查看剩余的内容。

【例 6-4】使用 Dreamweaver CC 在网页中插入的表单内插入文本区域。
🎬视频+素材 (光盘素材\第 06 章\例 6-4)

step 1 继续【例 6-3】的操作，将鼠标指针插入表单中，然后单击【插入】面板中【表单】选项卡内的【文本区域】按钮。

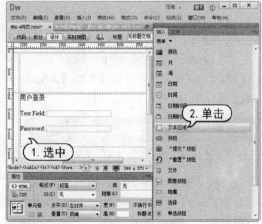

step 2 此时，将在表单中插入一个文本区域。选中页面中插入的文本区域，在打开的

【属性】检查器中可以设置其属性参数。

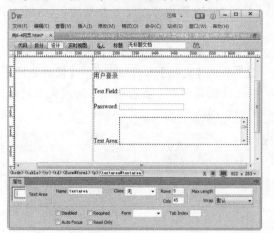

在文本区域的【属性】检查器中，比较重要的选项功能如下。

➤ Name 文本框：用于输入文本区域的名称。

➤ Rows 文本框：指定文本区域中横向和纵向上可以输入的字符个数。

➤ Cols 文本框：用于指定文本区域的行数。当文本的行数大于指定的值时，会显示滚动条。

➤ Disabled 复选框：设置禁止在文本区域中输入内容。

➤ Read Only 复选框：使文本区域成为只读文本区域。

➤ Class 下拉列表：选择应用在文本区域上的类样式。

➤ Value 文本框：输入页面中作为默认值来显示的文本。

➤ Wrap 下拉列表：用于设置文本区域中内容的换行模式，包括【默认】、Soft 和 Hard 等 3 个选项。

6.2.4 插入选择(列表/菜单)

选择主要使用在多个项目中选择其中一个的时候。在设计网页时，虽然也可以插入单选按钮来代替列表/菜单，但是用选择就可以在整体上只显示矩形区域，因此显得更加整洁。

选择功能与复选框、单选按钮的功能类似，都可以列举很多选项供网页浏览者选择，其最大的好处就是可以在有限的页面空间内为用户提供更多的选项，非常节省版面。

【例 6-5】使用 Dreamweaver CC 在网页中插入的表单内插入选择。

视频+素材 (光盘素材\第 06 章\例 6-5)

step 1 继续【例 6-4】的操作，将鼠标指针插入网页中合适的位置，单击【插入】面板中【表单】选项卡内的【选择】按钮。

step 2 此时，将在表单中插入一个选择控件。

step 3 选中页面中的选择，在【属性】检查器中单击【列表值】按钮。

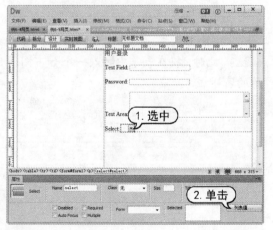

step 4 打开【列表值】对话框，在【列表值】对话框中，单击 + 按钮，在【项目标签】列表框中添加项目，并在其后的【值】列表框中设置项目的参数值。

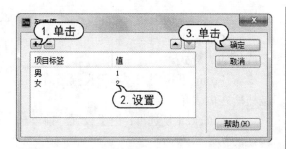

step 5 添加完所有列表值后，单击【确定】按钮，然后修改选择前的文字，保存并预览网页，效果如下图所示。

用户登录

Text Field:

Password:

Text Area:

Select: 男

在选择的【属性】检查器中，比较重要的选项功能如下：

▶ Name 文本框：用于当前选择的名称。

▶ Disabled 复选框：用于禁用当前选择。

▶ Required 复选框：用于设定必须在提交表单之前在当前选择中选中任意一个选项。

▶ Auto Focus 复选框：设置在支持 HTML 5 的浏览器打开网页时，鼠标光标自动聚焦在当前选择上。

▶ Class 下拉列表：指定当前选择要应用的类样式。

▶ Multiple 复选框：设置用户可以在当前选择中选中多个选项(按住 Ctrl 键)。

▶ From 下拉列表：用于设置当前选择所在的表单。

▶ Size 文本框：用于设置当前选择所能容纳选项的数量。

▶ Selected 列表框：用于设置选择默认选中的选项。

▶【列表值】按钮：可以输入或修改选择表单要素的各个项目。

6.2.5 插入单选按钮和复选框

选择主要用于在多个项目中选择所需的项目。要达到同样的效果，也可以使用单选按钮和复选框来实现。

1. 插入单选按钮

单选按钮指的是多个项目中只能选择一项的按钮。

在制作包含单选按钮的网页时，为了选择单选按钮，用户应该把两个以上的项目合并为一个组，并且同一组中的单选按钮应该具有相同的名称，这样才可以看出它们属于同一个组。除此以外，一定要输入单选按钮的【值】属性，这是因为用户选择项目时，单选按钮所具有的值会传送到服务器上。

【例 6-6】使用 Dreamweaver CC 在网页中插入的表单内插入单选按钮。

视频+素材 (光盘素材\第 06 章\例 6-6)

step 1 继续【例 6-5】的操作，将鼠标指针插入网页中合适的位置，然后单击【插入】面板中【表单】选项卡内的【单选按钮】按钮。

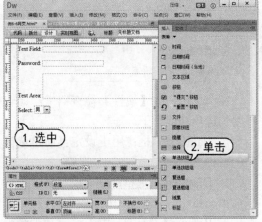

step 2 此时，将在表单中插入一个单选按钮。重复以上操作，在页面中再插入一个单选按钮，并修改单选按钮显示的文字。

是否保持登录记录

◎ 保存 ◎ 不保存

step ③ 选中文字【保存】前面的单选按钮，在【属性】检查器中选中 Checked 复选框，将该单选按钮设置为选中状态。

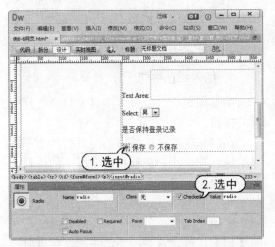

step ④ 保存并预览网页，效果如下图所示。

用户登录

Text Field:

Password:

Text Area:

Select: 男

是否保持登录记录

◎ 保存 ◎ 不保存

在单选按钮的【属性】检查器中，比较重要的选项功能如下。

➤ Name 文本框：用于设定当前单选按钮的名称。

➤ Disabled 复选框：用于设定是否禁用当前单选按钮。

➤ Required 复选框：用于设定是否必须在提交表单之前选中当前单选按钮。

➤ Auto Focus 复选框：设置在支持 HTML 5 的浏览器打开网页时，鼠标光标自动聚焦在当前单选按钮上。

➤ Class 下拉列表：指定当前单选按钮要应用的类样式。

➤ From 下拉列表：用于设置当前单选按钮所在的表单。

➤ Checked 复选框：用于设置当前单选按钮的初始状态。

➤ Value 文本框：用于设置当前单选按钮被选中时的值，这个值会随着表单提交到服务器上，因此必须要输入。

2. 插入单选按钮组

单击【插入】面板【表单】选项卡中的【单选按钮组】按钮，可以打开【单选按钮组】对话框，设置一次性在网页中插入多个单选按钮。

在【单选按钮组】对话框中，比较重要的选项功能如下。

➤ 【名称】文本框：用于设置单选按钮组的名称。

➤ 【标签】列表框：用于设置单选按钮的文字说明。

➤ 【值】列表框：用于设置单选按钮组中具体按钮的值。

➤ 【换行符】单选按钮：用于设置单选按钮在网页中直接换行。

➤ 【表格】单选按钮：用于设置自动插入表格来设置单选按钮的换行。

3. 插入复选框

复选框是在罗列的多个选项中选择多项时所使用的形式。由于复选框可以一次性选择两个以上的选项，因此可以将多个复选框组成一组。

复选框与单选按钮的功能类似，用户可以参考下面实例中的方法，使用 Dreamweaver 在网页中插入复选框。

【例 6-7】使用 Dreamweaver CC 在网页中插入的表单内插入复选框。
视频+素材 (光盘素材\第 06 章\例 6-7)

step 1 继续【例 6-6】的操作，将鼠标指针插入网页中合适的位置，然后单击【插入】面板中【表单】选项卡内的【复选框】按钮。

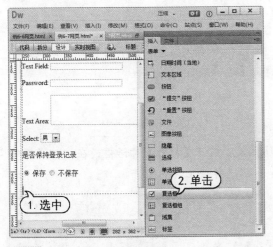

step 2 此时，将在表单中插入一个如下图所示的复选框。

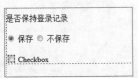

step 3 重复以上操作，在页面中再插入几个复选框，并修改复选框显示的文字。

step 4 选中文字【财经】前的复选框，在【属性】检查器中设置复选框的属性参数。

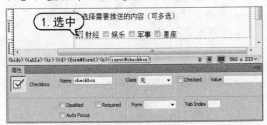

step 5 保存并预览网页，复选框的效果如下图所示。

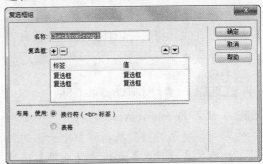

在复选框的【属性】检查器中，比较重要的选项功能如下。

➤ Name 文本框：用于设定当前复选框的名称。

➤ Disabled 复选框：用于设定是否禁用当前复选框。

➤ Required 复选框：用于设定是否必须在提交表单之前选中当前复选框。

➤ Auto Focus 复选框：设置在支持 HTML5 的浏览器打开网页时，鼠标光标自动聚焦在当前复选框上。

➤ Class 下拉列表：指定当前复选框要应用的类样式。

➤ From 下拉列表：用于设置当前复选框所在的表单。

➤ Checked 复选框：用于设置当前复选框的初始状态。

➤ Value 文本框：用于设置当前复选框对应的值。

4. 插入复选框组

单击【插入】面板【表单】选项卡中的【复选框组】按钮，可以打开【复选框组】对话框，设置一次性在网页中插入多个复选框。

在【复选框组】对话框中，比较重要的选项功能如下。

➤ 【名称】文本框：用于设置复选框组的名称。

> ▶ 【标签】列表框：用于设置复选框的文字说明。

> ▶ 【值】列表框：用于设置插入复选框的值。

> ▶ 【换行符】单选按钮：用于设置复选框在网页中直接换行。

> ▶ 【表格】单选按钮：用于设置自动插入表格来设置复选框的换行。

6.2.6 插入文件域

文件域可以在表单文档中制作文件附加项目。选择系统内的文件并添加后，单击【提交】按钮，就会和表单内容一起提交。文件域主要应用在公告栏中添加文件或图像并一起上传的时候，如下图所示。

文件域主要用于简单的数据分享，它已在很大程度上被现代的 E-mail 方式所取代，E-mail 方式允许将文件附加到任何信息上。

【例6-8】使用 Dreamweaver CC 在网页中插入的表单内插入文件域。

视频+素材（光盘素材\第 06 章\例 6-8）

step 1 使用 Dreamweaver CC 打开一个带表单的网页，将鼠标指针插入网页中合适的位置，然后单击【插入】面板中【表单】选项卡内的【文件】按钮。

step 2 此时，将在表单中插入一个如下图所示的文件域。

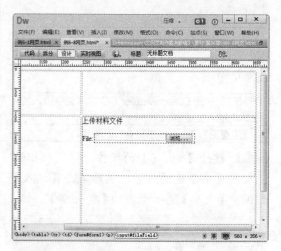

step 3 保存网页后，按F12键预览网页。单击【选择文件】按钮。

step 4 打开【打开】对话框，在该对话框中可以选择要上传的文件。

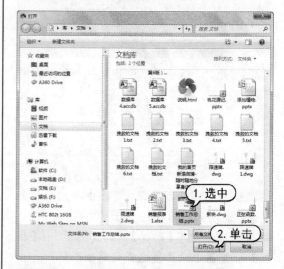

step 5 单击【打开】按钮，被选中的文件名称将显示在文件域的后方。

step 6 返回 Dreamweaver CC，选中页面中插入的文件域，然后在【属性】检查器中选中 Multipl 复选框。

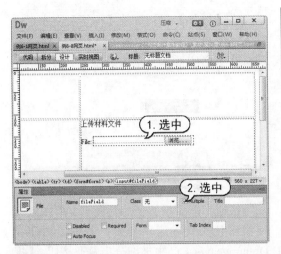

step ⑦ 保存并预览网页，此时在单击【浏览】按钮后打开的【打开】对话框中按下 Ctrl 键可以选择多个文件。

step ⑧ 单击【打开】按钮，网页中将显示上传文件的总数。

> 上传材料文件
>
> File: 选择文件 8 个文件

在文件域的【属性】检查器中，比较重要的选项功能如下。

▶ Name 文本框：用于设定当前文件域的名称。

▶ Disabled 复选框：用于设定是否禁用当前文件域。

▶ Required 复选框：用于设定是否必须在提交表单之前在文件域中设定上传文件。

▶ Auto Focus 复选框：设置在支持 HTML 5 的浏览器打开网页时，鼠标光标自动聚焦在当前文件域上。

▶ Class 下拉列表：指定当前文件域要应用的类样式。

▶ Multipl 复选框：设定当前文件域可使用多个选项。

6.2.7　插入标签和域集

在网页中，使用【标签】可以定义表单控件之间的关系（例如，一个文本输入字段和一个或多个文本标记之间的关系）。根据最新的标准，在标签中的文本可以得到浏览器的特殊对待。浏览器可以为这个标签选择一种特殊的显示样式，当用户选择该标签时，浏览器将焦点转到和标签相关的表单元素上。

除单独的标记以外，用户也可以将一群表单元素组成一个域集，并用<fieldset>标签和<legend>标签来标记这个组。<fieldset>标签将表单内容的一部分进行打包，生成一组相关表单字段。<fieldset>标签没有必需的或是唯一的属性，当一组表单元素放到<fieldset>标签内时，浏览器会以特殊的方式来显示它们。它们可能有特殊的边界、3D 效果甚至可以创建一个子表单来处理这些元素。

1. 插入标签

在 Dreamweaver CC 中，选中需要添加标签的网页元素，然后单击【插入】面板中【表单】选项卡内的【标签】按钮。

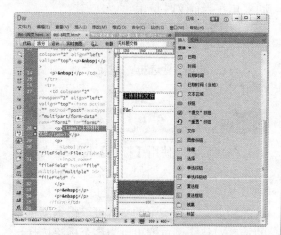

此时，切换到【拆分】视图模式，并在代码视图中添加以下代码：

```
<label></label>
```

其中，<label>标签的属性功能是命名一个目标表单 id。

2. 插入域集

使用<legend>标签可以为表单中的一个域集合生成图标符号。这个标签可能仅够在<fieldset>中显示。与<label>标签类似，当<legend>标签内容被选定时，焦点会转移到相关的表单元素上，可以用来提高用户对<fieldset>的控制。<legend>标签页支持accesskey 和 align 属性。Align 属性的值可以是 top、bottom、left 或 right，向浏览器说明符号应该放在域集的具体位置。

在 Dreamweaver CC 中，选中需要设置域集的网页元素后，单击【插入】面板【表单】选项卡中的【域集】按钮，将打开【域集】对话框。

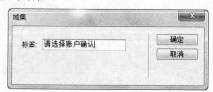

在【域集】对话框的【标签】文本框中输入一段标签文本，然后单击【确定】按钮，即可在页面中插入一个域集，如下图所示。

6.2.8 插入按钮和图像按钮

按钮和图像按钮指的是网页文件中表示按钮时使用到的表单要素。其中，按钮在 Dreamweaver CC 中被细分为普通按钮、【提交】按钮和【重置】按钮 3 种，在表单中起到非常重要的作用。

1. 普通按钮

在 Dreamweaver CC 中，用户可以参考下面介绍的方法，在表单中插入普通按钮。

【例 6-9】使用 Dreamweaver CC 在网页中插入的表单内插入普通按钮。

视频+素材 (光盘素材\第 06 章\例 6-9)

step 1 继续【例 6-8】的操作，将鼠标指针插入网页中合适的位置，然后单击【插入】面板中【表单】选项卡内的【按钮】按钮。

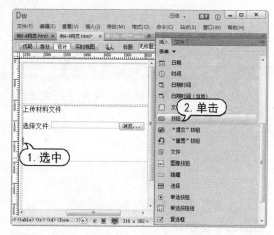

step 2 此时，将在表单中插入一个按钮。选中页面中的普通按钮，在【属性】检查器中，可以设置该按钮的属性参数。

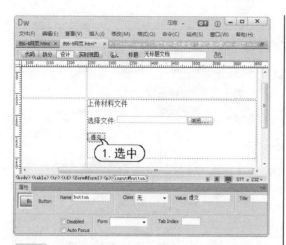

step 3 保存并预览网页，页面中的按钮效果如下图所示。

上传材料文件

选择文件：选择文件 未选择文件

提交

在按钮【属性】检查器中，比较重要的选项功能如下

➤ Name 文本框：用于设定当前按钮的名称。

➤ Disabled 复选框：用于设定是否禁用当前按钮，被禁用的按钮将呈灰色显示。

➤ Class 下拉列表：指定当前按钮要应用的类样式。

➤ From 下拉列表：用于设置当前按钮所在的表单。

➤ Value 文本框：用于设置按钮上显示的文本内容。

2.【提交】按钮

【提交】按钮在 Dreamweaver CC 中被单独设定为一种按钮，用户在【插入】面板【表单】选项卡中单击【"提交"按钮】按钮，可以在网页中插入一个专门用于提交表单的按钮，该按钮的外观与普通按钮类似，但在其【属性】检查器中，将比普通按钮多出 Form method、Form No Validate、Form Action 等选项。

在【提交】按钮的【属性】检查器中，比较重要的选项功能如下。

➤ Form Action 文本框：用于设定当提交表单时，向何处发送表单数据。

➤ Form method 下拉列表：用于设置如何发送表单数据，包括默认、GET 和 POST 等 3 个选项。

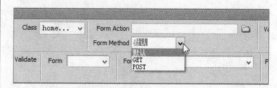

➤ Form No Validate 复选框：选中该复选框可以禁用表单验证。

3.【重置】按钮

【重置】按钮和【提交】按钮一样，被 Dreamweaver CC 单独设定为一个插入项，用户在【插入】面板的【表单】选项卡中单击【"重置"按钮】按钮，可以在网页中插入一个专门用于重置表单数据的按钮，选中该按钮，其【属性】检查器中的设置选项与普通按钮完全一致。

在表单中插入【重置】按钮后，预览网页时，单击该按钮，可以清除表单中已填写的数据。

4. 图像按钮

若用户想要在网页中使用图像作为表单的提交按钮，可以使用图像按钮。在 Dreamweaver CC 中，插入图像按钮的具体操作方法如下。

【例 6-10】使用 Dreamweaver CC 在网页中插入的表单内插入图像按钮。

🎬视频+素材 (光盘素材\第 06 章\例 6-10)

step 1 使用 Dreamweaver CC 打开一个带表单的网页，将鼠标指针插入网页中合适的位置，然后单击【插入】面板中【表单】选项卡内的【图像按钮】按钮。

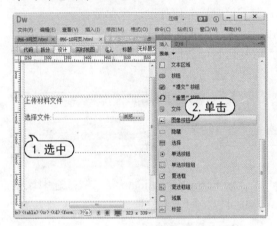

step 2 在打开的【选择图像源文件】对话框中选中一个图像，并单击【确定】按钮。

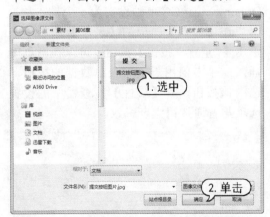

step 3 此时，即可在网页中插入一个图像按钮。选中页面中的图像按钮，可以在【属性】检查器中设置其功能。

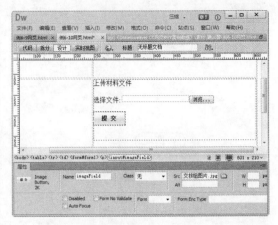

在图像按钮的【属性】检查器中，比较重要的选项功能如下。

➢ Name 文本框：用于设定当前图像按钮的名称。

➢ Disabled 复选框：用于设定是否禁用当前图像按钮。

➢ Form No Validate 复选框：选中该复选框可以禁用表单验证。

➢ Class 下拉列表：指定当前图像按钮要应用的类样式。

➢ From 下拉列表：用于设置当前图像按钮所在的表单。

➢ Src 文本框：用于设定图像按钮所使用图像的路径。

➢ Alt 文本框：用于设定当图像按钮无法显示图像时的替代文本。

➢ W 文本框：用于设置图像按钮中图像的宽度。

➢ H 文本框：用于设置图像按钮中图像的高度。

➢ Form Action 文本框：用于设定当提交表单时，向何处发送表单数据。

➢ Form Method 下拉列表：用于设置如何发送表单数据，包括默认、GET 和 POST 等 3 个选项。

6.2.9 插入隐藏域

将信息从表单传送到后台服务器程序时，编程者通常需要发送一些不应该被网页浏览者看到的数据。这些数据有可能是后台程序需要的某个用于设置表单收件人信息的变量，也可能是在提交表单后后台程序将要重新定向到的一个 URL。要发送此类不能让表单使用者看到的信息，必须使用一个隐藏的表单对象——隐藏域。

在 Dreamweaver CC 中，用户可以通过单击【插入】面板【表单】选项卡中的【隐藏】按钮，在页面中插入一个隐藏域。

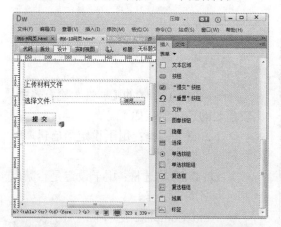

6.2.10 插入颜色选择器

在 Dreamweaver CC 中，用户可以通过【插入】面板【表单】选项卡中的【颜色】按钮，在表单中插入一个颜色选择器，从而制作出能够提交颜色代码的表单页面（例如购物网站中某些商品的订单页面）。

【例 6-11】使用 Dreamweaver CC 在网页中插入的表单内插入颜色选择器。

视频+素材 (光盘素材\第 06 章\例 6-11)

step ① 使用 Dreamweaver 打开一个带有表单的网页，将鼠标指针插入网页中合适的位置，然后单击【插入】面板中【表单】选项卡中的【颜色】按钮。

step ② 此时，将在表单中插入一个颜色选择

器。选中页面中的颜色文本框，在【属性】检查器中单击 Value 文本框后的 按钮，在弹出的颜色选择器中，可以设置颜色选择器的初始颜色。

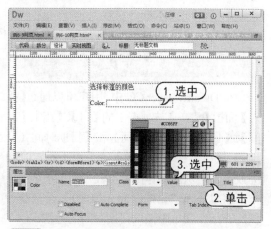

step ③ 保存并预览网页，表单中插入的颜色选择器的效果如下图所示。

选择帐篷的颜色

Color:

step ④ 单击页面中的颜色选择器，将打开【颜色】对话框，在此可以选择表单所要提交的颜色。

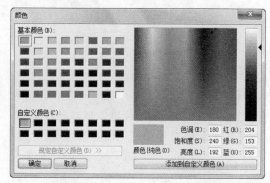

在颜色选择器的【属性】检查器中，比较重要的选项功能如下。

▶ Name 文本框：用于设定当前颜色选择器的名称。

▶ Disabled 复选框：用于设定是否禁用当前颜色选择器。

▶ Auto Complete 复选框：用于设置是否启用自动完成功能。

> Class 下拉列表：指定当前颜色选择器要应用的类样式。

> Form 下拉列表：用于设置当前颜色选择器所在的表单。

> Value 文本框：设置显示颜色选择器时，作为默认值来显示的颜色。

6.2.11 插入日期时间设定器

在 Dreamweaver CC 中，用户可以通过【插入】面板【表单】选项卡中的【月】、【周】、【时间】、【日期】、【日期时间】和【日期时间（当地）】按钮，在表单中插入一个用于设置时间的设定器，从而制作出能够输入时间的表单。下面将以插入"日期时间（当地）"设定器为例，介绍在表单中插入日期时间的方法。

【例 6-12】使用 Dreamweaver CC 在网页中插入的表单内插入时间设定器。
🎬视频+素材 (光盘素材\第 06 章\例 6-12)

step ① 使用 Dreamweaver CC 打开一个带表单的网页，将鼠标指针插入网页中合适的位置，然后单击【插入】面板中【表单】选项卡内的【日期时间（当地）】按钮。

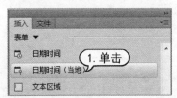

1. 单击

step ② 此时，将在表单中插入一个日期时间设定器。选中页面中插入的日期时间设定器，在【属性】检查器中可以设置其参数。

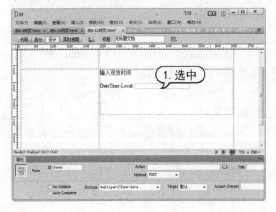

1. 选中

step ③ 保存并预览网页，单击页面中的日期时间设定器，将弹出如下图所示的浮动窗口，用于设定一个日期时间参数。

在日期时间(当地)的【属性】检查器中，比较重要的选项功能如下。

> Name 文本框：用于设定当前日期时间设定器的名称。

> Disabled 复选框：用于设定是否禁用当前日期时间设定器。

> Auto Complete 复选框：用于设置是否启用自动完成功能。

> Class 下拉列表：指定当前日期时间设定器要应用的类样式。

> Required 复选框：将日期时间设定器设置为在提交表单之前必须输入字段。

> Read Only 复选框：将日期时间设定器设置为只读状态，即无法打开日期时间设定窗口。

> Value 选项区域：设置显示日期时间设定器时，作为默认值来显示的日期信息。

> Min 选项区域：设置日期时间设定器中允许设定的最早时间。

> Max 选项区域：设置日期时间设定器中允许设定的最晚时间。

6.2.12 插入范围滑块

在 Dreamweaver CC 中，用户可以通过【插入】面板的【表单】选项卡中的【范围】按钮，在表单中插入一个范围滑块。

【例 6-13】使用 Dreamweaver CC 在网页中插入的表单内插入范围滑块。

视频+素材　(光盘素材\第 06 章\例 6-13)

step 1　使用 Dreamweaver CC 打开一个带表单的网页，将鼠标指针插入网页中合适的位置，然后单击【插入】面板中【表单】选项卡内的【范围】按钮。

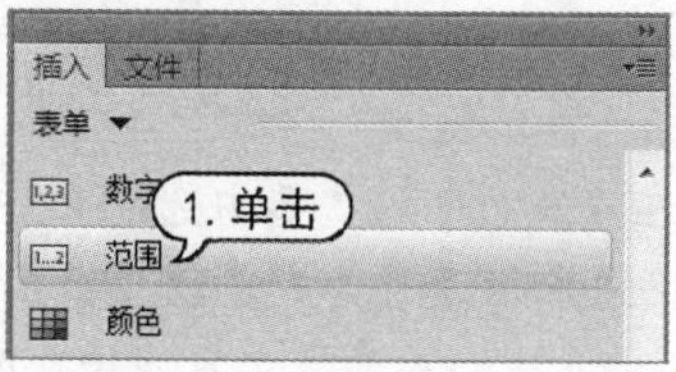

step 2　此时，将在表单中插入一个范围滑块。选中页面中插入的范围滑块，在【属性】检查器中可以设置其参数。

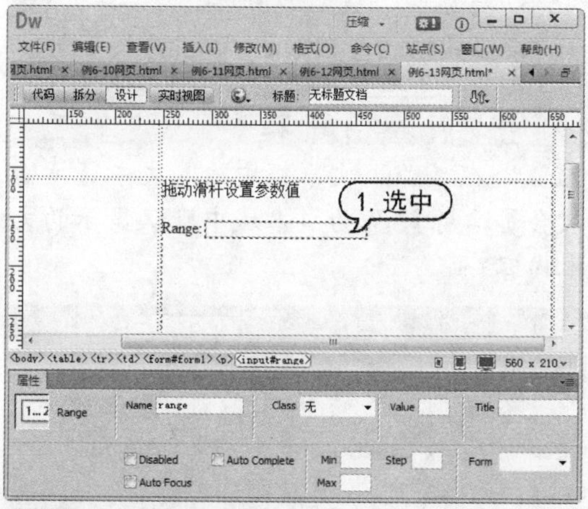

step 3　保存并预览网页，页面中的滑块效果如下图所示。

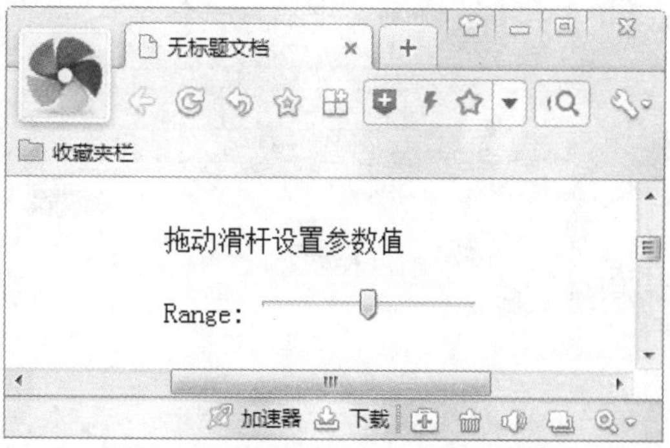

在滑块的【属性】检查器中，比较重要的选项功能如下。

- Name 文本框：用于设定当前滑块的名称。
- Disabled 复选框：用于设定是否禁用当前滑块。
- Auto Complete 复选框：用于设置是否启用自动完成功能。
- Auto Focus 复选框：设置在支持 HTML 5 的浏览器打开网页时，鼠标光标自动聚焦在滑块上。
- Class 下拉列表：指定当前滑块要应用的类样式。
- Min 选项区域：设置滑块的最小值。
- Max 选项区域：设置滑块的最大值。
- Step 文本框：用于规定滑块中可设定数值的间隔
- Value 文本框：设置显示滑块时，作为默认值来显示的滑块值。

6.3　案例演练

本章的案例演练部分包括制作用户登录页面和商品订单页面等两个综合实例，用户通过练习从而巩固本章所学知识。

【例 6-14】在 Dreamweaver CC 中制作一个用户登录页面。

视频+素材　(光盘素材\第 06 章\例 6-14)

step 1　使用 Dreamweaver CC 打开一个网页，将鼠标指针插入页面中文字【会员登录】之后。

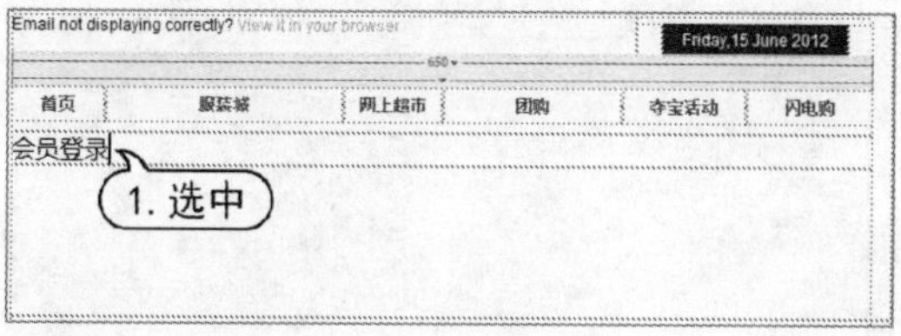

step 2　选择【窗口】|【插入】命令，打开【插入】面板，单击该面板【表单】选项卡中的

【表单】按钮，在页面中插入一个表单。

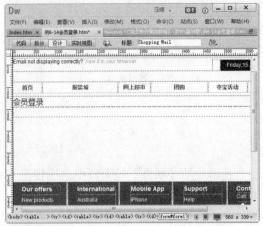

step ③ 将鼠标指针插入页面中的表单内，输入如下图所示的文本信息。

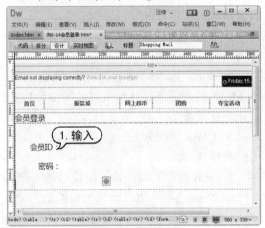

step ④ 在【插入】面板的【表单】选项卡中单击【文本】选项，在表单中插入一个如下图所示的文本域。

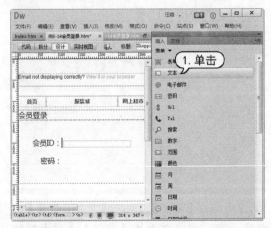

step ⑤ 选中页面中插入的文本域，选择【窗

口】|【属性】命令，在显示的【属性】检查器中设置 Name 属性为 textfield。

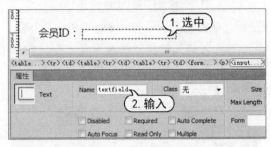

step ⑥ 在【属性】检查器中选中 Required 复选框，将文本框设置为表单提交前的必填字段；在 Size 文本框中设置文本域的宽度为 18；在 Max Length 文本框中设置在文本域中可输入的最大字符数为 16。

step ⑦ 在 Value 文本框中输入文本【请输入会员名称】，作为文本域中默认显示的文本内容。

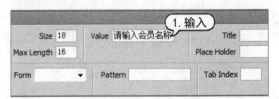

step ⑧ 将鼠标指针插入表单中的文字【密码】之后，单击【插入】面板【表单】选项卡中的【密码】按钮插入一个密码域。

step ⑨ 选中页面中插入的密码域，在【属性】检查器的 Name 文本框中设置密码域的名称为 password1。

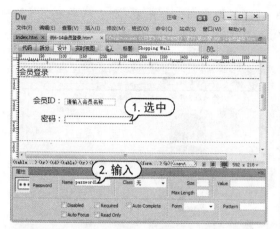

step 10 在密码域【属性】检查器中选中 Required 复选框，将密码框设置为表单提交前的必填字段；在 Size 文本框中设置密码域的宽度为 18；在 Max Length 文本框中设置在密码域中可输入的最大字符数为 16；在 Value 文本框中输入文本【请输入会员密码】，作为密码域中默认显示的文本内容。

step 11 将鼠标指针插入表单中密码域的下方，在【插入】面板【表单】选项卡中单击【"提交"按钮】选项，在页面中插入一个如下图所示的【提交】按钮。

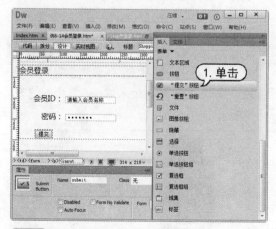

step 12 将鼠标指针插入【提交】按钮之后，在【插入】面板的【表单】选项卡中单击【"重置"按钮】选项，在页面中插入一个【重置】按钮。

step 13 将鼠标指针插入【密码】文本框之后，在【插入】面板的【表单】选项卡中单击【单选按钮组】按钮。

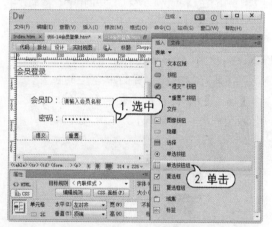

step 14 打开【单选按钮组】对话框，在【名称】文本框中输入【保存密码】，在【单选按钮】列表框中参考下图所示设置参数值，然后单击【确定】按钮。

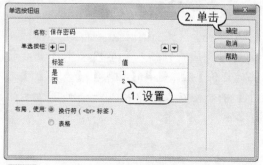

step 15 此时，将在【密码】文本框后面添加一个名为【保存密码】的单选按钮组。

step 16 在单选按钮组前输入文本【保存登录

密码】，然后选择【文件】|【保存】命令，将网页保存，按 F12 键预览页面，效果如下图所示。

【例 6-15】在 Dreamweaver CC 中制作一个商品订单页面。

视频+素材 (光盘素材\第 06 章\例 6-15)

step 1 使用 Dreamweaver CC 打开一个网页，将鼠标指针插入页面中合适的位置，选择【插入】|【表单】|【表单】命令，在页面中插入一个表单 form1，并输入文本。

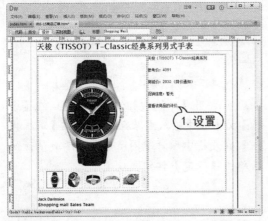

step 2 将鼠指针插入表单内文本【查看商品的评价】后，选择【插入】|【表单】|【选择】命令，在表单中插入一个如下所示的选择。

查看该商品的评价

Select: □ ▼

step 3 选中页面中插入的选择，选择【窗口】

|【属性】命令，打开【属性】检查器，并单击其中的【列表值】按钮。

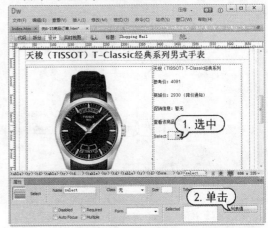

step 4 在打开的【列表值】对话框中设置如下图所示的列表值参数，单击【确定】按钮。

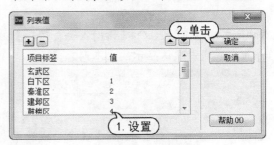

step 5 返回【属性】检查器后，在 Selected 文本框中选中【玄武区】选项，并选中 Required 复选框。

step 6 删除表单中的文本 Select，输入【配送至】。

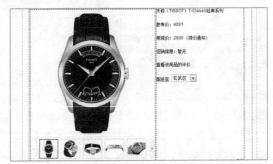

step 7 将鼠标指针插入表单内,选择【插入】|【表单】|【单选按钮组】命令,并参考下图所示设置打开的【单选按钮组】对话框。

step 8 在【单选按钮组】对话框中单击【确定】按钮,将在页面中插入如下图所示的单选按钮组。

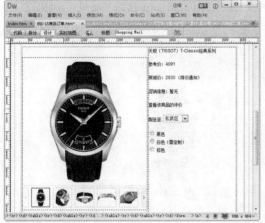

step 9 选中页面中文本【黑色】前的单选按钮,在【属性】检查器中,选中 Checked 复选框。

step 10 在表单的单选按钮组之前,输入文本

【选择商品颜色:】。

step 11 将鼠标指针插入表单中的单选按钮组之后,选择【插入】|【表单】|【数字】按钮,在表单中插入一个如下图所示的数字输入器。

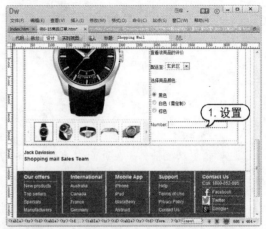

step 12 选中页面中插入的数字输入器,在【属性】检查器中的 Value 文本框中输入参数 1,在 Min 文本框中输入参数 1,在 Max 文本框中输入参数 99。

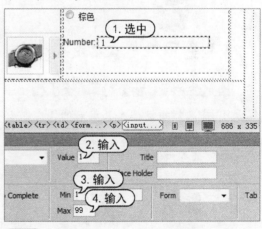

step 13 删除表单中的文本 Number,输入文本【购买数量】。

step 14 将鼠标指针插入页面中表单的底部,选择【插入】|【表单】|【图像按钮】命令。

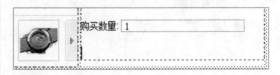

step 15 打开【选择图像源文件】对话框,选

中一个图像文件后，单击【确定】按钮在表单中插入一个图像按钮。

step 16 重复以上操作，在页面中再插入一个图像按钮，效果如下图所示。

step 17 将鼠标指针插入表单内的图像按钮后，选择【插入】|【表单】|【按钮】命令，在页面中插入一个如下图所示的按钮。

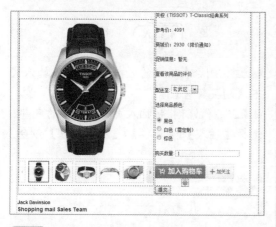

step 18 选中页面中插入的按钮，在【属性】

检查器中设置 Value 属性为【立即购买】，单击 Form 下拉列表按钮，在弹出的下拉列表中选择【form1】选项。

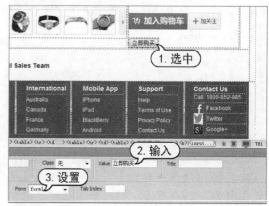

step 19 选择【文件】|【保存】命令，将网页保存，按 F12 键预览网页，效果如下图所示。

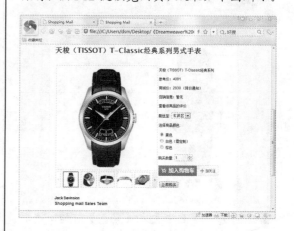

第7章

在网页中使用行为

在网页中使用【行为】可以创建各种特殊的网页效果，例如弹出信息、交换图像、跳转菜单等。行为是一系列使用 JavaScript 语言预定义的页面特效工具，是 JavaScript 在 Dreamweaver CC 中内建的程序库。本章将通过实例操作，帮助用户掌握在 Dreamweaver CC 中使用软件内置的行为来制作网页特效的方法。

对应光盘视频

7.1　认识网页行为

Dreamweaver 网页行为是 Adobe 公司借助 JavaScript 来开发的一组交互特效代码库。在 Dreamweaver CC 中，用户可以通过简单的可视化操作来对交互特效代码进行编辑，从而创建出丰富的网页效果。

7.1.1　行为的基础知识

行为是指在网页中进行的一系列动作，通过这些动作，可以实现用户与网页的交互，也可以通过动作使某个任务被执行。在 Dreamweaver 中，行为由事件和动作两个基本元素组成。动作通常是一段 JavaScript 代码，利用这些代码可以完成相应的任务；事件则由浏览器定义，事件可以被附加到各种页面元素上，也可以被附加到 HTML 标记中，并且一个事件总是针对页面元素或标记而言的。

1. 行为的概念

行为是 Dreamweaver 中的一个重要部分，通过行为，可以方便地制作出许多网页效果，极大地提高了工作效率。行为由两个部分组成，即事件和动作，通过事件的响应进而执行对应的动作。

在网页中，事件是浏览器生成的消息，表明该页的访问者执行了某种操作。例如，当访问者将鼠标指针移动到某个链接上时，浏览器将会为该链接生成一个 onMouseOver 事件。不同的页面元素定义了不同的事件。在大多数浏览器中，onMouseOver 和 onClick 是与链接关联的事件，而 onLoad 是与图像和文档的 body 部分关联的事件。

2. 事件的概念

Dreamweaver 中的行为事件可以分为鼠标事件、键盘事件、表单事件和页面事件。每个事件都含有不同的触发方式。

➤ onClick：单击选定元素(如超链接、图片、按钮等)将触发该事件。

➤ onDblClick：双击选定元素将触发该事件。

➤ onMouseDown：当按下鼠标按钮(不必释放鼠标按钮)时触发该事件。

➤ onMouseMove：当鼠标指针停留在对象边界内时触发该事件。

➤ onMouseOut：当鼠标指针离开对象边界时触发该事件。

➤ onMouseOver：当鼠标首次移动指向特定对象时触发该事件。该事件通常用于链接。

➤ onMouseUp：当按下的鼠标按钮被释放时触发该事件。

7.1.2　使用【行为】面板

在网页中应用行为之前，用户需要先了解【行为】面板，该面板的作用是显示当前用户选择的网页对象的事件和行为属性。在 Dreamweaver 中选择【窗口】|【行为】命令，即可显示如下图所示的【行为】面板。

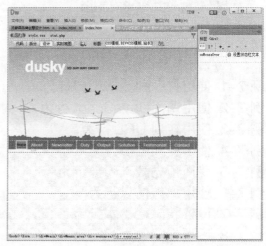

在【行为】面板中，除了显示当前所选择的网页标签类型以外，还提供了 6 个按钮，

允许用户对行为进行编辑操作。

▶ 【显示设置事件】按钮：显示添加到当前文稿的事件。

▶ 【显示所有事件】按钮：显示所有添加的行为事件。

▶ 【添加行为】按钮：单击弹出行为菜单中选项添加行为。

▶ 【删除事件】按钮：从当前行为列表中删除选中的行为。

▶ 【增加事件值】按钮：动作项向前移动，改变执行的顺序。

▶ 【降低事件值】按钮：动作项向后移动，改变执行的顺序。

7.1.3　编辑网页行为

在 Dreamweaver 中打开【行为】面板，单击该面板中的【添加行为】按钮，即可在弹出的菜单中选择相关的网页行为，通过设置各种属性，将其添加至网页中。

在【行为】面板的列表框中，显示了当前标签已经添加的所有行为，以及触发这些行为的事件类型。对于网页中已经存在的各种行为，用户可以通过【删除事件】按钮将其删除。如果网页内同时存在多个行为，用户还可以使用【增加事件值】按钮和【降低事件值】按钮改变某个行为的顺序，从而决定页面中这些行为的执行次序。

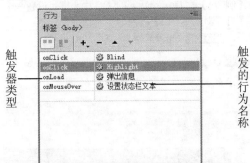

在【网页行为】列表中显示了网页标签已添加的行为，包括行为的触发器类型和触发的行为名称两个部分，在选中行为后，用户可以单击触发器的名称来更换触发器，也可以双击行为的名称，编辑行为的内容。

7.2　使用行为调节浏览器

在网页中最常使用的 JavaScript 源代码就是调节浏览器窗口的源代码，它可以按照设计者的要求打开新窗口或更换新窗口的形状。

7.2.1 打开浏览器窗口

创建链接时，如果目标属性设置为 _blank，则可以使链接文档显示在新窗口中，但是不可以设置新窗口的脚本。此时，利用"打开浏览器窗口"行为，不仅可以调节新窗口的大小，还可以设置工具箱或滚动条是否显示。

【例 7-1】 在 Dreamweaver CC 中为网页设置一个【打开浏览器窗口】行为。

视频+素材 (光盘素材\第 07 章\例 7-1)

step 1 启动 Dreamweaver CC，打开如下图所示的网页，并选中页面中的图片。

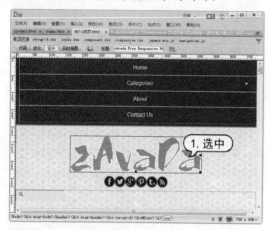

step 2 选择【窗口】|【行为】命令，打开【行为】面板，单击该面板中的【添加行为】按钮 **+**，在弹出的菜单中选择【打开浏览器窗口】命令。

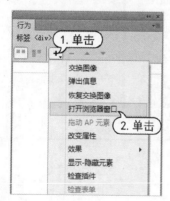

step 3 打开【打开浏览器窗口】对话框，单击【浏览】按钮。

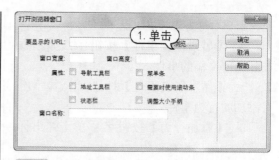

step 4 打开【选择文件】对话框，选中一个网页文件后，单击【确定】按钮，返回【打开浏览器窗口】对话框。

step 5 最后，在【打开浏览器窗口】对话框中单击【确定】按钮即可在页面中设置一个【打开浏览器窗口】行为。按 F12 键预览网页，单击页面中的图片，即可在打开的窗口中浏览设置的网页效果。

在【打开浏览器窗口】对话框中各选项的功能如下。

▶ 【要显示的 URL】文本框：用于输

入链接的文件名或网页地址。链接文件时,可以单击该文本框后的【浏览】按钮进行选择。

▶ 【窗口宽度】和【窗口高度】文本框:用于设置窗口的宽度和高度,其单位为像素。

▶ 【属性】选项区域:用于设置需要显示的结构元素。

▶ 【窗口名称】文本框:指定新窗口的名称。输入相同的窗口名称时,并不是继续打开新的窗口,而是只打开一次新窗口,然后在同一个窗口中显示新的内容。

7.2.2 调用 JavaScript

【调用 JavaScript】动作允许用户使用【行为】面板指定当发生某个事件时,应该执行的自定义函数或 JavaScript 代码行。

【例 7-2】在 Dreamweaver CC 中为网页设置【调用 javaScript】行为。

视频+素材 (光盘素材\第 07 章\例 7-2)

step 1 在 Dreamweaver CC 中选中网页中的图片,选择【窗口】|【行为】命令,打开【行为】面板并单击【添加行为】按钮 +,在弹出的菜单中选择【调用 JavaScript】命令,打开【调用 JavaScript】对话框。

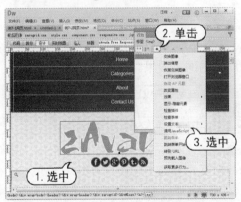

step 2 在【调用 JavaScript】对话框中的 JavaScript 文本框中输入如下代码:

window.close()

step 3 单击【确定】按钮,然后按 F12 键预览网页,单击网页中的图片,将弹出如下图所示的提示框,单击提示框中的【是】按钮将关闭网页。

7.2.3 转到 URL

在网页中使用【转到 URL】行为,可以在当前窗口或指定的框架中打开一个新页面。该操作尤其适用于通过一次单击来更改两个或多个框架的内容。

【例 7-3】在 Dreamweaver CC 中为网页设置【转到 URL】行为。

视频+素材 (光盘素材\第 07 章\例 7-3)

step 1 选中页面中合适的网页元素(图片或文字),单击【行为】面板中的【添加行为】按钮 +,在弹出的菜单中选择【转到 URL】命令。

step② 打开【转到 URL】对话框，单击【浏览】按钮

step③ 在打开的【选择文件】对话框中选中一个网页文件，并单击【确定】按钮。

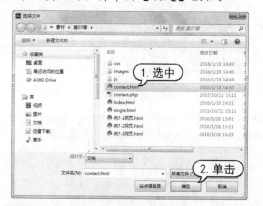

step④ 返回【转到 URL】对话框，单击【确定】按钮，即可在网页中创建【转到 URL】行为。按 F12 键预览网页，单击步骤 1 中选中

的网页元素，浏览器将自动跳转到相应的网页。

【转到 URL】对话框中各选项的具体功能说明如下。

▶ 【打开在】列表框：从该列表框中选择 URL 的目标。列表框中自动列出当前框架集中所有框架的名称以及主窗口，如果网页中没有任何框架，则主窗口是唯一的选项。

▶ URL 文本框：单击该文本框后的【浏览】按钮可以在打开的对话框中选择要打开的网页。

7.3 使用行为控制图像

图像是网页设计中必不可少的元素。在 Dreamweaver 中，可以通过使用行为，以各种各样的方式在网页中应用图像元素，从而制作出富有动感的网页效果。

7.3.1 交换图像

在 Dreamweaver CC 中，应用【交换图像】行为和【恢复交换图像】行为，设置拖动鼠标经过图像时的效果或使用导航条菜单，可以轻松地制作出光标移动到图像上方时图像更换为其他图像而光标离开时再返回到原来图像的效果。

【交换图像】行为和【恢复交换图像】行为并不是只有在 onMouseOver 事件中可以使用。如果单击菜单时需要替换为其他图像，则可以使用 onClicks 事件。同样，也可以使用其他多种事件。

【例 7-4】在网页中设置【交换图像】和【恢复交换图像】行为。

📀 视频+素材 (光盘素材\第 07 章\例 7-4)

step① 在 Dreamweaver CC 中打开如下图所示的网页，并选中页面中的图片。

step 2 选择【窗口】|【行为】命令,打开【行为】面板,单击【添加行为】按钮 **+.**,在弹出的菜单中选择【交换图像】命令,打开【交换图像】对话框。

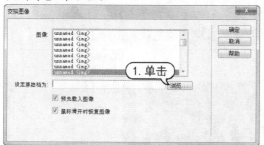

step 3 在【交换图像】对话框中单击【浏览】按钮,然后在打开的【选择图像源文件】对话框中选中一个图像文件,并单击【确定】按钮。

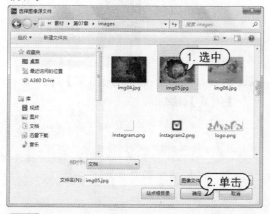

step 4 返回【交换图像】对话框,单击【确定】按钮,即可在【行为】面板中添加如下图所示的【交换图像】行为和【恢复交换图像】行为。

step 5 单击【行为】面板中【交换图像】行为前面的 ▽ 按钮,在弹出的下拉列表中选择 onClick 选项。

step 6 保存网页,按 F12 键预览网页。此时单击页面中设置【交换图像】行为的图片,该图片将自动变为另一张图片。而将鼠标指针从图片中移开后,图片又将自动恢复。

　　在【交换图像】对话框中,比较重要的选项功能说明如下。

　　▶ 【图像】列表框:列出了插入当前文档中的图像名称。【unnamed<img>】是没有另外赋予名称的图像,赋予了名称后才可以在多个图像中选择应用【交换图像】行为替换图像。

▶ 【设定原始档为】文本框：用于指定替换图像的文件名。

▶ 【预先载入图像】复选框：在网页服务器中读取网页文件时，选中该复选框，可以预先读取要替换的图像。如果不选中该复选框，则需要重新到网页服务器上读取图像。

在网页中应用【交换图像】行为后，Dreamweaver 将会自动创建一个【恢复交换图像】行为。

利用【恢复交换图像】行为，可以将所有被替换显示的图像恢复为原始图像。在【行为】面板中双击【恢复交换图像】行为将打开如下图所示的对话框，提示【恢复交换图像】行为的作用。

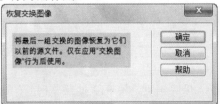

7.3.2 预先载入图像

【预先载入图像】行为是预先导入图像的功能。在网页中预先载入图像，可以更快地将页面中的图像呈现在浏览者的电脑中。例如，为了使光标移动到 a.gif 图片上方时将其变成 b.gif，假设使用了【交换图像】行为而没有使用【预先载入图像】行为，那么，当光标移动至 a.gif 图像上时，浏览器要到网页服务器上去读取 b.gif 图像；而如果使用【预先载入图像】行为预先载入了 b.gif 图像，则可以在光标移动到 a.gif 图像上方时立即更换图像。

在创建【交换图像】行为时，如果用户在【交换图像】对话框中选中了【预先载入图像】复选框，就不需要在【行为】面板中另外应用【预先载入图像】行为了。但如果用户在【交换图像】对话框中没有选中【预先载入图像】复选框，则可以参考下面介绍的方法，通过【行为】面板，设置【预先载入图像】行为。

【例 7-5】在网页中设置【预先载入图像】行为。

🔘 视频+素材 (光盘素材\第 07 章\例 7-5)

step 1 继续【例 7-4】的操作，选中页面中添加了【交换图像】行为的图像，在【行为】面板中单击【添加行为】按钮 **+**，在弹出的菜单中选择【预先载入图像】命令。

step 2 在打开的【预先载入图像】对话框中单击【浏览】按钮。

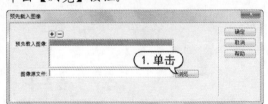

step 3 在打开的【选择图像源文件】对话框中选择需要预先载入的图像，单击【确定】按钮。

step 4 返回【预先载入图像】对话框，在该

对话框中单击【确定】按钮。

step 5 此时，在【行为】面板中将自动添加【预先载入图像】行为。

在【预先载入图像】对话框中，比较重要的选项功能说明如下。

▶ 【预先载入图像】列表框：该列表框中列出了所有需要预先载入的图像。

▶ 【图像源文件】文本框：用于设置要预先载入的图像文件名。

7.4 使用行为显示文本

文本作为网页文件中最基本的元素，比图像或其他多媒体元素具有更快的传输速度，因此网页文件中的大部分信息都是用文本来描述的。本节将通过实例来介绍在网页中利用行为显示特殊位置上的文本的方法。

7.4.1 弹出信息

当需要设置从一个网页跳转到另一个网页或特定的链接时，可以使用【弹出信息】行为，设置网页弹出消息框。消息框是具有文本消息的小窗口，在例如登录信息错误或即将关闭网页等情况时，使用消息框能够快速、醒目地实现信息提示。

【例7-6】在网页中设置【弹出信息】行为。
视频+素材 (光盘素材\第 07 章\例 7-6)

step 1 在 Dreamweaver 中打开一个网页文档，选中页面中的文本，并选择【窗口】|【行为】命令，显示【行为】面板。

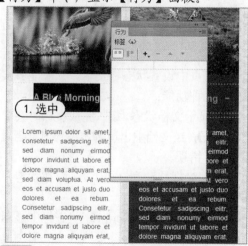

step 2 在【行为】面板中单击【添加行为】按钮 +，在弹出的菜单中选择【弹出信息】命令，然后在打开的【弹出信息】对话框中输入提示文本。

step 3 在【弹出信息】对话框中单击【确定】按钮，即可在【行为】面板中添加【弹出信息】行为。单击【弹出信息】行为前的列表框按钮，在弹出的列表框中选择 onClick 选项。

step 4 保存并预览网页，当用户单击页面上方设置了【弹出信息】行为的文字时，浏览器将自动弹出如下图所示的消息框。

Dreamweaver CC 网页制作案例教程

【弹出信息】行为只能显示一个带有指定消息的 JavaScript 警告。因为 JavaScript 警告只有一个【确定】按钮，所以使用该动作只可以提供信息，而不能为访问者提供选择。

7.4.2 设置状态栏文本

浏览器的状态栏可以作为传达文档状态的控件，用户可以直接指定画面中的状态栏是否显示。要在浏览器中显示状态栏（以 IE10 浏览器为例），在浏览器窗口中选择【查看】|【工具】|【状态栏】命令即可。

显示或隐藏状态栏。

【例7-7】在网页中设置【设置状态栏文本】行为。
视频+素材（光盘素材\第 07 章\例 7-7）

step 1 在 Dreamweaver CC 中打开一个网页文档，选中页面中的图片，选择【窗口】|【行为】命令，显示【行为】面板。

step 2 在【行为】面板中单击【添加行为】按钮 + ，在弹出的菜单中选择【设置文本】|【设置状态栏】命令，然后在打开的【设置状态栏文本】对话框的【消息】文本框中输入状态栏文本内容。

step 3 单击【确定】按钮。然后单击【行为】

面板中添加的【设置状态栏文本】行为前的下拉列表按钮 ，在弹出的下拉列表中选择 onMouseOver 选项。

step 4 最后，保存网页并按 F12 键预览网页，将鼠标移动至页面中的图片上方，浏览器状态栏将显示相应的文字。

在网页中设置状态栏文本，一般能够实现以下几种功能：

▶ 显示文档状态。载入完成文档时会显示【完成】，当文档中出现脚本错误时，会显示发生了错误。

▶ 将光标移动到链接上方时，在状态栏中显示链接的地址。

▶ 可以利用 JavaScript 在状态栏中显示特定的文本，从而遮盖链接地址或吸引浏览者注意。

实用技巧

状态栏文本只能提示页面中简要的信息，而不能明确地指出详细的信息。

148

7.4.3　设置容器的文本

　　【设置容器的文本】行为将以用户指定的内容来替换网页上现有层的内容和格式设置(该内容可以包括任何有效的 HTML 源代码)。

> 【例 7-8】使用 Dreamweaver CC 在网页中设置【设置容器的文本】行为。
> 📀 视频+素材 (光盘素材\第 07 章\例 7-8)

step 1　在 Dreamweaver CC 中打开一个网页文档，将鼠标指针插入网页中合适的位置，然后选择【插入】|Div 命令，在页面中插入一个层，并将其命名为 Div11。

step 2　重复步骤 1 的操作，在页面中再插入一个层，并将其命名为 Div12。

step 3　将鼠标指针插入 Div11 中，输入文本 A Blue Morning，然后选中该文本。

step 4　选择【窗口】|【行为】命令，打开【行为】面板，在【行为】面板中单击【添加行为】按钮 +.，在弹出的菜单中选择【设置文本】|【设置容器的文本】命令，打开【设置容器的文本】对话框。

step 5　在【设置容器的文本】对话框中单击【容器】下拉列表按钮，在弹出的下拉列表中选择【Div "Div12"】选项，并在【新建 HTML】文本框中输入相应的文本。

step 6　在【设置容器的文本】对话框中单击【确定】按钮，即可在【行为】面板中创建一个【设置容器的文本】行为。单击【行为】面板中【设置容器的文本】行为前的下拉列表按钮 ⌄，在弹出的下拉列表中选择 onMouseMove 选项。

step 7　删除 Div12 层中的文本，保存网页并按 F12 键预览网页，在浏览器将鼠标指针移动

Dreamweaver CC 网页制作案例教程

至 Div11 层文本上，将显示相应的文字内容。

在【设置容器的文本】对话框中，主要选项的功能如下。

▶ 【容器】下拉列表：该下拉列表中列出了页面中所有的层，用户可以在其中选择要进行操作的层。

▶ 【新建 HTML】文本框：在文本框中输入要替换内容的 HTML 代码。

7.4.4 设置文本域文字

在 Dreamweaver 中，使用【设置文本域文字】行为能够让用户在页面中动态的更新任何文本或文本区域。

【例7-9】使用 Dreamweaver CC 在网页中设置【设置文本域文字】行为。

视频+素材 (光盘素材\第 07 章\例7-9)

step 1 在 Dreamweaver CC 中打开一个网页文档，在页面中选中一个名称为 name 的文本域。

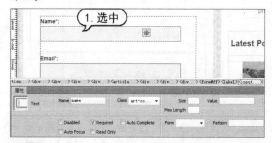

step 2 在【行为】面板中单击【添加行为】

按钮 +，在弹出的菜单中选择【设置文本】|【设置文本域文字】命令，打开【设置文本域文字】对话框，在该对话框的【文本域】下拉列表中选择【input"name"】选项，在【新建文本】文本框中输入【输入姓名】。

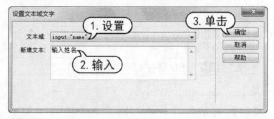

step 3 单击【确定】按钮，即可在【行为】面板中添加一个【设置文本域文本】行为。单击【设置文本域文本】行为前的下拉列表按钮，在弹出的下拉列表中选择 onClick 选项。

step 4 保存并按 F12 键预览网页，单击页面中的文本域，即可在其中显示相应的文本信息。

【设置文本域文字】行为接受任何文本或 JavaScript 代码，该行为所作用的文本域必须位于当前页面中。

7.5 使用行为加载多媒体

在 Dreamweaver CC 中，用户可以利用行为来控制网页中的多媒体，包括确认多媒体插件程序是否安装、显示隐藏元素、改变属性等。

7.5.1 检查插件

插件程序是为了实现 IE 浏览器自身不能支持的功能而与 IE 浏览器连接在一起使用的程序，通常简称为插件。具有代表性的程序是 Flash 播放器，IE 浏览器没有播放 Flash 动画的功能，初次进入含有 Flash 动画的网页时，会出现需要安装 Flash 播放器的警告信息。访问者可以检查自己是否已经安装了播放 Flash 动画的插件，如果已经安装了该插件，就可以显示带有 Flash 动画对象的网页；如果没有安装该插件，则会显示一副仅包含图像替代的网页。

安装好 Flash 播放器后，每当遇到 Flash 动画时 IE 浏览器都会运行 Flash 播放器。IE 浏览器的插件除了 Flash 播放器以外，还有 Shockwave 播放软件，QuickTime 播放软件等。在网络中，当遇到 IE 浏览器不能显示的多媒体时，用户可以查找适当的插件来进行播放。

在 Dreamweaver CC 中可以确认的插件程序有 Shockwave、Flash、Windows Media Player、Live Audio、Quick Time 等。若想确认是否安装了插件程序，则可以应用【检查插件】行为。

【例 7-10】使用 Dreamweaver CC 在网页中设置【检查插件】行为。

🎬 视频+素材 (光盘素材\第 07 章\例 7-10)

step 1 在 Dreamweaver CC 中打开一个网页文档，选择【窗口】|【行为】命令，打开【行为】面板，在【行为】面板中单击【添加行为】按钮 +，在弹出的菜单中选择【检查插件】命令。

step 2 在打开的【检查插件】对话框中选中【选择】单选按钮，然后单击其后的下拉列表按钮，在弹出的下拉列表中选择 Flash 选项。

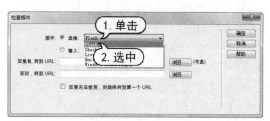

step 3 在【如果有，转到 URL】文本框中输入在浏览器中已安装 Flash 插件的情况下，要链接的网页；在【否则，转到 URL】文本框中输入如果浏览器中未安装 Flash 插件，要链接的网页；选中【如果无法检测，则始终转到第一个 URL】复选框。

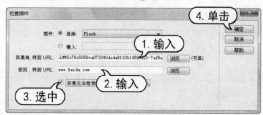

step 4 在【检查插件】对话框中单击【确定】按钮，即可在【行为】面板中设置一个【检查插件】行为，该行为将自动设置为 onLoad 事件，设定在网页加载完成后自动执行【检查插件】行为。

在【检查插件】对话框中，比较重要的选项功能如下。

▶ 【插件】选项区域：该选项区域中包括【选择】单选按钮和【插入】单选按钮。单击【选择】单选按钮，可以在其后的下拉列表中选择插件的类型；单击【插入】单选按钮，可以直接在文本框中输入要检查的插件类型。

▶ 【如果有，转到 URL】文本框：用于设置在选择的插件已经安装的情况下，要链接的网页文件地址。

▶ 【否则，转到 URL】文本框：用于设置在选择的插件尚未被安装的情况下，要链接的网页文件地址。可以输入可下载相关插件的网址，也可以链接另外制作的网页文件。

▶ 【如果无法检测，则始终转到第一个 URL】复选框：选中该复选框后，如果浏览器不支持对该插件的检查特性，则直接跳转到上面设置的第一个 URL 地址中。

7.5.2 改变属性

使用【改变属性】行为，可以动态改变对象的属性值，例如改变层的背景颜色或图像的大小等。这些改变实际上是改变对象的相应属性值(是否允许改变属性值，取决于浏览器的类型)。

> 【例7-11】使用 Dreamweaver CC 在网页中设置【改变属性】行为。
> 🎬 视频+素材 (光盘素材\第 07 章\例 7-11)

step 1 在 Dreamweaver CC 中打开一个网页文档，在页面中插入一个名为 Div18 的层，并在其中输入文本内容。

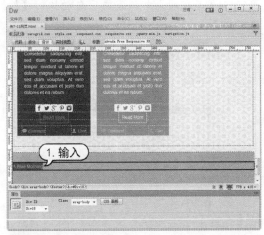

step 2 选择【窗口】|【行为】命令，打开【行为】面板，在【行为】面板中单击【添加行为】按钮 +，在弹出的菜单中选择【改变属

性】命令。

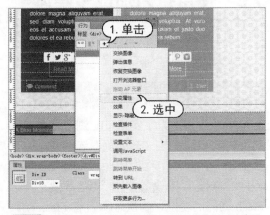

step 3 在打开的【改变属性】对话框中单击【元素类型】下拉列表按钮，在弹出的下拉列表中选择 DIV 选项。

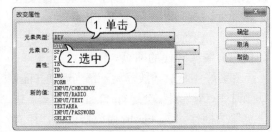

step 4 单击【元素 ID】下拉列表按钮，在弹出的下拉列表中选择【DIV "Div18"】选项，选中【选择】单选按钮，然后单击其后的下拉列表按钮，在弹出的下拉列表中选择 color 选项，并在【新的值】文本框中输入【#FF0000】。

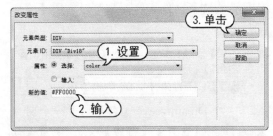

step 5 在【改变属性】对话框中单击【确定】按钮，在【行为】面板中单击【改变属性】行为前的下拉列表按钮 ✓，在弹出的下拉列表中选择 onClick 选项。

step 6 完成以上操作后，保存并按 F12 键预览网页，当用户单击页面中 Div18 层中的文字时，其颜色将发生变化。

在【改变属性】对话框中，比较重要的选项功能如下。

▶【元素类型】下拉列表：用于设置要更改的属性对象的类型。

▶【元素 ID】下拉列表：用于设置要改变的对象的名称。

▶【属性】选项区域：该选项区域包括【选择】单选按钮和【输入】单选按钮。选中【属性】单选按钮，可以使用其后的下拉列表选择一个属性；选中【输入】单选按钮，可以在其后的文本框中输入具体的属性类型名称。

▶【新的值】文本框：用于设定需要改变属性的新值。

7.5.3 显示-隐藏元素

【显示-隐藏元素】行为可以显示、隐藏或恢复一个或多个 Div 元素的默认可见性。该行为用于在访问者与网页进行交互时显示信息。例如，当网页访问者将鼠标指针滑过栏目图像时，可以显示一个 Div 元素，提示有关当前栏目的相关信息。

【例 7-12】使用 Dreamweaver CC 在网页中设置【显示-隐藏元素】行为。

📹视频+素材 (光盘素材\第 07 章\例 7-12)

step 1 打开一个网页，选中其中的 Div11 层，然后在【行为】面板中单击【添加行为】按钮 +，在弹出的菜单中选择【显示-隐藏元素】命令。

step 2 在打开的【显示-隐藏元素】对话框的【元素】列表框中选中【div"Div11"】选项，然后单击【隐藏】按钮，为 Div11 层设置隐藏效果。

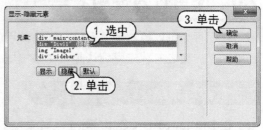

step 3 在【显示-隐藏元素】对话框中单击【确定】按钮，在【行为】面板中单击【显示-隐藏元素】行为前的下拉列表按钮☑，在弹出的下拉列表中选择 onClick 选项。

step 4 保存并按 F12 键预览网页，在浏览器中单击 Div11 层，即可将该层隐藏。

在【显示-隐藏元素】对话框中，各选项的功能说明如下。

▶ 【元素】列表框：该列表框中列出了当前文档中所有存在的 Div 元素的名称。

▶ 【显示】、【隐藏】和【默认】按钮：

用于选择对【元素】列表框中选中的 Div 元素进行的控制类型。

7.6 使用行为控制表单

使用行为可以控制表单元素，例如常用的菜单、验证等。用户在 Dreamweaver 中制作出表单，在提交之前首先应确认是否在必填域上按照要求的格式输入了信息。

7.6.1 跳转菜单

在 Dreamweaver CC 中应用【跳转菜单】行为，可以编辑表单中的菜单对象。

【例 7-13】使用 Dreamweaver CC 在网页中设置【跳转菜单】行为。

🎬 视频+素材 (光盘素材\第 07 章\例 7-13)

step 1 在 Dreamweaver CC 中打开一个网页文档，然后在页面中插入一个【选择】对象。

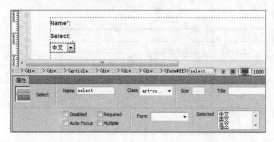

step 2 打开【行为】面板，并单击该面板中的【添加行为】按钮 **+**，在弹出的菜单中选择【跳转菜单】命令。

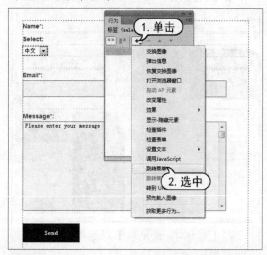

step 3 在打开的【跳转菜单】对话框中的【菜

单项】列表中选中【中文】选项，然后单击【浏览】按钮。

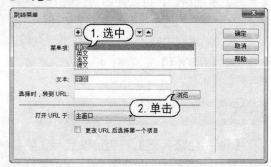

step 4 在打开的【选择文件】对话框中选择一个网页文档，单击【确定】按钮返回【跳转菜单】对话框。

step 5 在【跳转菜单】对话框中单击【确定】按钮，即可为表单中的选择设置一个【跳转菜单】行为。

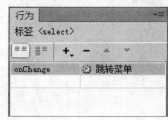

在【跳转菜单】对话框中，比较重要的选项功能如下。

▷ 【菜单项】列表框：根据【文本】栏和【选择时，转到 URL】栏的输入内容，显示菜单项目。

▷ 【文本】文本框：输入显示在跳转菜单中的菜单名称，可以使用中文或空格。

▷ 【选择时，转到 URL】文本框：输入链接到菜单项目的文件路径(可输入本地站点的文件或网址)。

▷ 【打开 URL 于】下拉列表：若当前网页文档由框架组成，选择显示链接文件的框架名称即可。若网页文档没有使用框架，则只能使用【主窗口】选项。

▷ 【更改 URL 后选择第一个项目】复选框：即使在跳转菜单中单击菜单，跳转到链接的网页中，跳转菜单中也依然显示指定为基本项目的菜单。

7.6.2 跳转菜单开始

在 Dreamweaver CC 中应用【跳转菜单开始】行为，可以手动指定单击某个表单对象时前往特定的菜单项。

【例 7-14】使用 Dreamweaver CC 在网页中设置【跳转菜单开始】行为。
🎬视频+素材 (光盘素材\第 07 章\例 7-14)

step 1 继续【例 7-13】的操作，在表单中插入一个【提交】按钮，然后选中表单中的选择，在【属性】检查器的 Name 文本框中输入名称 select。

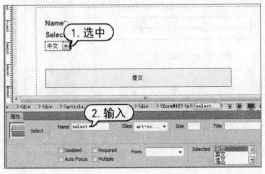

step 2 选中表单中的【提交】按钮，然后单击【行为】面板中的【提交】按钮 +，在弹出的菜单中选择【跳转菜单开始】命令。

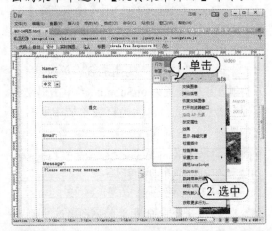

step 3 在打开的【跳转菜单开始】对话框中单击【选择跳转菜单】下拉列表按钮，在弹出的下拉列表中选择 select 选项，然后单击【确定】按钮。

step 4 此时，将在【行为】面板中添加一个【跳转菜单开始】行为。

step 5 选择【文件】|【保存】命令，将当前网页保存，按 F12 键预览网页，在页面中单击选择，选择【中文】选项，将打开相应的页面。

7.6.3 检查表单

在 Dreamweaver 中使用【检查表单】行为，可以为文本域设置有效性规则，检查文本域中的内容是否有效，以确保输入数据正确。一般来说，可以将该行为附加到表单对象上，并将触发事件设置为 onSubmit。当单击提交按钮提交数据时就会自动检查表单域中所有的文本域内容是否有效。

【例 7-15】在 Dreamweaver CC 中使用【检查表单】行为检查页面中的表单内容。

视频+素材 (光盘素材\第 07 章\例 7-15)

step ① 打开一个包含表单的网页，选中页面中的表单 form1。

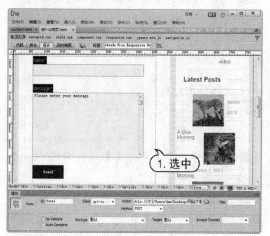

step ② 单击【行为】面板中的【添加行为】按钮 +，在弹出的菜单中选择【检查表单】命令。

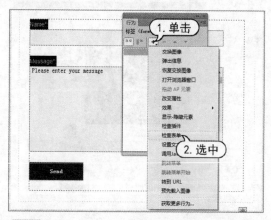

step ③ 在打开的【检查表单】对话框中的

【域】列表框中选中【input "name"】选项后，选中【必需的】复选框和【任何东西】单选按钮。

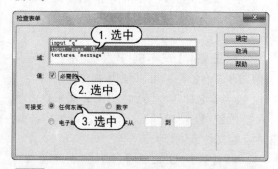

step ④ 在【检查表单】对话框的【域】列表框内选中【textarea "message"】选项，选中【必需的】复选框和【任何东西】单选按钮。

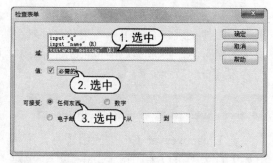

step ⑤ 完成以上设置后，在【检查表单】对话框中单击【确定】按钮即可为页面中的表单设置【检查表单】行为。

step ⑥ 保存网页后，按 F12 键预览页面，如果用户在页面中的 name 和 message 文本框中未输入任何内容就单击 send 按钮，浏览器将弹出如下图所示的提示对话框。

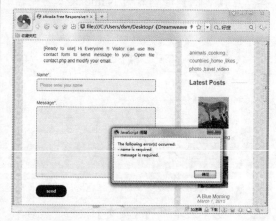

在【检查表单】对话框中，比较重要的选项功能如下。

▶ 【域】列表框：用于选择要检查数据有效性的表单对象。

▶ 【值】复选框：用于设置该文本域是否是必填文本域。

▶ 【可接受】选项区域：用于设置文本域中可填数据的类型，可以选择 4 种类型。

选择【任何东西】选项表明文本域中可以输入任意类型的数据；选择【数字】选项表明文本域中只能输入数字数据；选择【电子邮件】选项表明文本域中只能输入电子邮件地址；选择【数字从】选项可以设置可输入数字值的范围，这时可以在右边的文本框中从左至右分别输入最小数值和最大数值。

7.7 案例演练

本章的案例演练部分包括设置页面显示与隐藏特效和弹出信息等两个综合实例，用户通过练习从而巩固本章所学知识。

【例 7-16】使用 Dreamweaver CC 在网页中设置页面内容的显示与隐藏特效。

视频+素材 (光盘素材\第 07 章\例 7-16)

step 1 在 Dreamweaver 中打开一个网页，选中页面中的一个图片，然后选择【插入】|【Div】命令。

step 2 打开【插入 Div】对话框，在【ID:】文本框中输入 D1，单击【确定】按钮。

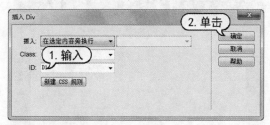

step 3 重复步骤 1、2 的操作，选中页面中的另一张图片，插入 ID 为 D2 的 Div 层。

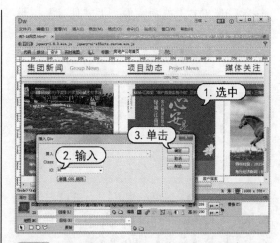

step 4 使用同样的方法，在网页中创建如下图所示的 D3 层。

step 5 选中 D1 层中的图片，打开【行为】面板，单击【添加行为】按钮 +，在弹出的菜单中选择【效果】|Drop 命令。

step ⑥ 在打开的 Drop 对话框中单击【目标元素】下拉列表按钮，在弹出的下拉列表中选择【div"D1"】选项，单击【可见性】下拉列表按钮，在弹出的下拉列表中选择 hide 选项，然后单击【确定】按钮。

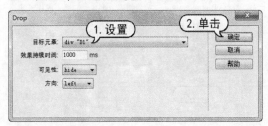

step ⑦ 选中 D2 层中的图片，打开【行为】面板，单击【添加行为】按钮 +,，在弹出的菜单中选择【效果】|Clip 命令。

step ⑧ 打开 Clip 对话框，单击【目标元素】下拉列表按钮，在弹出的下拉列表中选择【div"D2"】选项，单击【可见性】下拉列表按钮，在弹出的下拉列表中选择 hide 选项。

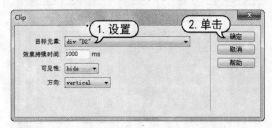

step ⑨ 单击【确定】按钮，关闭 Clip 对话框。选中 D3 层中的图片，打开【行为】面板，单击【添加行为】按钮 +,，在弹出的菜单中选择【效果】|Fade 命令。

step ⑩ 在打开的 Fade 对话框中单击【目标元素】下拉列表按钮，在弹出的下拉列表中选择【div"D3"】选项，单击【可见性】下拉列表按钮，在弹出的下拉列表中选择 hide 选项，然后单击【确定】按钮。

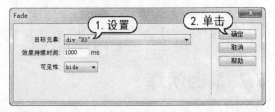

step ⑪ 选择【文件】|【保存】命令保存网页，按 F12 键预览网页效果，单击页面中 D1 层中的图片，该图片将向右侧逐渐隐藏。

step ⑫ 单击网页中 D2 层中的图片，该图片将以【裁剪】特效，逐渐向下隐藏，单击 D3 层中的图片，该图片将以【褪色】特效，逐渐隐藏。

step⑬ 网页中的 3 张图片完全隐藏后，页面效果将如下图所示。

step⑭ 返回 Dreamweaver CC，选中页面中的图片，在【属性】检查器中使用热点工具，创建如下图所示的矩形热点。

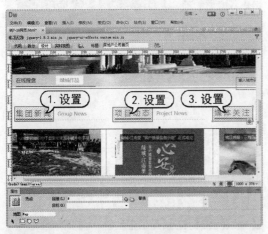

step⑮ 选中文字【集团新闻】上的矩形热点，在【行为】面板中单击【添加行为】按钮 +，，在弹出的菜单中选择【效果】|Puff 命令。

step⑯ 打开 Puff 对话框，单击【目标元素】下拉列表按钮，在弹出的下拉列表中选择【div"D1"】选项，单击【可见性】下拉列表按钮，在弹出的下拉列表中选择 show 选项。

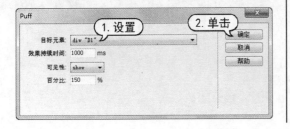

step⑰ 单击【确定】按钮，关闭 Puff 对话框。选中文字【项目动态】上的矩形热点，在【行为】面板中单击【添加行为】按钮 +，，在弹出的菜单中选择【效果】|Shake 命令。

step⑱ 打开 Shake 对话框，单击【目标元素】下拉列表按钮，在弹出的下拉列表中选择【div"D2"】选项，单击【方向】下拉列表按钮，在弹出的下拉列表中选择 up 选项，然后单击【确定】按钮。

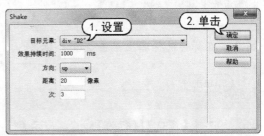

step⑲ 选中文字【媒体关注】上的矩形热点，在【行为】面板中单击【添加行为】按钮 +，，在弹出的菜单中选择【效果】|Slide 命令。

step⑳ 打开 Slide 对话框，单击【目标元素】下拉列表按钮，在弹出的下拉列表中选择【div"D3"】选项，单击【可见性】下拉列表按钮，在弹出的下拉列表中选择 show 选项。

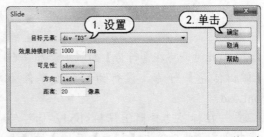

step㉑ 单击【确定】按钮，关闭 Slide 对话框。再次预览网页，分别单击页面中的 3 张图片后，再单击【集团新闻】、【项目动态】和【媒体关注】按钮，可以以特效的方式将隐藏的图片重新显示。

【例 7-17】在网页中制作包括页面弹出消息框和浏览器状态栏提示信息等效果。

⊙ 视频+素材 (光盘素材\第 07 章\例 7-17)

step① 在 Dreamweaver CC 中打开如下图所示的网页。

step 2 在标签选择器上单击<body>标签。

step 3 选择【窗口】|【行为】命令，显示【行为】面板，单击【添加行为】按钮 +， 在弹出的菜单中选择【弹出信息】命令。

step 4 在打开的【弹出信息】对话框中输入一段文本内容后，单击【确定】按钮。

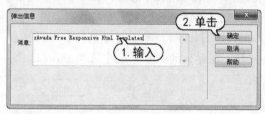

step 5 此时，将在【行为】面板中添加一个【弹出信息】行为，该行为的触发事件为onLoad。

step 6 在标签选择器上保持<body>标签的选中状态，然后单击【行为】面板中的【添加行为】按钮 +， 在弹出的菜单中选择【设置文本】|【设置状态栏文本】命令。

step 7 在打开的【设置状态栏文本】对话框的【消息】文本框中输入一段文本后，单击【确定】按钮。

step 8 选择【文件】|【保存】命令保存网页，然后按F12键预览网页，页面在打开时将弹出如下图所示的消息框。

step 9 将鼠标指针移动至页面上方时，浏览器状态栏将显示设置的文本信息。

第 8 章

制作个人博客网页

本章将使用 Dreamweaver CC 制作一个完整的个人博客网页。首先是对网页的结构和布局进行设置，插入主题图片和各类标题文本，然后分别设置网页的主体信息、底部信息和导航栏。最后，将在页面中插入 Div 和表单等元素，从而美化页面效果并完善网页功能。

对应光盘视频

Dreamweaver CC 网页制作案例教程

8.1　制作个人博客主页

　　本节所制作的个人博客主页的效果如下图所示，在设计网页时将使用表格来规划页面布局，然后分别设置网页的各个区域。

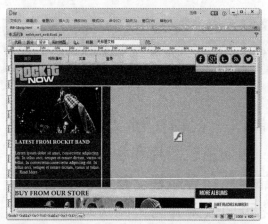

【例8-1】使用 Dreamweaver CC 制作一个博客主页。

🔘视频+素材 (光盘素材\第08章\例8-1)

step 1 启动 Dreamweaver CC，新建一个空白 HTML 文档。

step 2 按【Ctrl+Alt+T】组合键，打开【表格】对话框，在【行数】文本框中输入 6，在【列】文本框中输入 1，在【表格宽度】文本框中输入 900，在【边框粗细】、【单元格边距】和【单元格间距】文本框中输入 0。

step 3 单击【确定】按钮，在网页中插入一个 6 行 1 列、宽度为 900 像素的表格，效果如下图所示。

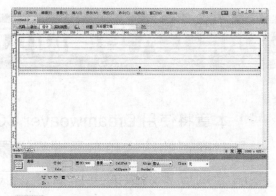

step 4 将鼠标指针插入表格第一行的单元格中，在【属性】检查器中单击【拆分单元格为行或列】按钮。

step 5 打开【拆分单元格】对话框，选中【列】单选按钮，然后单击【确定】按钮。

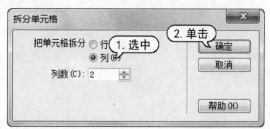

step 6 选中拆分后的第一列单元格，在【属性】检查器的【宽】文本框中输入 738。

step 7 将光标插入表格第一行第一列单元格中，选择【插入】|【表格】命令，打开【表格】对话框。

step 8 在【表格】对话框的【行数】文本框中输入 1，在【列】文本框中输入 4，在【表格宽度】文本框中输入 60，并单击该文本框后的下拉列表按钮，在弹出的下拉列表中选择【百分比】选项。

step 9 单击【确定】按钮，在单元格中插入一个 1 行 4 列的嵌套表格。

step 10 选中嵌套表格的所有单元格，在【属性】检查器中将【宽】设置为 25%，【高】设置为 25。

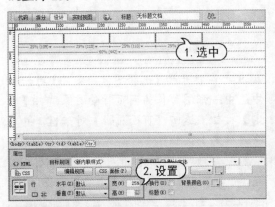

step 11 选中嵌套表格的左侧第一个单元格，设置其【背景颜色】属性为【#262626】。

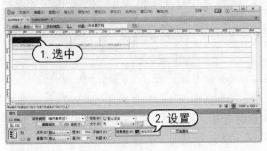

step 12 选择【插入】|【表格】命令，在主体

表格的第一行第二列单元格中，插入一个 1 行 5 列的嵌套表格，并将其【表格宽度】设置为 100%，单元格间距为 2。

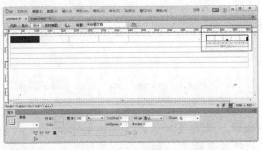

step 13 选中新插入的嵌套表格的所有单元格，在【属性】检查器中将【宽】设置为 20%。

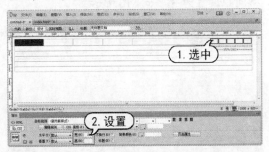

step 14 将鼠标光标插入第一列单元格中，按【Ctrl+Alt+I】组合键，打开【选择图像源文件】对话框，选择一个图像文件，然后单击【确定】按钮。

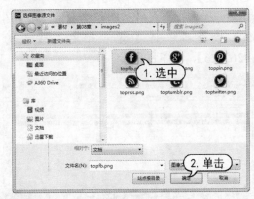

step 15 此时，单元格中将插入如下图所示的图片素材。

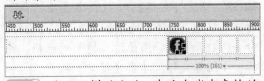

step 16 使用同样的方法，在这个嵌套表格的

其他单元格中插入其他素材图片，完成后效果如下图所示。

step 17 选择【插入】|【表格】命令，在第二行的单元格中，插入一个 2 行 2 列的嵌套表格，将其【表格宽度】设置为 100%，单元格间距设置为 3，如下图所示。

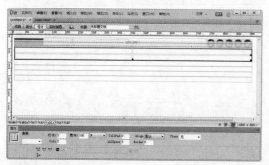

step 18 选择嵌套表格第一行的两列单元格，在【属性】检查器中单击【合并所选单元格，使用跨度】按钮□，将其合并。

step 19 选中嵌套表格的所有单元格，在【属性】检查器中将【背景颜色】设置为【#262626】，如下图所示。

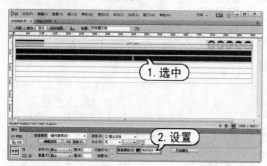

step 20 将鼠标光标插入到嵌套表格的第一行单元格中，选择【插入】|【图像】|【图像】命令，打开【选择图像源文件】对话框，选择一个图像文件，单击【确定】按钮。

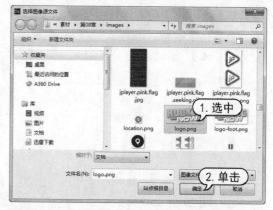

step 21 选择【修改】|【页面属性】命令，打开【页面属性】对话框，在【分类】列表中选择【外观(CSS)】选项，然后单击【背景图像】文本框后的【浏览】按钮。

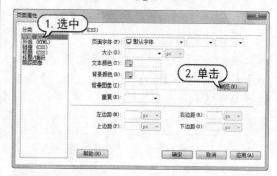

step 22 在打开的【选择图像源文件】对话框中选中一张图片作为网页背景图像，单击【确定】按钮，返回【页面属性】对话框，并单击【确定】按钮。

step 23 在如下图所示的表格中输入文本信息，并设置文本的字体、大小和颜色等属性。

step 24 在如下图所示的单元格中插入图片素材并输入文本，然后设置文本的字体、大小、颜色等属性。

step 25 将鼠标光标插入至另一列单元格中，选择【插入】|【媒体】|【Flash SWF】命令，打开【选择 SWF】对话框，选中一个 SWF 文件后，单击【确定】按钮。

step 26 选中插入 Flash 文件所在的单元格，在【属性】检查器中将【水平】属性设置为【居中对齐】，【垂直】属性设置为【居中】。

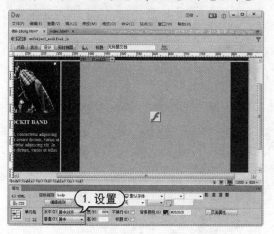

step 27 参考前面的操作方法，在表格的其他单元格中插入嵌套表格、图片素材并输入文本，效果如下图所示。

step 28 将鼠标光标插入表格的最后一行单元格中，将【水平】属性设置为【居中对齐】，然后输入文本，并将文本颜色设置为【#333】。

step 29 选择【插入】|Div 命令，打开【插入 Div】对话框，将 ID 设置为 Div1，并单击【新建 CSS 规则】按钮。

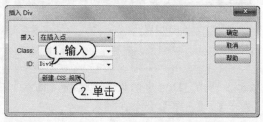

step 30 打开【新建 CSS 规则】对话框，单击【确定】按钮，打开【CSS 规则定义】对话框。

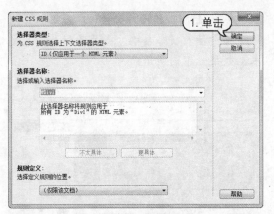

step 31 在【CSS 规则定义】对话框的【分类】列表框中选择【定位】选项，然后将 Position 设置为 absolute，并单击【确定】按钮。

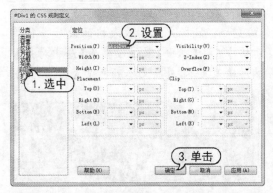

step 32 返回【插入 Div】对话框，单击【确定】按钮。然后选中插入的 Div，在【属性】检查器中将【左】设置为 580px，【上】设置为 80px，【宽】设置为 240px。

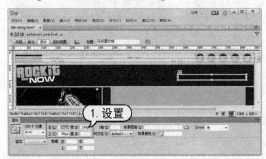

step 33 删除 Div 中的文本，选择【插入】|【表单】|【表单】命令，插入一个表单。

step 34 选择【插入】|【表单】|【搜索】命令，在表单中插入一个搜索控件。

step 35 将 Div 中的英文删除，然后选择【插入】|【表单】|【按钮】命令，在搜索控件之后插入一个按钮。

step 36 选中表单中的按钮，在【属性】检查器中，将 Value 属性设置为【搜索】。

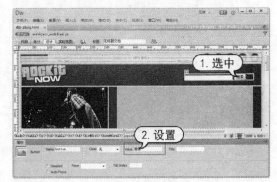

step 37 选择【文件】|【保存】命令，将网页保存，然后按 F12 键预览网页，效果如下图所示。

8.2 制作博客相册页面

本节将为【例 8-1】创建的博客主页设计制作一个如下图所示的相册页面,其主要使用插入表格和 Div 以及图像素材的方法进行制作。

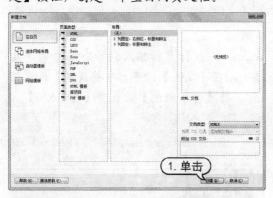

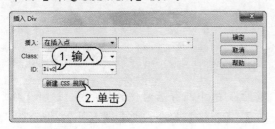

【例 8-2】使用 Dreamweaver CC 制作一个博客相册页面。

视频+素材 (光盘素材\第 08 章\例 8-2)

step 1 启动 Dreamweaver CC,按【Ctrl+N】组合键,打开【新建文档】对话框,单击【确定】按钮,创建一个空白网页文档。

step 2 选择【插入】|Div 命令,打开【插入 Div】对话框,在 ID 文本框中输入 Div2,并单击【新建 CSS 规则】按钮。

step 3 打开【新建 CSS 规则】对话框,单击【确定】按钮,打开【CSS 规则定义】对话框。

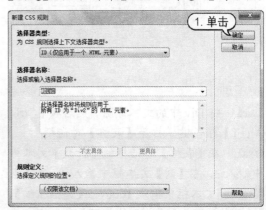

step 4 在【CSS 规则定义】对话框的【分类】列表中选择【定位】选项,然后将 Position 设置为 absolute,并单击【确定】按钮。

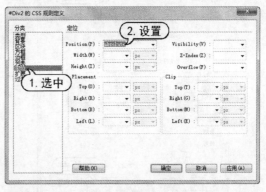

step 5 返回【插入 Div】对话框,单击【确定】按钮,在文档中插入一个 Div。

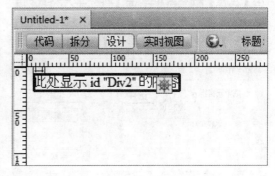

step 6 选中插入的 Div，在【属性】面板中将其【宽度】设置为 1000px。

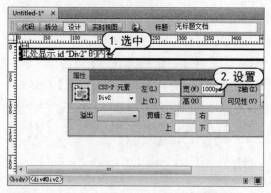

step 7 将 Div 中的文本删除，然后按【Ctrl+Alt+T】组合键，打开【表格】对话框。

step 8 在【表格】对话框的【行数】文本框中输入 3，在【列】文本框中输入 1，在【表格宽度】文本框中输入 1000，在【边框粗细】、【单元格边距】和【单元格间距】文本框中输入 0，然后单击【确定】按钮。

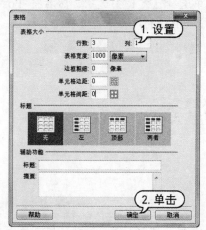

step 9 将鼠标指针插入至第 1 行的单元格中，在【属性】检查器中单击【拆分单元格或列】按钮，在打开的【拆分单元格】对话框中选中【列】单选按钮，并单击【确定】按钮。

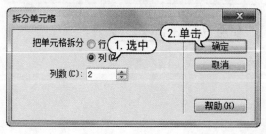

step 10 选中拆分后的左侧单元格，选择【插入】|【图像】|【图像】命令，打开【选择图像源文件】对话框，选择一个图像素材文件，然后单击【确定】按钮。

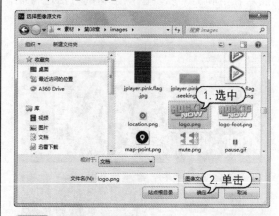

step 11 此时，将在文档中插入一个如下图所示的图片素材。

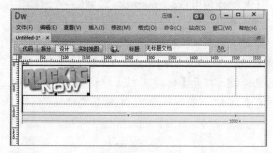

step 12 将鼠标光标插入到带有图片的单元格中，在【属性】检查器中将【宽】设置为159，将【背景颜色】设置为【#262626】

step 13 选中拆分后右侧的单元格，选择【插入】|【表格】命令，打开【表格】对话框。

step ⑭ 在【行数】文本框中输入 1，在【列】文本框中输入 4，在【表格宽度】文本框中输入 497，然后单击【确定】按钮，在单元格中插入一个嵌套表格。

step ⑮ 将鼠标指针插入嵌套表格中，依次输入文本内容，并在【属性】检查器中设置单元格的颜色和文本属性，完成后效果如下图所示。

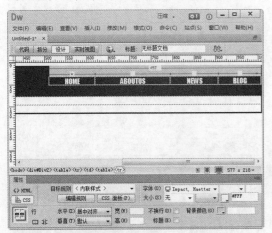

step ⑯ 选中表格第 2 行的单元格，在【属性】检查器中将【背景颜色】设置为【#262626】。

step ⑰ 选择【插入】|【图像】|【图像】命令，在单元格中插入一个如下图所示的图片。

step ⑱ 选中插入单元格中的图片素材，在【属性】检查器中使用【矩形】热点工具，绘制一个如下图所示的矩形热点。

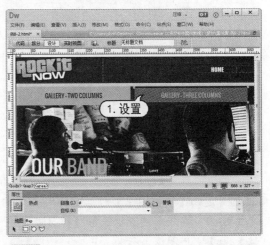

step ⑲ 选中插入的矩形热点，选择【窗口】|【行为】命令，打开【行为】面板，单击【添加行为】按钮 +，在弹出的菜单中选择【交换图像】命令。

step ⑳ 打开【交换图像】对话框，单击【浏览】按钮。

step 21 打开【选择图像源文件】对话框，选择一个图像文件后，单击【确定】按钮。

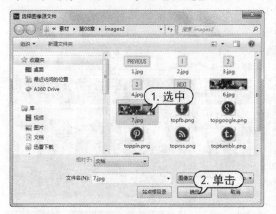

step 22 返回【交换图像】对话框，单击【确定】按钮，在矩形热点上添加【恢复交换图像】和【交换图像】行为。

step 23 在【行为】面板中单击【交换图像】行为前的下拉列表按钮，在弹出的下拉列表中选择 onClick 选项。

step 24 在【行为】面板中单击【恢复交换图像】行为前的下拉列表按钮，在弹出的下拉列表中选择 onBlur 选项。

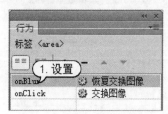

step 25 将鼠标指针插入表格第3行的单元格中，选择【插入】|【表格】命令，打开【表格】对话框。

step 26 在【表格】对话框的【行数】文本框中输入3，在【列】文本框中输入1，在【表格宽度】文本框中输入1000，然后单击【确定】按钮，在单元格中插入一个嵌套表格。

step 27 选中嵌套表格的第一行单元格，选择【插入】|【表格】命令，在该单元格中插入一个1行4列，单元格间距为2的嵌套表格，然后在该表格的各个单元格中输入文本信息，并设置文本属性。

step 28 选中嵌套表格的第二行单元格，在【属性】检查器中设置单元格的【水平】属性为【水平居中】。

step 29 选择【插入】|【表格】命令，在该单元格中插入一个3行5列，宽度为1000像素，

单元格间距为 2 的嵌套表格。

step 30 选中刚插入的子表格最左侧和最右侧的单元格，在【属性】检查器中将其【宽】设置为 5%，然后合并表格中间的 3 列单元格。

step 31 在表格中间的 3 列单元格中各插入一个 1 行 1 列，宽度为 100%的表格，并在表格中插入图片，完成后的效果如下图所示。

step 32 选中左侧包含图片的表格，选择【插入】| Div 命令，打开【插入 Div】对话框，在 ID 文本框中输入 Div3 后，打击【确定】按钮，如下图所示。

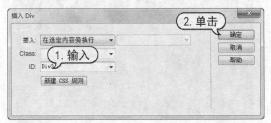

step 33 使用同样的方法，选中其他两个包含图片的表格，创建 Div4 和 Div5 两个层。

step 34 选中网页中的文本 IMAGES1,打开【行为】面板，单击【添加行为】按钮+，在弹出的菜单中选择【效果】| Drop 命令。

step 35 打开 Drop 对话框，单击【目标元素】下拉列表按钮，在弹出的下拉列表中选择【div"Div3"】选项，单击【可见性】下拉列表按钮，在弹出的下拉列表中选择 show 选项，然后单击【确定】按钮。

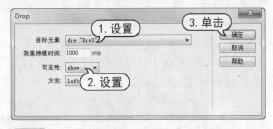

step 36 此时，将在【行为】面板中添加一个如下图所示的 Drop 行为。

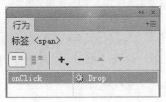

step 37 选中网页中的文本 IMAGES2,打开【行为】面板,单击【添加行为】按钮+,,在弹出的菜单中选择【效果】|Fade命令。

step 38 打开 Fade 对话框,单击【目标元素】下拉列表按钮,在弹出的下拉列表中选择【div"Div4"】选项,单击【可见性】下拉列表按钮,在弹出的下拉列表中选择 show 选项,然后单击【确定】按钮。

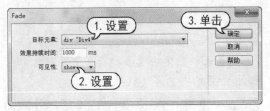

step 39 选中网页中的文本 IMAGES3,打开【行为】面板,单击【添加行为】按钮+,,在弹出的菜单中选择【效果】|Fold命令。

step 40 打开 Fold 对话框,单击【目标元素】下拉列表按钮,在弹出的下拉列表中选择【div"Div5"】选项,单击【可见性】下拉列表按钮,在弹出的下拉列表中选择hide选项,然后单击【确定】按钮。

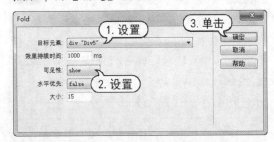

step 41 选择【插入】|Div命令,打开【插入Div】对话框,在 ID 文本框中输入 Div11,单击【新建CSS规则】按钮。

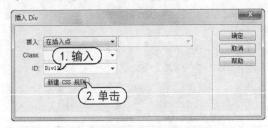

step 42 在打开的【新建 CSS 规则】对话框中单击【确定】按钮。

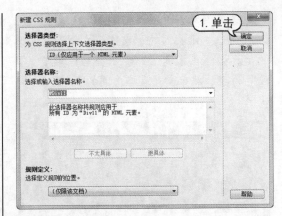

step 43 打开【CSS 规则定义】对话框,在【分类】列表中选择【定位】选项,然后将 Position 设置为 absolute,并单击【确定】按钮。

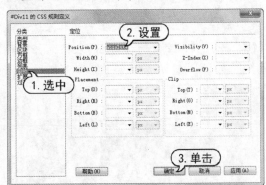

step 44 返回【插入 Div】对话框,单击【确定】按钮,在网页中插入一个 Div。

step 45 选中刚插入的Div11层,删除层中的文本,调整层的位置,并选择【插入】|【图像】|【图像】命令,在 Div 中插入一个如下图所示的图片。

step 46 选中 Div 中插入的图片,打开【行为】面板,单击【添加行为】按钮+,,在弹出的

菜单中选择【效果】|Clip 命令。

step 47 打开 Clip 对话框，单击【目标元素】下拉列表按钮，在弹出的下拉列表中选择【div"Div3"】选项，单击【可见性】下拉列表按钮，在弹出的下拉列表中选择 hide 选项，然后单击【确定】按钮

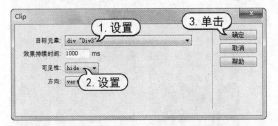

step 48 保持 Div 层中图片的选中状态，在【行为】面板中单击【添加行为】按钮+，在弹出的菜单中选择【显示-隐藏元素】命令，打开【显示-隐藏元素】对话框。

step 49 在【显示-隐藏元素】对话框的【元素】列表中选择【div"Div11"】选项，单击【隐藏】按钮。

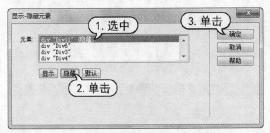

step 50 单击【确定】按钮，在【行为】面板中添加【显示-隐藏元素】行为。

step 51 使用同样的方法，在网页中添加 Div12 层，然后调整该层的位置，在层中插入图片，并在该图片上创建行为特效和【显示-隐藏元素】行为。

step 52 在网页中插入如下图所示的 Div13 层，并在其中的图片上创建行为特效和【显示-隐藏元素】行为。

step 53 将鼠标指针插入网页中表格最后一行的单元格中，在【属性】检查器中设置【水平】属性为【居中对齐。】

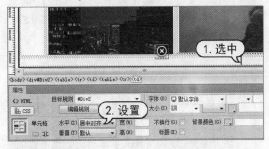

step 54 选择【插入】|【表格】命令，打开【表格】对话框，在【行数】文本框中输入 1，在【列】文本框中输入 3，在【表格宽度】文本框中输入 1000，在【单元格间距】文本框中输入 2，然后单击【确定】按钮，在单元格中插入一个 1 行 3 列的嵌套表格。

step 55 选中刚插入的表格的所有单元格，在【属性】检查器中设置其【背景颜色】为【#262626】。

step 56 选中表格的左侧第一个单元格，选择【插入】|【图像】命令，在该单元格中插入如下图所示的图像素材。

step 57 在【属性】检查器中设置表格第一行单元格的宽度为100。

step 58 将鼠标指针插入表格左侧第二个单元格中，输入如下图所示的网页底部信息，并设置单元格对齐方式为【居中对齐】。

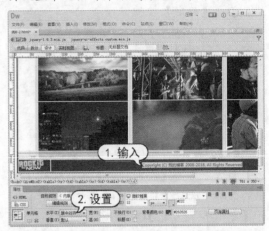

step 59 将鼠标指针插入表格左侧第三个单元格中，设置单元格宽度为200，【水平】属性为【居中对齐】，【垂直】属性为【居中】。

step 60 选择【插入】|【图像】|【鼠标经过图像】命令，打开【插入鼠标经过图像】对话框，单击【原始图像】文本框后的【浏览】按钮。

step 61 打开【原始图像】对话框，选择一个图像素材文件，单击【确定】按钮。

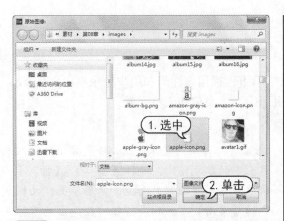

step 62 返回【鼠标经过图像】对话框，单击【鼠标经过图像】文本框后的【浏览】按钮，在打开的对话框中选择一个图像素材作为鼠标经过图像。

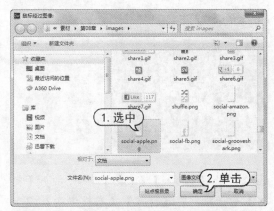

step 63 返回【插入鼠标经过图像】对话框，单击【确定】按钮，在单元格中插入一个如下图所示的鼠标经过图像。

step 64 使用同样的方法，在单元格中插入更多的鼠标经过图像。

step 65 选择【修改】|【页面属性】命令，打开【页面属性】对话框，在【分类】列表框中选择【外观（HTML）】选项，然后单击【背景图像】文本框后的【浏览】按钮。

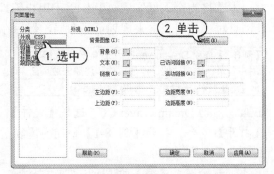

step 66 打开【选择图像源文件】对话框，选择一个图像素材，单击【确定】按钮。

step 67 返回【页面属性】对话框后，单击【确定】按钮，设置网页的背景图像。

step 68 选择【文件】|【保存】命令保存网页，按 F12 键预览页面，效果如下图所示。

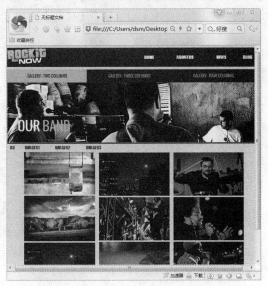

Dreamweaver CC 网页制作案例教程

8.3 制作用户管理页面

本节将为个人博客网页制作用于用户管理的页面(包括用户注册和用户登录页面),在设计网页时将使用表格来规划页面布局,然后在页面中插入表单和表单元素。

【例8-3】使用 Dreamweaver CC 制作个人博客的用户登录、用户注册、注册成功和注册失败页面。
📀视频+素材 (光盘素材\第 08 章\例 8-3)

step 1 启动 Dreamweaver CC,选择【文件】|【打开】命令,打开【例 8-1】创建的博客主页网页文档。

step 2 删除网页中插入的 Flash 动画素材,制作如下图所示的页面效果。

step 3 选择【文件】|【另存为】命令,打开【另存为】对话框,在【文件名】文本框中输入【例8-3用户登录】后,单击【确定】按钮。

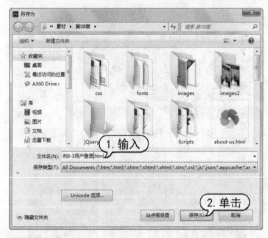

step 4 重复同样的操作,将网页另存为用户

注册页面。

step 5 打开用户登录页面,将鼠标指针插入页面中的单元格内,选择【窗口】|【插入】命令,显示【插入】面板,然后单击该面板中的【常用】下拉列表按钮,在弹出的下拉列表中选择【表单】选项,显示表单选项。

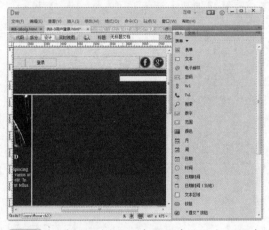

step 6 选择【插入】|【表格】命令,打开【表格】对话框,在【行数】文本框中输入 2,在【列】文本框中输入 1,在【表格宽度】文本框中输入 400,在【单元格间距】文本框中输入 2,然后单击【确定】按钮,在单元格中插入一个嵌套表格。

step 7 选择嵌套表格第一行的单元格，然后在该单元格中输入文本【用户登录】，并在【属性】检查器中设置【水平】属性为【水平居中】。

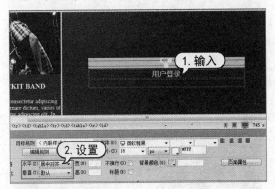

step 8 选中单元格中的文本【用户登录】，在【属性】检查器中单击【字体】下拉列表按钮，在弹出的下拉列表中选择【管理字体】选项，打开【管理字体】对话框。

step 9 在【管理字体】对话框中选择【自定义字体堆栈】选项卡，在【可用字体】列表中选择【黑体】选项，然后单击 << 按钮，将字体添加至【选择的字体】列表中。

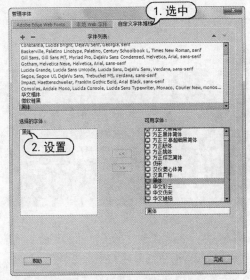

step 10 单击【完成】按钮，添加【黑体】字体，然后在【属性】检查器中再次单击【字体】下拉列表按钮，在弹出的下拉列表中选择【黑体】选项。

step 11 在【属性】检查器中设置字体的大小和颜色后，文本效果如下图所示。

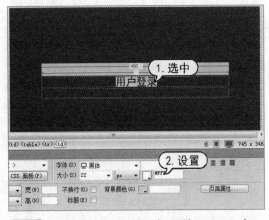

step 12 将鼠标指针插入表格第二行的单元格中，在【插入】面板中单击【表单】按钮，在单元格中插入一个表单。

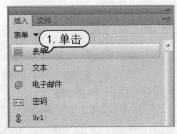

step 13 在【插入】面板中依次单击【文本】和【密码】按钮，在表单中插入如下图所示的文本域和密码域。

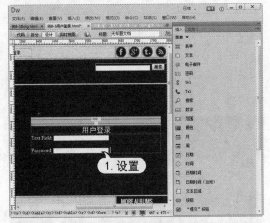

step 14 选中表单中插入的文本域，在【属性】检查器中选中 Required 复选框，在 Size 文本框中输入 20，在 Max Length 文本框中输入 20，在 Value 文本框中输入【请输入用户名】，如下图所示。

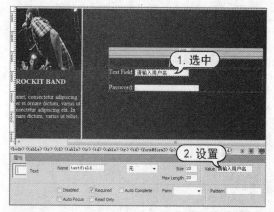

step ⑱ 在表单中的按钮后面输入如下图所示的文本信息，在【文档】工具栏的【标题】文本框中输入【用户登录】。

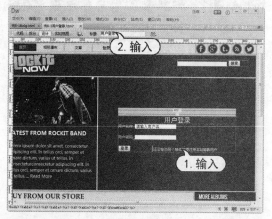

step ⑮ 选中表单中的密码域，在【属性】检查器中选中 Required 复选框，在 Size 文本框中输入 20，在 Max Length 文本框中输入 12，如下图所示。

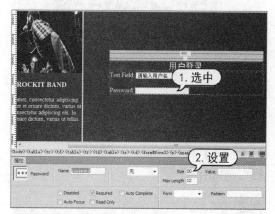

step ⑯ 删除表单中的英文，输入【用户名称】和【用户密码】，然后将鼠标指针插入密码域的下方，在【插入】面板中单击【按钮】按钮，插入一个如下图所示的按钮。

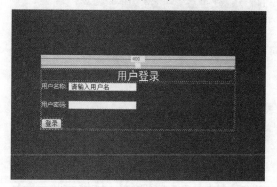

step ⑰ 选中表单中插入的按钮，在【属性】检查器中的 Value 文本框内输入【登录】。

step ⑲ 选择【文件】|【保存】命令，将用户登录页面保存，按 F12 键预览网页，效果如下图所示。

step ⑳ 打开步骤 4 创建的用户注册页面，将鼠标指针插入页面中的单元格中，在【插入】面板中单击【表单】按钮，插入名为 form3 的表单。

step 21 将鼠标指针插入表单中,选择【插入】|【表格】命令,打开【表格】对话框,在【行数】文本框中输入 8,在【列】文本框中输入 2,在【表格宽度】文本框中输入 400。

step 22 单击【确定】按钮,在表单中插入一个 8 行 2 列的单元格。

step 23 选中表格的第一行单元格,在【属性】检查器中单击【合并所选单元格】按钮 ,将单元格合并,并在合并后的单元格中输入文本【用户注册】。

step 24 选中单元格中输入的文本,在【属性】检查器中设置文本的字体、字号、大小、颜色等属性,使其效果如下图所示。

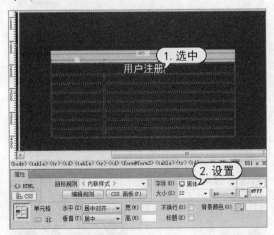

step 25 在表格后面几行的第 1 列单元格中输入文本,在【属性】检查器中设置文本的字体、颜色、大小等属性,效果如下图所示。

step 26 将鼠标指针插入表格第 2 行第 2 列的单元格中,然后在【插入】面板中单击【文本】按钮,插入一个文本域。

step 27 删除单元格中的英文信息,选中文本域,在【属性】检查器中选中 Required 复选框,在 Size 文本框中输入 20,在 Max Length 文本框中输入 20。

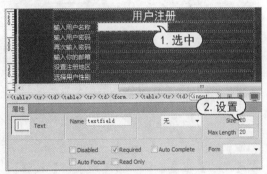

step 28 将鼠标指针插入表格第 3 行第 2 列的单元格中,然后在【插入】面板中单击【密码】按钮,插入一个密码域。

step 29 删除页面中的英文,选中密码域,在【属性】检查器中选中 Required 复选框,在 Size 文本框中输入 20,在 Max Length 文本框中输入 12。

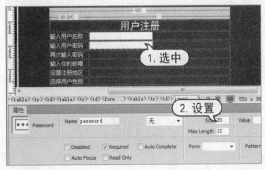

step 30 使用同样的方法,在表格第 4 行第 2

列的单元格中再插入一个密码域。

step 31 将鼠标指针插入表格第 5 行第 2 列的单元格中，在【插入】面板中单击【电子邮件】按钮，在单元格中插入电子邮件域。

step 32 删除页面中的英文，选中电子邮件域，在【属性】检查器中选中 Required 复选框，在 Size 文本框中输入 30，在 Max Length 文本框中输入 30，在 Value 文本框中输入【示例:miaofa@sina.com】。

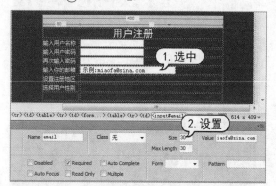

step 33 将鼠标指针插入表格第 6 行第 2 列的单元格中，在【插入】面板中单击【选择】按钮，在单元格中插入一个选择。

step 34 删除页面中的英文，选中选择控件，在【属性】检查器中单击【列表值】按钮。

step 35 打开【列表值】对话框，参考如下图所示设置参数，然后单击【确定】按钮。

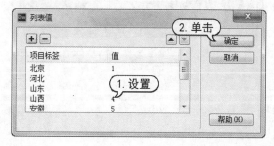

step 36 将鼠标指针插入表格第 7 行第 2 列的单元格中，在【插入】面板中单击【单选按钮组】按钮，打开【单选按钮组】对话框。

step 37 参考下图所示设置【单选按钮组】对话框中的参数，然后单击【确定】按钮。

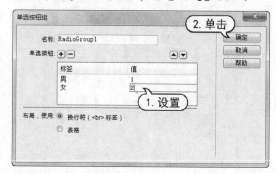

step 38 选中表格第 8 行的单元格，在【属性】检查器中单击【合并所选单元格】按钮，合并该行中的两个单元格。

step 39 在【插入】面板中单击【图像按钮】按钮，打开【选择图像源文件】对话框。

step 40 在【选择图像源文件】对话框中选中一个图像文件后，单击【确定】按钮。

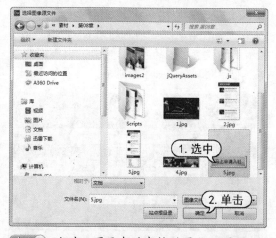

step 41 此时，页面中的表格效果如下图所示。

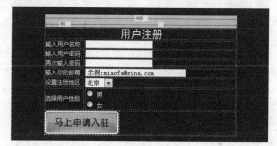

step 42 选择【窗口】|【行为】命令，打开【行为】面板，单击【添加行为】按钮+，在弹出的菜单中选择【检查表单】命令。

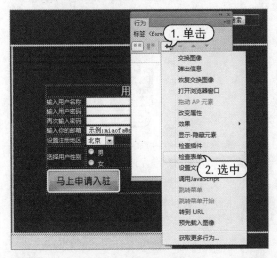

step 43 打开【检查表单】对话框，在【域】列表中选中【input"textfidle"】选项，然后选中【必需的】复选框。

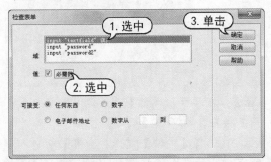

step 44 使用同样的方法，设置【域】文本框中的其他两个选项，然后单击【确定】按钮，在【行为】面板中添加如下图所示的行为。

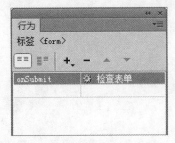

step 45 选择【文件】|【保存】命令，将网页保存，然后按 F12 键预览用户注册页面，效果如下图所示。

step 46 返回 Dreamweaver CC,选中页面顶部的文本【登录】，在【属性】检查器中单击 HTML 按钮，然后单击【链接】文本框后的【浏览】按钮□。

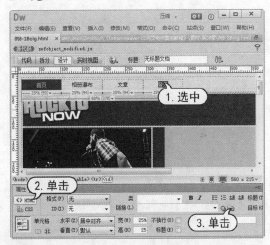

step 47 打开【选择文件】对话框，选择【用户登录】页面文件，然后单击【确定】按钮。

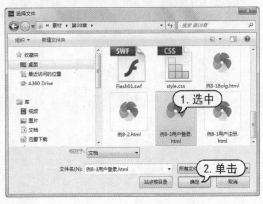

step 48 打开用户注册页面，选中并右击页面

中的文本【单击这里】，在弹出的快捷菜单中选择【创建链接】命令。

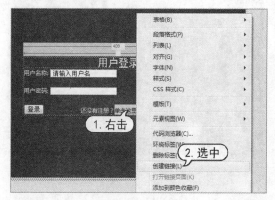

step 49 打开【选择文件】对话框，选择注册页面文件，单击【确定】按钮。

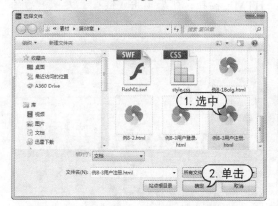

step 50 选择【修改】|【页面属性】命令，打开【页面属性】对话框，在【分类】列表中选择【链接（CSS）】选项，单击【链接颜色】

下拉列表按钮，在弹出的颜色选择器中设置页面中超链接文本的颜色。

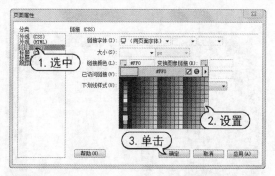

step 51 使用同样的方法，在【页面属性】对话框中设置【已访问链接】选项的参数，然后单击【下划线样式】下拉列表按钮，在弹出的下拉列表中选择【始终无下划线】选项。

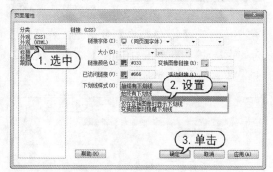

step 52 在【页面属性】对话框中先单击【应用】按钮，再单击【确定】按钮。

step 53 选择【文件】|【保存全部】命令，将所有打开的网页文档保存。

第9章

制作在线购物网页

　　本章将使用 Dreamweaver CC 制作购物网站中某个频道的网页。首先是使用【表格】命令在网页中添加表格，然后在表格内输入文本并插入图片。最后，还将为页面表格中的文本设置 CSS 样式，修饰并美化网页。

对应光盘视频

9.1 制作购物频道主页

本节将介绍如何制作购物网站的频道主页。首先使用【表格】命令来插入表格，然后在表格中添加图片和文字，并输入的文字设置 CSS 样式，完成后的网页效果如下图所示。

【例9-1】使用 Dreamweaver CC 制作购物频道主页。
视频+素材 (光盘素材\第09章\例9-1)

step 1 启动 Dreamweaver CC，创建一个空白网页文档。

step 2 选择【插入】|【表格】命令，打开【表格】对话框，在【行数】文本框中输入 7，在【列】文本框中输入 4，在【表格宽度】文本框中输入 840，在【边框粗细】、【单元格边距】和【单元格间距】文本框中输入 0。

step 3 单击【确定】按钮，在网页中插入一个 7 行 4 列的表格。

step 4 选中表格第 1 行的所有单元格,在【属性】面板中单击【合并所选单元格】按钮。

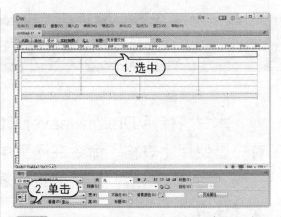

step 5 将鼠标光标插入合并后的单元格中，选择【插入】|【图像】|【图像】命令，打开【选择图像源文件】对话框，并在该对话框中选择一个图像素材文件。

step 6 单击【确定】按钮，在表格第一行中插入如下图所示的图片。

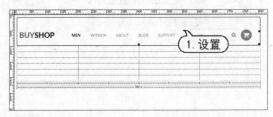

step 7 选中插入到单元格中的图片，在【属性】面板中将【宽】和【高】属性锁定，将【宽】锁定为 840。

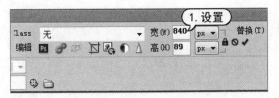

step 8 将鼠标光标置于表格第 2 行第 1 列的单元格中，然后按【Ctrl+Alt+I】组合键，打开【选择图像源文件】对话框。

step 9 在【选择图像源文件】对话框中选中一个图像文件后，单击【确定】按钮。

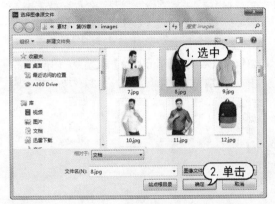

step 10 选中页面中插入的图像，在【属性】检查器中将图像的【宽】设置为 210。

step 11 使用同样的方法，在表格第 2 行的其他单元格中依次插入如下图所示的图像，并设置图像的【宽】。

step 12 选中页面中表格第 4 行所有的单元格，在【属性】检查器中将【背景颜色】设置为【#E8E8E8】，将【水平】属性设置为【居中对齐】选项。

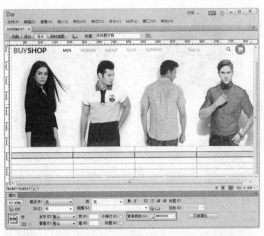

step 13 在【属性】检查器中单击【页面属性】按钮，打开【页面属性】对话框，在该对话框的【分类】列表中选择【外观 HTML】选项，将【背景】设置为【#CCCCCC】，将【左边距】、【上边距】都设置为 0。

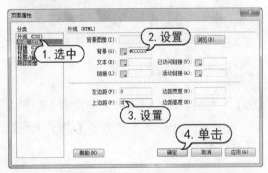

step 14 在【页面属性】对话框中单击【确定】按钮，为当前网页文档设置背景颜色。

step 15 将鼠标指针插入表格第 4 行第 1 列的单元格中，输入文本【购物指南】。

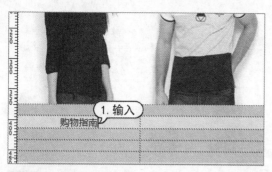

step 16 使用同样的方法，在第 4 行其他的单元格中输入如下图所示的文本。

step 17 选中在第 4 行中输入的文本，右击鼠标，从弹出的快捷菜单中选中【CSS 样式】|【新建】命令。

step 18 打开【新建 CSS 规则】对话框，将【选择器类型】设置为【类(可应用于任何 HTML 元素)】，将【选择器名称】设置为 L11，将【规则定义】设置为【仅限当前文档】。

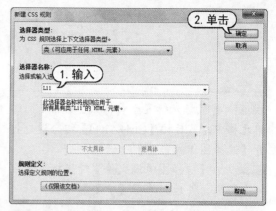

step 19 单击【确定】按钮，打开【CSS 规则定义】对话框，在该对话框中选择【类型】选项，然后将【Font-size】设置为 13px。

step 20 在表格的其他单元格中输入文本，并将输入文本的【目标规则】设置为 L11。

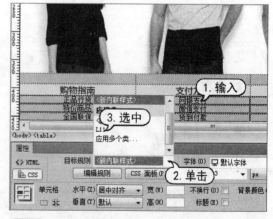

step 21 选中表格第 7 行的所有单元格，选择【修改】|【表格】|【插入行或列】命令，在表格中再插入两行。

step 22 选中插入的第一行单元格，选择【修改】|【表格】|【合并单元格】命令，合并该

行中的所有单元格。

step 23 将鼠标指针插入合并后的单元格中，选择【插入】|【水平线】命令，插入一条水平线。

step 24 选中页面中插入的水平线，在【文档】工具栏中单击【拆分】按钮，显示相关代码。

step 25 在【代码】视图中的 hr 标签后按下空格键，从弹出的下拉列表中选择color选项。

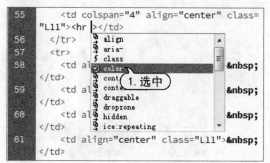

step 26 在打开的颜色选择器中选中一种颜色块，如下图所示。

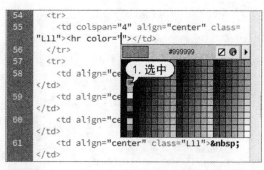

step 27 此时，将在【代码】视图中添加如下图所示的代码。

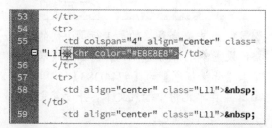

step 28 在【文档】工具栏中单击【设计】按钮。选择最后一行单元格，选择【修改】|【表格】|【合并单元格】命令，合并该行。

step 29 将鼠标指针插入合并后的单元格中，选择【插入】|【表格】命令，打开【表格】对话框。

step 30 在【行数】文本框中输入6，在【列】文本框中输入 4，在【表格宽度】文本框中输入 840，在【边框粗细】、【单元格边距】和【单元格间距】文本框中输入 0，然后单击【确定】按钮，在单元格中插入一个嵌套表格。

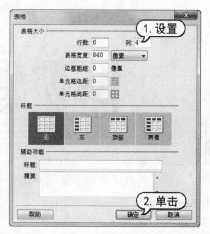

1. 设置

2. 单击

step 31 选中嵌套表格的第 1 行第 1 列的单元格，设置单元格的【水平】属性为【居中对齐】，【背景颜色】为【#244D83】。

step 32 在单元格中输入文本，并设置文本的字体、大小和颜色。

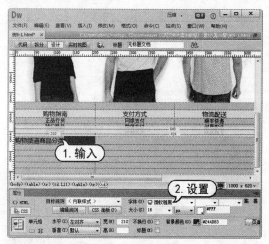

1. 输入

2. 设置

step 33 选中嵌套表格第 1 行除第 1 个单元格以外的其他单元格，在【属性】检查器中单击【合并所选单元格】按钮，合并单元格。

step 34 在【属性】检查器中将合并后的单元格的背景颜色设置为【#FFFFFF】，选择【插入】|【表格】命令，在该单元格中插入一个 1 行 8 列的表格，并在表格中输入文本。

1. 设置

step 35 选中嵌套表格第 2 行第 2 至 4 列的单元格，在【属性】检查器中单击【合并所选单元格】按钮，合并单元格。

1. 选中

2. 单击

step 36 将鼠标指针插入合并后的单元格中，选择【插入】|【图像】|【图像】命令，在该单元格中插入图像素材，并在【属性】检查器中设置图像的【宽】为 660px。

1. 设置

2. 设置

step 37 重复以上操作，合并表格第 3、4 行中的单元格，并在其中插入图像素材。

step 38 选中嵌套表格第 2 行中插入的图像，选择【插入】| Div 命令，打开【插入 Div】对话框，在 ID 文本框中输入 Div11，然后单击【确定】按钮。

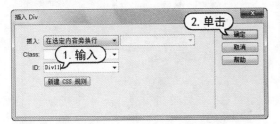

step 39 使用同样的方法，选中嵌套表格第 3 行中插入的图像，选择【插入】| Div 命令，创建 Div12 层，选中第 4 行中插入的图像，创建 Div13 层。

step 40 选择【窗口】|【行为】命令，显示【行为】面板，单击【添加行为】按钮，在弹出的菜单中选择【显示-隐藏元素】命令。

step 41 打开【显示-隐藏元素】对话框，在【元素】列表框中分别选中【div"div12"】和【div"div13"】选项，并单击【隐藏】按钮，如下图所示。

step 42 单击【确定】按钮，在【行为】面板中添加一个【显示-隐藏元素】行为，单击该行为前的下拉列表按钮，在弹出的下拉列表中选择 onLoad 选项。

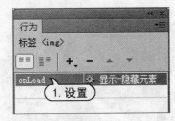

step 43 将鼠标指针插入嵌套表格第 2 行第 1 列的单元格中，在【属性】检查器中设置单

元格的背景颜色为【#3369B0】。

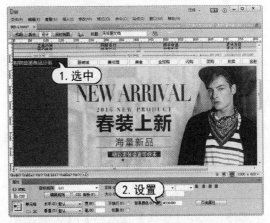

step 44 选择【插入】|【表格】命令，在单元格中插入一个 18 行 3 列的表格，并在该表格中插入文本与水平线，制作如下图所示的表格效果。

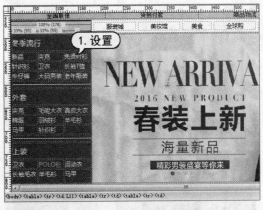

step 45 选中插入的表格，选择【插入】| Div 命令，打开【插入 Div】对话框，创建 Div1 层。

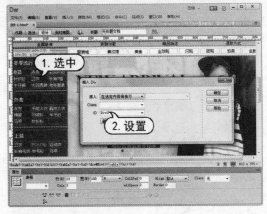

step 46 使用同样的方法，在网页中插入另外

两个表格，并创建 Div2 和 Div3 层。

Div2

Div3

step 47 选中嵌套表格的倒数第2行中所有的单元格，选择【修改】|【表格】|【合并单元格】命令，合并单元格。

step 48 选择【插入】|【水平线】命令，在合并后的单元格中插入一条水平线。

step 49 选中嵌套表格最后一行的单元格，选择【修改】|【表格】|【合并单元格】命令，合并单元格，然后在合并后的单元格中输入网页底部信息。

step 50 选择【插入】|【Div】命令，打开【插入 Div】对话框，在 ID 对话框中输入 Div14，单击【新建 CSS 规则】按钮。

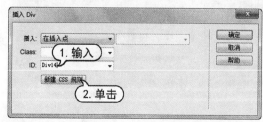

step 51 打开【新建 CSS 规则】对话框，单

击【确定】按钮，打开【CSS 规则定义】对话框。

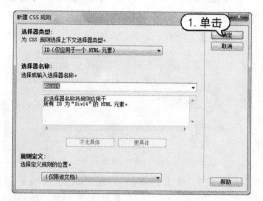

step 52 在【CSS 规则定义】对话框的【分类】列表框中选择【定位】选项，然后将 Position 设置为 absolute，并单击【确定】按钮。

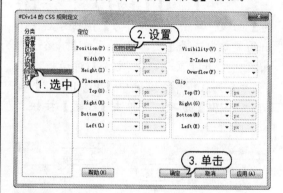

step 53 返回【插入 Div】对话框，单击【确定】按钮。选中新插入的 Div14，在【属性】检查器中将【左】设置为 180px，【上】设置为 509px，【宽】设置为 660px。

step 54 选择【插入】|【图像】|【图像】命令，在 Div14 层中插入如下所示的图片。

step 55　使用同样的方法，在页面中插入 Div15 和 Div16 层，并在这两个层中插入图片。

step 56　选择【窗口】|【行为】命令，单击【添加行为】按钮 ✚，在弹出的菜单中选择【显示-隐藏元素】命令，在打开的对话框中设置隐藏 Div14、Div15 和 Div16 层。

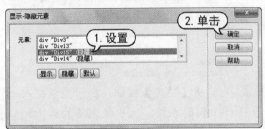

step 57　在【行为】面板中单击【显示-隐藏元素】行为前的下拉列表按钮，在弹出的下拉列表中选择 onLoad 选项。

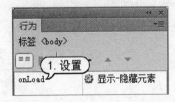

step 58　选中页面中的 Div1 层，打开【行为】面板，使用【显示-隐藏元素】行为设置鼠标移动至该层时，显示 Div11、Div15、Div16 层，隐藏 Div12、Div13 层。

step 59　选中页面中的 Div2 层，打开【行为】面板，使用【显示-隐藏元素】行为设置鼠标移动至该层时，显示 Div12、Div14、Div16 层，隐藏 Div11 层和 Div13 层。

step 60　选中页面中的 Div3 层，打开【行为】面板，使用【显示-隐藏元素】行为设置鼠标移动至该层时，显示 Div13、Div14、Div15 层，隐藏 Div11 层和 Div12 层。

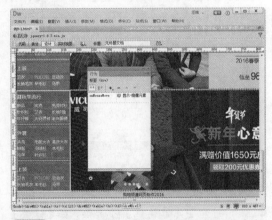

step 61　在【文档】工具栏的【标题】文本框中输入【购物频道】，选择【文件】|【保存】命令，保存网页，然后按 F12 键预览网页。

9.2 制作商品分类页面

本节将制作如下图所示的商品分类页面，在实际操作时主要通过插入表格、Div 和图片素材，完成网页最终的效果。

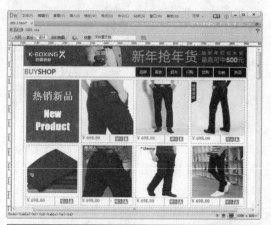

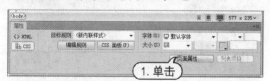

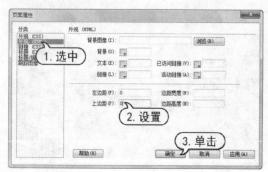

【例 9-2】使用 Dreamweaver CC 制作购物网站的商品分类页面。

视频+素材 (光盘素材\第 09 章\例 9-2)

step 1 启动 Dreamweaver CC，选择【文件】|【新建】命令，创建一个空白网页，在【属性】检查器中单击【页面属性】按钮。

step 2 打开【页面属性】对话框，在【分类】列表中选择【外观 CSS】选项，在【左边距】、【右边距】文本框中输入 0，然后单击【确定】按钮。

step 3 选择【插入】|【表格】命令，打开【表格】对话框。

step 4 在【行数】文本框中输入 3，在【列】文本框中输入 3，在【边框粗细】、【单元格边距】和【单元格间距】文本框中输入 0，将【表格宽度】设置为 100%。

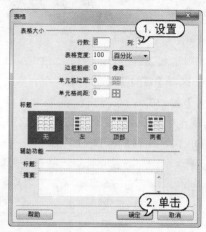

step 5 单击【确定】按钮，在网页中插入一个 3 行 3 列的表格。选中该表格的第 1 列和第 3 列，在【属性】检查器中设置其【宽】为 10%，如下图所示。

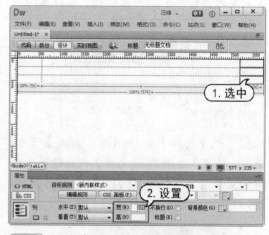

step 6 选中表格的第 2 列单元格，在【属性】检查器中单击【合并所选单元格】按钮，将第 2 列所有单元格合并。

step 7 将鼠标指针插入合并后的单元格中，在

【属性】检查器中将【垂直】属性设置为【顶部】，将【水平】属性设置为【居中对齐】，选择【插入】|【表格】命令，打开【表格】对话框。

step 8　在【行数】文本框中输入4，在【列】文本框中输入1，将【表格宽度】设置为800像素，然后单击【确定】按钮，在单元格中插入一个4行1列的嵌套表格。

step 9　选中嵌套表格的第1行，选择【插入】|【图像】|【图像】命令。

step 10　打开【选择图像源文件】对话框，选中一个图像文件后，单击【确定】按钮。

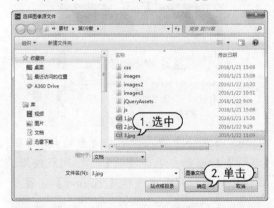

step 11　在网页中插入一个图像后，在【属性】检查器中设置【宽】为800px。

step 12　选中嵌套表格的第2行单元格。在【属性】检查器中设置【水平】属性为【左对齐】，

设置【垂直】属性为【居中】，然后选择【插入】|【表格】命令，打开【表格】对话框。

step 13　在【行数】文本框中输入1，在【列】文本框中输入8，在【表格宽度】文本框中输入800，在【边框粗细】、【单元格边距】文本框中输入0，在【单元格间距】文本框中输入2，然后单击【确定】按钮。

step 14　选中新插入表格的第1列单元格，在【属性】检查器中设置【水平】属性为【左对齐】，设置【宽】为400，然后选择【插入】|【图像】|【图像】命令，在该单元格中插入一个图像素材。

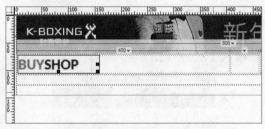

step 15　选择【窗口】|【CSS设计器】命令，打开【CSS设计器】面板，单击【添加CSS源】按钮，在弹出的菜单中选择【创建新的CSS文件】命令。

step 16　打开【创建新的CSS文件】对话框，

单击【浏览】按钮。

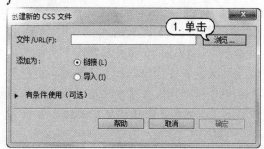

step⑰ 打开【将样式表文件另存为】对话框，在【文件名】文本框中输入 CSS1,然后单击【保存】按钮。

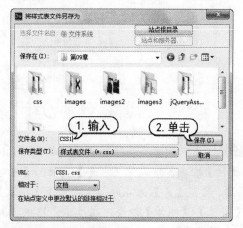

step⑱ 返回【创建新的 CSS 文件】对话框，单击【确定】按钮。

step⑲ 在【选择器】窗格中单击➕按钮，然后输入【.color-1】。

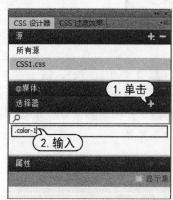

step⑳ 在【属性】窗格中单击【文本】按钮，在显示的选项区域中单击 color 按钮，在弹出的颜色选择器中选择【白色】色块。

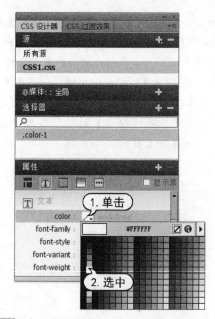

step㉑ 在【属性】窗格中单击【Font-family】按钮,在弹出的下拉列表中选择【微软雅黑】，单击【Font-size】按钮，在弹出的下拉列表中选择 small 选项。

step㉒ 在【属性】窗格中单击【背景】按钮，在显示的选项区域中设置【background-color】属性为【#000000】。

step㉓ 在表格中输入如下图所示的文本，在【属性】检查器中单击【类】下拉列表按钮，在弹出的下拉列表中选择【.color-1】选项。

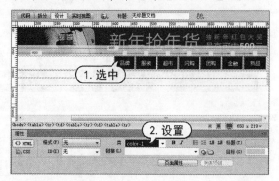

step 24 将鼠标指针插入嵌套表格的第 3 行单元格中，选择【插入】|【表格】命令，打开【表格】对话框，然后参考下图所示设置对话框参数，并单击【确定】按钮。

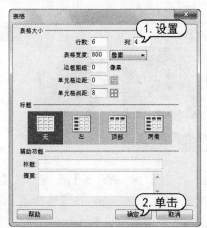

step 25 在单元格中插入 1 个 6 行 4 列，单元格间距为 8 的表格，在【属性】检查器中设置 Align 属性为【居中对齐】。

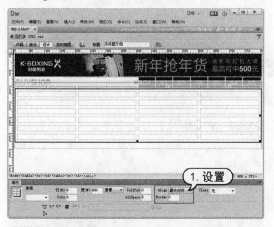

step 26 将鼠标光标插入表格第 1 行第 1 列的单元格，在【属性】检查器中将【背景颜色】设置为【#B1191A】。

step 27 在单元格中输入文本，然后选中输入

的文本并右击鼠标，从弹出的快捷菜单中选择【CSS 样式】|【新建】命令，打开【新建 CSS 规则】对话框。

step 28 在【新建 CSS 规则】对话框的【选择器名称】文本框中输入 L01,然后单击【确定】按钮。

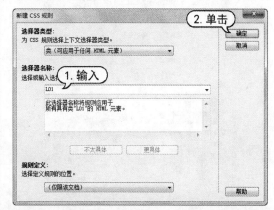

step 29 打开【CSS 规则定义】对话框，然后在【分类】列表中选择【类型】选项，在显示的选项区域中设置【Font-family】、【Font-size】、【Font-weight】、Color 等参数。

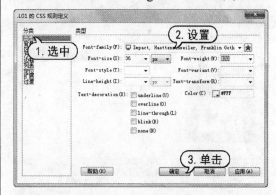

step 30 单击【确定】按钮，然后为输入的文字应用 L01 规则，并在【属性】检查器中设置【水平】属性为【居中对齐】，并单击 B 按钮。

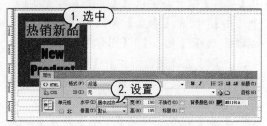

step 31 将鼠标指针插入表格第 1 行第 2 列的

单元格中，选择【插入】|【表格】命令，打开【表格】对话框，将【行数】、【列】设置为 2，将【表格宽度】设置为 190 像素，将【边框粗细】、【单元格边距】、【单元格间距】设置为 0，然后单击【确定】按钮。

step ㉜ 在单元格中插入一个 2 行 2 列的表格，选中表格的第 1 行，在【属性】检查器中单击【合并所选单元格】按钮□。

step ㉝ 将鼠标指针插入合并后的单元格中，在【属性】检查器中设置【水平】属性为【水平居中】，设置【垂直】属性为【居中】。

step ㉞ 选择【插入】|【图像】|【图像】命令，打开【选择图像源文件】对话框，选择一个图片素材文件，然后单击【确定】按钮在网页中插入一个图像。

step ㉟ 在表格第 2 行的第 1 个单元格中输入文本，然后在【属性】检查器中单击【目标

规则】按钮。

step ㊱ 打开【CSS 设计器】面板，在【源】窗格中选中 CSS1.CSS，在【选择器】窗格中单击 ➕ 按钮，然后输入【.color-2】。

step ㊲ 在【属性】窗格中单击【文本】按钮 T，然后在显示的选项区域中参考下图所示进行设置。

step ㊳ 选中步骤 35 输入的文本，在【属性】检查器上为文本应用【.color-2】样式。

step ㊴ 将鼠标指针插入表格第 2 行的第 2 个单元格中，选择【插入】|【图像】|【图像】

命令，在该单元格中插入如下所示图片。

step 40 使用同样的方法，在表格的其余单元格中插入表格、图片并输入文字，完成后的效果如下图所示。

step 41 参考以上操作，在页面中制作如下图所示的商品列表区域。

step 42 将鼠标指针移动至嵌套表格第4行的单元格中，在【属性】检查器中单击【拆分单元格为行或列】按钮。

step 43 打开【拆分单元格】对话框，选中【列】单选按钮，在【列数】文本框中输入 7，然后单击【确定】按钮，将选中的单元格拆分为 7 列。

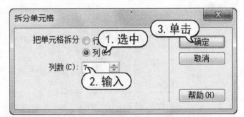

step 44 在拆分后的单元格中输入网页底部信息，并插入图片。

step 45 在【文档】工具栏的【标题】文本框中输入【购物网站】，选择【文件】|【保存】命令，将网页保存，按F12键预览网页。

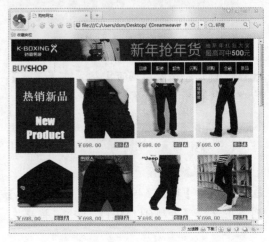

9.3　制作商品信息页面

本节将制作如下图所示的商品信息页面，该页面主要用于显示商品的各项信息。

【例 9-3】使用 Dreamweaver CC 制作购物网站的商品信息页面。

视频+素材 (光盘素材\第 09 章\例 9-3)

step ① 启动 Dreamweaver CC，按【Ctrl+N】组合键，打开【新建文档】对话框，选择【空白页】选项，将【页面类型】设置为 HTML，将【布局】设置为【无】，将【文档类型】设置为 HTML5，然后单击【创建】按钮。

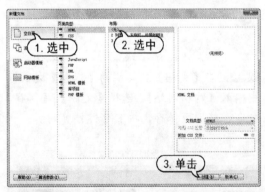

step ② 创建一个空白网页文档，在【属性】检查器中单击【页面属性】按钮。

step ③ 打开【页面属性】对话框，在【分类】列表中选择【外观(HTML)】选项，将【左

边距】和【上边距】都设置为 0，然后单击【确定】按钮。

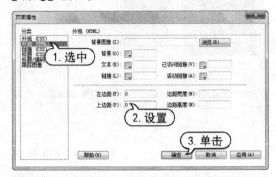

step ④ 在状态栏中单击【桌面电脑大小】按钮。选择【插入】|【表格】命令，打开【表格】对话框，将【行数】设置为 1，【列】设置为 7，【表格宽度】设置为 800 像素，将【边框粗细】、【单元格边距】、【单元格间距】都设置为 0，然后单击【确定】按钮。

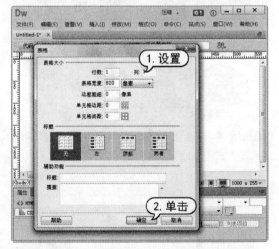

step ⑤ 在网页中插入一个 1 行 7 列的表格，在【属性】检查器中将 Align 属性设置为【居中对齐】。

step ⑥ 选中表格的所有单元格，在【属性】检查器中将【水平】属性设置为【居中对齐】，将【背景颜色】设置为【#E3E3E3】。

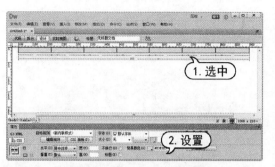

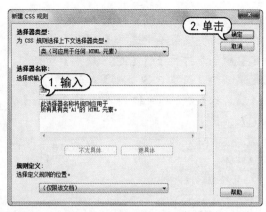

step 7 将表格第 1 和第 2 列单元格的宽度设置为 80,将第 3 列单元格的宽度设置为 340,将其余列单元格的宽度设置为 75。

step 8 在表格第 1 列的单元格中输入文本【请登录】,然后选中该文本,右击鼠标,在弹出的快捷菜单中选择【CSS 样式】|【新建】命令,打开【新建 CSS 规则】对话框。

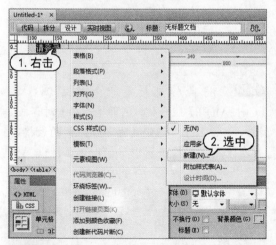

step 9 在【新建 CSS 规则】对话框中,将【选择器类型】设置为【类(可应用于任何 HTML 元素)】,将【选择器名称】设置为 A1,将【规则定义】设置为【仅限该文档】,然后单击【确定】按钮。

step 10 打开【CSS 规则定义】对话框,在【分类】列表中选择【类型】选项,将 Font-size 设置为 12,将 Color 设置为【#FF669A】,然后单击【确定】按钮。

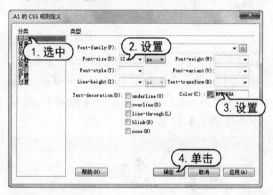

step 11 再次选中步骤 8 中输入的文本,在【属性】检查器中单击【目标规则】下拉列表按钮,在弹出的下拉列表中选择【A1】样式。

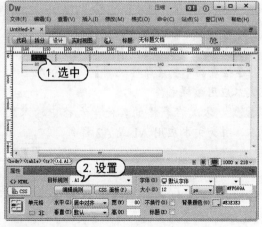

step 12 在表格第 2 列的单元格中输入文本

【免费注册】，然后选中该文本，右击鼠标，在弹出的快捷菜单中选择【CSS 样式】|【新建】命令，打开【新建 CSS 规则】对话框。

step 13 在【新建 CSS 规则】对话框中的【选择器名称】文本框中输入 A2，然后单击【确定】按钮。

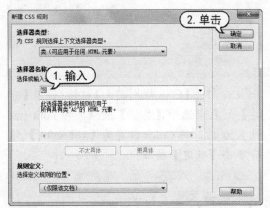

step 14 打开【CSS 规则定义】对话框，在【分类】列表中选择【类型】选择，将 Font-size 设置为 12，将 Color 设置为【#999】，然后单击【确定】按钮。

step 15 选中步骤 12 中输入的文本，在【属性】检查器中将【目标规则】设置为 A2，为文本应用该样式。

step 16 依次在表格的其他单元格中输入文本，并为文本应用 A1 或 A2 样式。

step 17 将鼠标光标置于表格的右侧，按【Ctrl+Alt+T】组合键，打开【表格】对话框，将【行数】和【列】设置为 1，将【表格宽

度】设置为 800 像素，单击【确定】按钮。

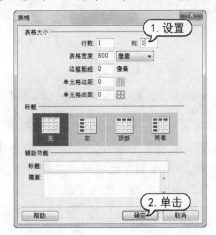

step 18 选中新创建的表格，在【属性】检查器中将 Aligh 属性设置为【居中对齐】，然后将鼠标指针插入表格中，按【Ctrl+Alt+I】组合键，打开【选择图像源文件】对话框，选中一个图像素材文件，单击【确定】按钮。

step 19 将鼠标光标置于表格右侧，按【Ctrl+Alt+T】组合键，打开【表格】对话框，插入一个 2 行 1 列宽度为 800 像素的表格，并在【属性】检查器中将 Aligh 属性设置为【居中对齐】，效果如下图所示。

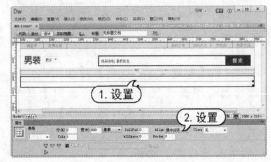

step 20 选中表格第 1 行的单元格，在【属性】检查器中单击【拆分单元格为行或列】按钮 北，打开【拆分单元格】对话框。

step 21 在【拆分单元格】对话框中选中【列】单选按钮，在【列数】文本框中输入 5，然后单击【确定】按钮将单元格拆分为 5 列。

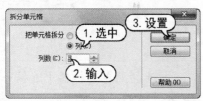

step 22 选中拆分后的前 4 列单元格，在【属性】检查器中将【宽】设置为 70，将最后一个单元格的【宽】设置为 520，并将第 1 列单元格的【背景颜色】设置为【#FF6699】。

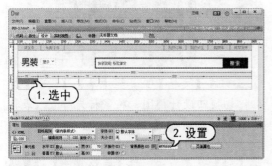

step 23 在第 1 列的单元格中输入文本【首页】，然后选中该文本，右击鼠标，在弹出的快捷菜单中选择【CSS 样式】|【新建】命令，打开【新建 CSS 规则】对话框，在该对话框中将【选择器名称】设置为 A3，单击【确定】按钮。

step 24 打开【CSS 规则定义】对话框，在【分类】列表中选择【类型】选项，将 Font-weight 设置为 14，将 Font-weight 设置为 bold，将 Color 设置为【#FFF】，单击【确定】按钮。

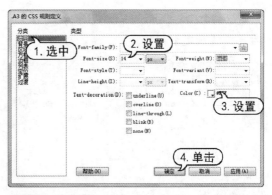

step 25 选中步骤 23 中输入的文本，在【属性】检查器中单击【目标规则】下拉列表按钮，在弹出的下拉列表中选择 A3 选项，为文本应用样式。

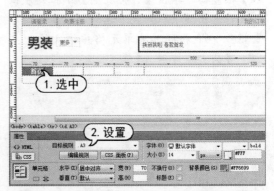

step 26 在表格第 2 列的单元格中输入【外套】，并选择输入的文本，右击鼠标，在弹出的快捷菜单中选择【CSS 样式】|【新建】命令，打开【新建 CSS 规则】对话框，将【选择器名称】设置为 A4，然后单击【确定】按钮。

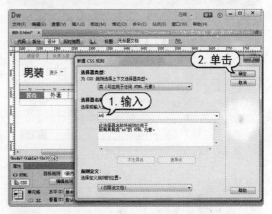

step 27 打开【CSS 规则定义】对话框，在【分类】列表中选择【类型】选项，将 Font-size

设置为 14，将 Font-weight 设置为 bold，然后单击【确定】按钮。

step 28 选中步骤 26 中输入的文本，在【属性】检查器中单击【目标规则】下拉列表按钮，在弹出的下拉列表中选择 A4 选项。

step 29 在表格的其他单元格中依次输入文本，并为文本应用 A4 样式。

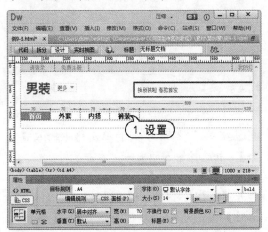

step 30 将鼠标指针插入表格第 2 行的单元格中，选择【插入】|【水平线】命令，在单元格中插入一条水平线。

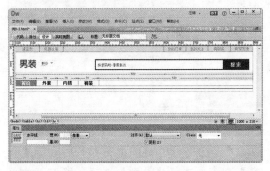

step 31 选中单元格中的水平线，在【文档】

工具栏中单击【拆分】按钮，切换至拆分视图，在<hr>符号中按下空格键，在弹出的列表中选择 color 选项。

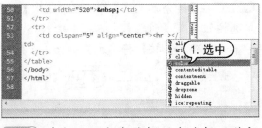

step 32 在打开的颜色选择器中选择一种颜色，作为水平线的颜色。

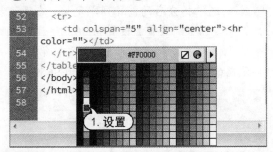

step 33 在【文档】工具栏中单击【设计】按钮，切换回设计视图，将鼠标光标置入表格的右侧，然后按【Ctrl+Alt+T】组合键，打开【表格】对话框，将【行数】设置为 1，将【列】设置为 2，将【表格宽度】设置为 800 像素，将【边框粗细】、【单元格边距】和【单元格间距】设置为 0。

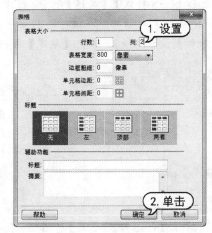

step 34 单击【确定】按钮，在页面中插入一个 1 行 2 列的表格，在【属性】检查器中将 Align 属性设置为【居中对齐】，然后将鼠标

指针插入表格第 1 列的单元格中，在【属性】检查器中将【宽】设置为 220。

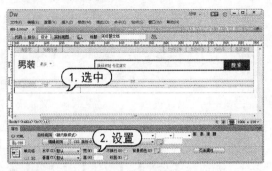

step 35　按【Ctrl+Alt+T】组合键，打开【表格】对话框，将【行数】设置为 10，将【列】设置为 1，将【表格宽度】设置为 220 像素，将【单元格间距】设置为 3，然后单击【确定】按钮，在单元格中插入一个 10 行 1 列的嵌套表格。

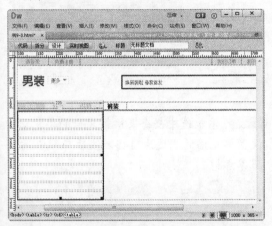

step 36　在嵌套表格的第 1 个单元格中输入文本，然后为该文本应用 A4 样式。

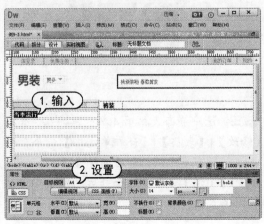

step 37　在嵌套表格第 2 行的单元格中输入文本，然后右击文本在弹出的快捷菜单中选择【CSS 样式】|【新建】命令，打开【新建 CSS规则】对话框，将【选择器名称】设置为 A5，并单击【确定】按钮。

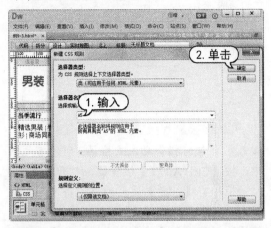

step 38　打开【CSS 规则定义】对话框，在【分类】列表中选择【类型】选项，将 Font-size设置为 12，将 Color 设置为【#666】，然后单击【确定】按钮。

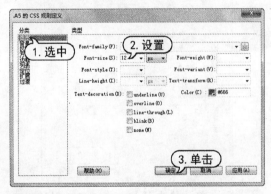

step 39　再次选中步骤 37 中输入的文本，在【属性】检查器中单击【目标规则】下拉列表按钮，在弹出的下拉列表中选择 A5 选项。

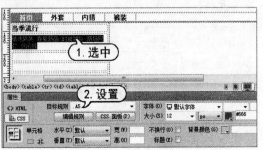

step ⓪ 重复以上操作，在嵌套表格的其他单元格中输入文本，并为文本应用样式。

step ④1 将鼠标指针插入表格第2列的单元格中，按【Ctrl+Alt+T】组合键，打开【表格】对话框，将【行数】设置为 5，将【列】设置为 4，将【表格宽度】设置为 580 像素，将【边框粗细】、【单元格边框】和【单元格间距】都设置为 0，单击【确定】按钮。

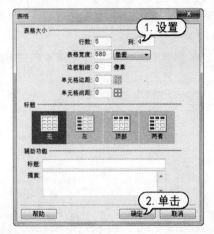

step ④2 在单元格中插入一个 5 行 4 列的嵌套表格，选中该表格的第 1 行，选择【修改】|【表格】|【合并单元格】命令，合并该行所有单元格。

step ④3 将鼠标指针插入合并后的单元格中，输入文本，并设置文本的格式。

step ④4 使用同样的方法，合并嵌套表格的第2 行，并选择【插入】|【图像】|【图像】命令，在合并后的单元格中插入图像素材。

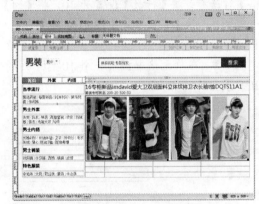

step ④5 依次选中嵌套表格第 3 行的单元格，设置单元格的宽度为 145，然后在其中插入图像素材。

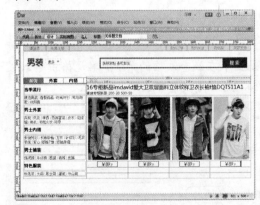

step ④6 选中嵌套表格第 4 行的单元格，选择【修改】|【表格】|【合并单元格】命令，合并该行所有单元格，然后选择【插入】|【图像】|【图像】命令，在合并后的单元格中插入图像素材。

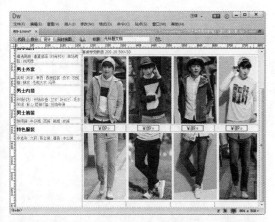

step 47 在嵌套表格第 5 行的单元格中依次插入图片素材，效果如下图所示。

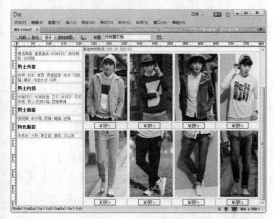

step 48 将鼠标指针置入大表格右侧，按【Ctrl+Alt+T】组合键，打开【表格】对话框，将【行数】设置为 2，【列】设置为 1，【表格宽度】设置为 800 像素，然后单击【确定】按钮，插入一个 2 行 1 列的表格，并在【属性】检查器中将 Align 属性设置为【居中对齐】。

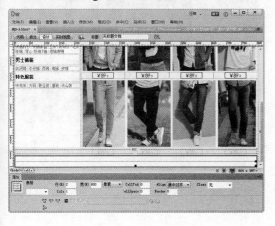

step 49 将鼠标指针插入表格第 1 行的单元格中，选择【插入】|【水平线】命令，插入一条水平线，然后单击【文档】工具栏中的【拆分】按钮，切换到拆分视图，设置水平线的颜色，如下图所示。

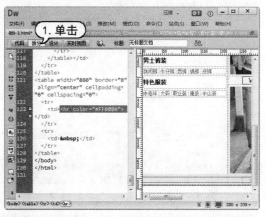

step 50 在【文档】工具栏中单击【设计】按钮，将鼠标指针插入表格第 2 行的单元格中，选择【插入】|【表格】命令，在该单元格中插入一个 6 行 2 列宽度为 100 百分比的嵌套表格。

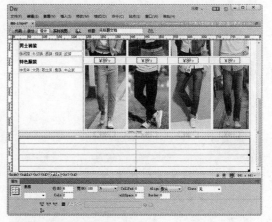

step 51 选中嵌套表格的第 1 列，在【属性】检查器中设置其【宽】为 220。

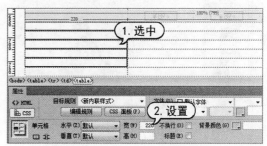

step 52 在表格第1列的1、3、5行单元格中输入文本，并在【属性】检查器中应用 A4 样式和设置单元格【高】为33。

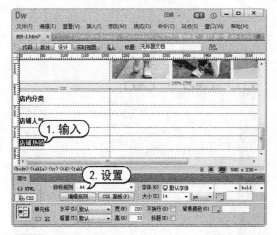

step 53 在表格第1列的2、4、6行单元格中插入表格，并输入文本、插入图片，效果如下图所示。

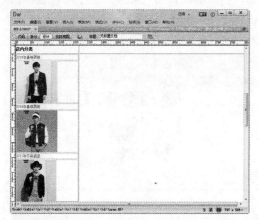

step 54 在表格第2列的第2、4、6行单元格中插入图像素材。

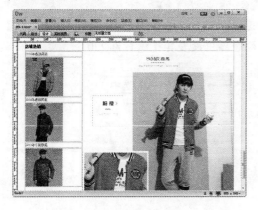

step 55 将鼠标指针置入大表格的右侧，选择【插入】|【表格】命令，打开【表格】对话框插入一个1行1列宽度为800像素的表格，在【属性】检查器中将 Align 属性设置为【居中对齐】。

step 56 将鼠标指针插入表格中，输入页面底部信息，并在【属性】检查器中设置【水平】属性为【居中对齐】。

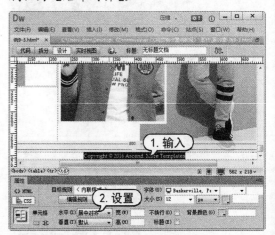

step 57 在【文档】工具栏的【标题】文本框中输入【商品信息页面】，选择【文件】|【保存】命令保存网页，然后按F12键，预览网页效果，如下图所示。

第 10 章

制作房产公司网页

本章将使用 Dreamweaver CC 制作房地产公司的网站页面。在具体的操作中，主要通过在网页中添加表格，然后在表格中插入文本、图像等素材，完成最终的页面效果。

 **对应光盘视频**

例 10-1 制作房地产公司首页　　　　　例 10-3 制作公司简介页面
例 10-2 制作房产项目页面

10.1 制作房地产公司首页

本节所介绍的实例将创建如下图所示的房地产公司首页。在设计首页页面布局时，将使用表格与层，规划网页的布局效果。

下面将通过具体的实例操作，详细介绍制作房地产公司网站首页的操作方法。

【例 10-1】使用 Dreamweaver CC 制作一个房地产公司首页。

▶ 视频+素材 （光盘素材\第 10 章\例 10-1）

step 1 启动 Dreamweaver CC，单击导航页面中的 HTML 按钮，创建一个新的空白网页。

step 2 选择【文件】|【另存为】命令，在打开的【另存为】对话框中，将新建的空白网页文档以文件名 Index.html 进行保存。

step 3 将鼠标指针插入网页中，选择【插入】|【表格】命令，然后参考下图所示设置打开的【表格】对话框。

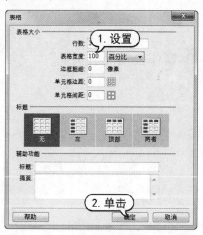

step 4 单击【确定】按钮，在页面中插入一个 3 行 1 列的表格（该表格的【填充】、【距离】和【边框】等参数均为 0）。

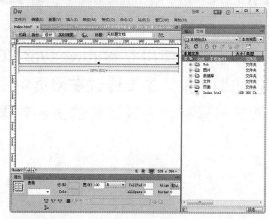

step 5 选中页面中插入的表格，然后在【属性】面板中的【宽】文本框中输入参数 930 像素，并设置 Align 属性为【居中对齐】。

step 6 选中表格的第 1 行，在【属性】检查器中设置【高】为 410，【水平】属性为【水平居中】，【垂直】属性为【顶端】。

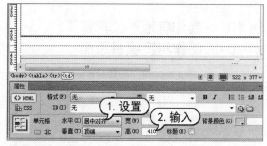

step 7 选中表格第 2 行的单元格，然后在属性面板的【高】文本框中输入参数 100。

step 8 将鼠标指针插入表格第 1 行的单元格中，选择【插入】|【表格】命令，在当前单元格中插入 1 个 2 行 5 列的嵌套表格。

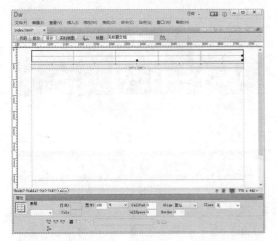

step 9 选中嵌套表格第 1 行的单元格，在【属性】检查器的【高】文本框中输入 50，设置【水平】属性为【水平居中】，【垂直】属性为【居中】，【背景颜色】属性为【#000000】。

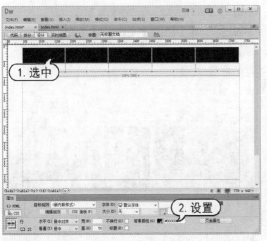

step 10 在第 1 行的 5 个单元格中分别输入文本【绿城房产】、【走近绿城】、【新闻中心】、【房产项目】和【联系我们】，再次选中嵌套表格第 1 行的单元格，在【属性】检查器中单击【页面属性】按钮。

step 11 在【页面属性】对话框中选择【外观（CSS）】选项，然后在打开的选项区域中单击【页面字体】下拉列表按钮，在弹出的下拉列表中选择【管理字体】选项。

step 12 打开【管理字体】对话框，选择【自定义字体堆栈】选项卡，在【可用字体】列表中选中【方正粗倩简体】选项，然后单击 << 按钮，将该字体添加至【选择的字体】列表框中。

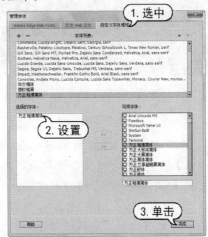

step 13 单击【完成】按钮，返回【页面属性】对话框，单击【页面字体】下拉列表按钮，在弹出的下拉列表中选择【方正粗倩简体】选项，单击【大小】下拉列表按钮，在弹出的下拉列表中选择【16】选项，在【文本颜色】文本框中输入【#FFF】选项，在【背景颜色】文本框中输入【#007440】。

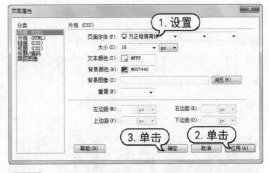

step 14 在【页面属性】对话框中单击【应用】按钮，再单击【确定】按钮，嵌套表格第 1 行的效果如下图所示。

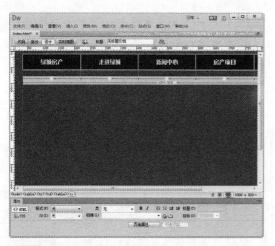

step 15 选中嵌套表格第 2 行的单元格，然后在【属性】检查器中单击【合并所选单元格，使用跨度】按钮□，合并该行单元格。

step 16 选择【插入】|【图像】|【图像】命令，在打开的【选择图像源文件】对话框中选中一张图片，并单击【确定】按钮。

step 17 选中步骤 3 中插入表格的第 2 行单元格，在【背景颜色】文本框中输入【#FFFFFF】，设置该单元格的背景颜色。

step 18 选择【插入】|【图像】|【图像】命令，在单元格中插入如下图所示的图像。

step 19 选中步骤 3 中插入表格的第 3 行单元格，在【属性】检查器的【背景颜色】文本框中输入【#FFFFFF】，单击【水平】下拉列表按钮，在弹出的下拉列表中选择【居中对齐】选项，单击【垂直】下拉列表按钮，在弹出的下拉列表中选择【居中】选项。

step 20 选择【插入】|【表格】命令，打开【表格】对话框，在该单元格中插入一个 2 行 3 列的嵌套表格。

step 21 将鼠标指针插入嵌套表格的第 1 行第 1 列的单元格中，选择【插入】|【图像】|【图像】命令，打开【选择图像源文件】对话框，在该单元格中插入一个如下图所示的图像文件。

step 22 使用同样的方法，在嵌套表格第 1 行的其他 2 个单元格中也插入图像，并设置单元格水平居中对齐。

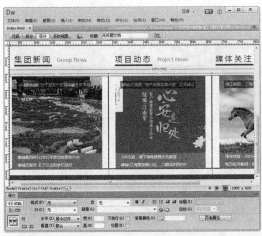

step 23 选择【编辑】|【首选项】命令，在打开的【首选项】对话框中的【分类】列表框中选择【常规】选项，在【编辑选项】选项区域中选中【允许多个连续的空格】复选框。

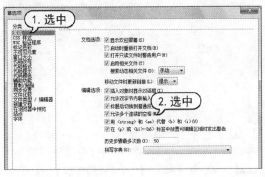

step 24 在【首选项】对话框中单击【确定】按钮，返回 Dreamweaver CC，选中嵌套表格第 2 行的第 2 个单元格，输入文本【绿城微信绿城微博网站地图法律声明客户留言】。

step 25 将鼠标指针插入文本中合适的位置，按下空格键分隔文本，然后参考如下图所示，设置【属性】检查器中的选项。

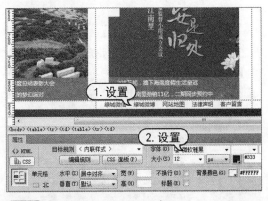

step 26 选择【插入】|Div 命令，打开【插入 Div】对话框，将 ID 设置为 Div01。

step 27 单击【新建 CSS 规则】按钮，在打开的对话框中单击【确定】按钮。

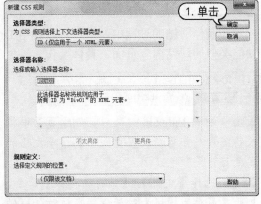

step 28 打开【CSS 规则定义】对话框，在【分类】列表中选择【定位】选项，然后将 Position 设置为 absolute，并单击【确定】按钮。

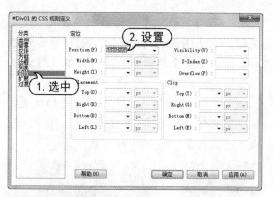

step ㉙ 返回【插入 Div】对话框，单击【确定】按钮，在网页中插入一个 Div。

step ㉚ 选中刚插入的 Div，在【属性】面板中将【左】设置为 750px，【上】设置为 395px，【宽】设置为 260。

step ㉛ 将 Div 中的文字删除，然后选择【插入】|【表单】|【表单】命令，插入表单。

step ㉜ 选择【插入】|【表单】|【搜索】命令，插入一个如下图所示的搜索控件。

step ㉝ 将 Div 中的英文删除，并输入文本【输入城市名】。在搜索框的右侧插入光标，选择【插入】|【表单】|【按钮】命令，插入 1 个按钮控件。

step ㉞ 在【文档】工具栏的【标题】文本框中输入文本【房地产公司首页】，然后选择【文件】|【保存】命令，将网页保存。

step ㉟ 按 F12 键，在浏览器中预览网页，效果如下图所示。

10.2 制作房产项目页面

在制作网站的过程中，用户可以使用 Dreamweaver CC 的模板功能，创建出风格统一、功能类似的网站内容页面，具体操作方法如下。

【例10-2】使用 Dreamweaver CC 制作房产项目页面。
视频+素材 (光盘素材\第 10 章\例 10-2)

step ① 打开 Index.html 文件，删除页面中插入的图片，并重新设置页面中表格单元格的高度与背景颜色。

step ② 选择【文件】|【另存为模板】命令，打开【另存为模板】对话框，在该对话框的【另存为】文本框中输入【房产项目】，并单击【保存】按钮将网页保存为模板。

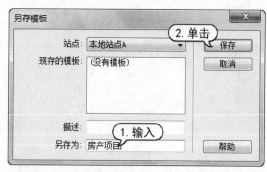

step ③ 选择【插入】|【模板对象】|【可编

辑区域】命令，在页面中需要输入内容的位置上插入可编辑区域【EditRegion1】。

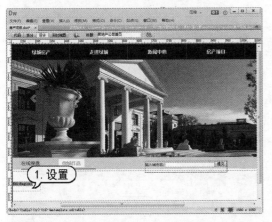

step ④ 选择【文件】|【保存】命令，将【房产项目.dwt】文件保存，然后选择【文件】|【新建】命令，打开【新建文档】对话框。

step ⑤ 在【新建文档】对话框中选中【网站模板】选项，然后在【站点】列表中选中本书实例所创建的站点，在【站点"本地站点A"的模板】列表中选择【房产项目】模板，并单击【创建】按钮即可利用模板创建内容页面。

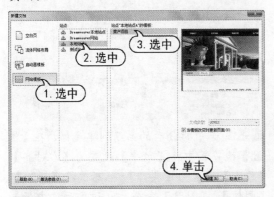

step ⑥ 将鼠标指针插入可编辑区域【EditRegion1】中，选择【插入】|【表格】命令，在该区域中插入一个 2 行 3 列的表格。

step ⑦ 在【属性】检查器中，将表格的第 1 列和第 3 列的宽度均设置为 50。

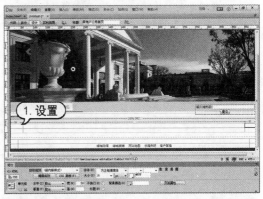

step ⑧ 在表格第 1 行第 2 列的单元格中输入文本，然后右击鼠标在弹出的快捷菜单中选择【CSS 样式】|【新建】命令，打开【新建CSS 规则】对话框，在【选择器名称】文本框中输入 T1。

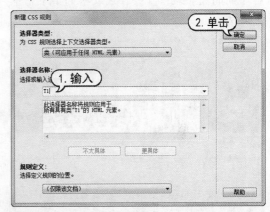

step ⑨ 单击【确定】按钮，打开【CSS 规则定义】对话框，将 Font-size 设置为 16，将 Color 设置为【#000】。

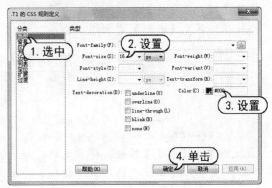

step⑩ 单击【确定】按钮，在单元格中再次选中输入的文本，在【属性】检查器中单击【目标规则】下拉列表按钮，在弹出的下拉列表中选择 T1 选项，并将【水平】属性设置为【居中对齐】。

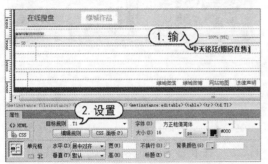

step⑪ 将鼠标指针插入表格第 2 行第 2 列的单元格中，选择【插入】|【表格】命令，打开【表格】对话框，在单元格中插入一个 5 行 1 列的嵌套表格，并在该表格的第 1 行中输入文本。

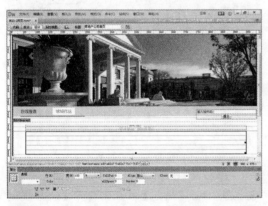

step⑫ 将鼠标指针插入嵌套表格的第 2 行，选择【修改】|【表格】|【拆分单元格】命令，打开【拆分单元格】对话框，选中【列】单选按钮，并在【列数】文本框中输入 7。

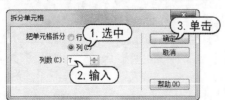

step⑬ 单击【确定】按钮，将单元格拆分为 7 列，选中前 6 列单元格，在【属性】检查器中将【宽】设置为 100，【高】设置为 50，

【水平】设置为【居中对齐】,【垂直】设置为【居中】。

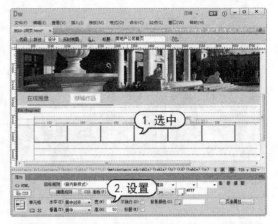

step⑭ 在拆分后的单元格中分别输入文本，并在【属性】检查器中设置文本的【字体】为【方正粗倩简体】,【大小】为 16，字体颜色为【#333】。

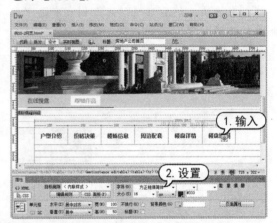

step⑮ 选中拆分后的第 7 列单元格，在【属性】检查器中将【水平】设置为【右对齐】,【垂直】设置为【底部】，然后选择【插入】|【图像】|【图像】命令，在该单元格中插入如下图所示的图片素材。

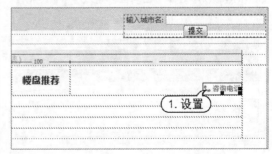

step⑯ 将鼠标指针插入嵌套表格的第3行，选择【插入】|【表格】命令，在单元格中插入一个3行3列的表格，合并该表格中的第1和第3列，并在其中输入文本，插入图像素材，制作如下图所示的效果。

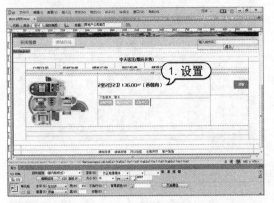

step⑰ 选中步骤16中插入的表格，选择【编辑】|【拷贝】命令复制表格，然后将鼠标指针插入嵌套表格的第4、5行中，选择【编辑】|【粘贴】命令，粘贴复制的表格。

step⑱ 修改粘贴后表格中的文本和图片素材，效果如下图所示。

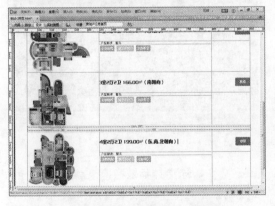

step⑲ 将鼠标指针插入嵌套表格的第6行中，在其中插入楼盘的基本信息。

step⑳ 在【文档】工具栏的【标题】文本框中输入【房产项目】。

step㉑ 选择【文件】|【保存】命令，将网页保存，然后按F12键预览网页，效果如下图所示。

step㉒ 参考本节所介绍的方法，使用网页模板，可以完成网站中其他相似页面的创建。

10.3 制作公司简介页面

本节将制作一个房地产公司的简介页面，主要使用表格和Div来规划网页布局，并通过输入文本，插入图像实现网页的最终效果。

【例 10-3】使用 Dreamweaver CC 制作房地产公司简介页面。

视频+素材 （光盘素材\第 10 章\例 10-3）

step① 启动 Dreamweaver CC,在打开的页面中单击【新建】组中的 HTML 选项，创建一个空白网页文档。

step② 选择【修改】|【页面属性】命令，打开【页面属性】对话框，在【分类】组中选择【外观(CSS)】选项，然后将【上边距】、

【左边距】和【右边距】设置为10%，【背景颜色】设置为【#282828】。

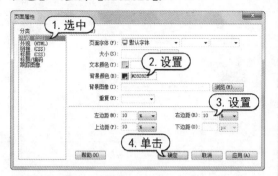

step 3 将鼠标指针插入页面中，选择【插入】|【表格】命令，打开【表格】对话框，将【行数】设置为8，【列】设置为1，【表格宽度】设置为850像素，然后单击【确定】按钮。

step 4 在页面中插入一个8行1列的表格，选中表格的第1行，在【属性】检查器中设置【垂直】为【顶端】，【高】为260。

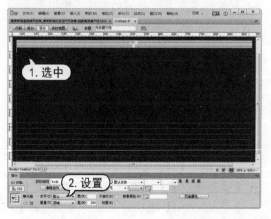

step 5 选择【插入】|【表格】命令，打开【表格】对话框，在单元格中插入一个4行1列的嵌套表格，并在该嵌套表格的第1、2行中输入文本，然后设置文本的字体、大小和颜色。

step 6 选中嵌套表格的第3行，在【属性】检查器中设置【高】为60，【垂直】为【底部】，然后选择【插入】|【水平线】命令，插入一条水平线。

step 7 将鼠标指针插入嵌套表格的第4行，在【属性】检查器中设置【水平】为【居中对齐】，【垂直】为【居中】，然后选择【插入】|【图像】|【图像】命令，插入如下图所示的图像素材。

step 8 按住Ctrl键，选中表格的第2、4、6

行单元格，在【属性】检查器中设置【高】为 380，【水平】为【居中对齐】，【垂直】为【居中】，如下图所示。

step⑨　按住 Ctrl 键，选中表格的第 3、5、7 行，在【属性】检查器中设置【高】为 80，【水平】为【左对齐】，【垂直】为【居中】，如下图所示。

step⑩　在表格的第 2、4、6 行中分别插入图片，并在【属性】检查器中设置图片的【宽】为 850 像素，【高】为 350 像素。

step⑪　在表格的第 3、5、7 行中输入文本，并在【属性】检查器中设置文本的【字体】为【华文细黑】，【大小】为 12，文本颜色为【#CCC】。

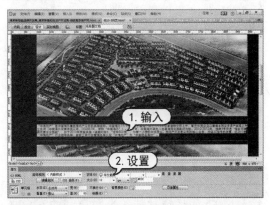

step⑫　将鼠标指针插入表格的第 8 行中，在【属性】检查器中设置【水平】为【居中对齐】，【垂直】为【居中】。

step⑬　选择【插入】|【表格】命令，打开【表格】对话框，将【行数】设置为 1，【列】设置为 5，【表格宽度】设置为 150 像素，【单元格间距】设置为 5。

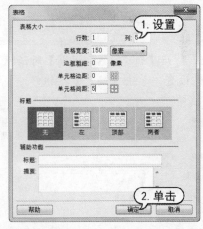

step⑭　单击【确定】按钮，在单元格中插入一个 1 行 5 列的嵌套表格。

step⑮　选中嵌套表格的所有单元格，在【属性】检查器中设置【水平】为【居中对齐】，

【垂直】为【居中】,【背景颜色】为【#F9CC89】,并在其中分别输入文本内容。

step 16 将鼠标指针插入页面底部的空白区域,选择【插入】|Div 命令,打开【插入 Div】对话框,在 ID 文本框中输入 Div1,然后单击【新建 CSS 规则】按钮。

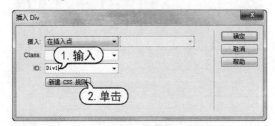

step 17 打开【新建 CSS 规则】对话框,保持默认设置,单击【确定】按钮。

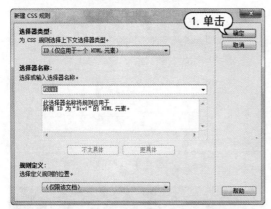

step 18 打开【CSS 规则定义】对话框,在【分类】列表中选择【定位】选项,然后将 Position 设置为 absolute,并单击【确定】按钮。

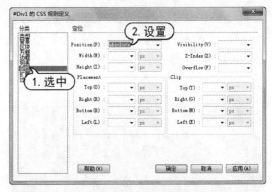

step 19 返回【插入 Div】对话框,单击【确定】按钮,在页面中插入 Div1。

step 20 选中 Div1,在【属性】检查器中设置【左】为 90px,【上】为 60px,【宽】为 230px,【高】为 60px。

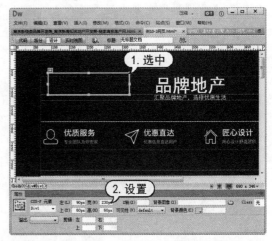

step 21 删除 Div 中的文本,选择【插入】|【图像】|【图像】命令,打开【选择图像源文件】对话框,选择一个图像素材文件,然后单击【确定】按钮。

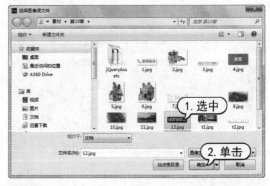

step 22 此时,将在 Div1 中插入如下图所示

的图像。

> **step 23** 将鼠标指针插入网页底部，选择【插入】|【Div】命令，打开【插入 Div】对话框，在网页中插入 Div2，并将 Position 设置为 absolute。

> **step 24** 删除 Div2 中的文本，然后使用鼠标指针调整其大小和位置。

> **step 25** 在【属性】检查器中单击【背景图像】文本框后的【浏览】按钮 。

> **step 26** 打开【选择图像源文件】对话框，选择一个图像素材文件，单击【确定】按钮。

> **step 27** 此时，将为 Div2 添加如下图所示的

背景图像。

> **step 28** 选择【插入】|【Div】命令，打开【插入 Div】对话框，在网页中插入 Div3，并将 Position 设置为 absolute。

> **step 29** 删除 Div3 中的文本，然后使用鼠标指针调整其大小和位置。

> **step 30** 将鼠标指针插入 Div3 中，选择【插入】|【表格】命令，打开【表格】对话框，将【行数】设置为 3，【列】设置为 2，【表格宽度】设置为 100 百分比，【边框粗细】、【单元格边距】和【单元格间距】均为 0。

step 31 单击【确定】按钮，在 Div3 中插入一个 3 行 2 列的表格。

step 32 选中表格第 1 行第 1 列的单元格，在【属性】检查器中设置【水平】为【左对齐】，【垂直】为【底部】，【高】为 60，【宽】为 200。

step 33 在单元格中输入文本【恒大地产】，然后在【属性】检查器中设置文本的【字体】为【微软雅黑】，【大小】为 20，字体颜色为【#FFF】，如下图所示。

step 34 使用同样的方法，在表格的其他单元格中输入文本，并设置文本的格式。

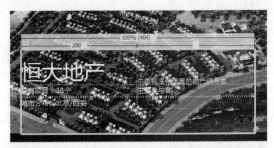

step 35 将鼠标指针插入表格第 3 行第 2 列的单元格中，选择【插入】|【图像】|【图像】命令，在该单元格中插入图像素材。

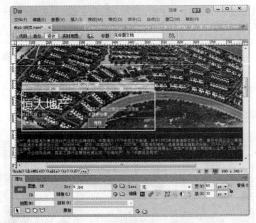

step 36 选择【插入】|【Div】命令，打开【插入 Div】对话框，在网页中插入 Div4，并将 Position 设置为 absolute。

step 37 删除 Div4 中的文本，然后使用鼠标指针调整其大小和位置。

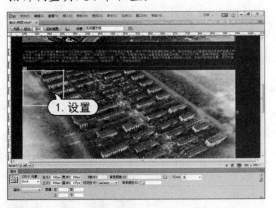

step 38 将鼠标指针置于 Div4 中，选择【插入】|【图像】|【图像】命令，打开【选择图像源文件】对话框，在 Div4 中插入一个图像素材。

step 39 选择【插入】|【Div】命令，打开【插入 Div】对话框，在网页中插入 Div5，并将 Position 设置为 absolute。

step 40 使用鼠标调整 Div5 的大小和位置，并删除其中的文本。选择【插入】|【表格】命令，打开【表格】对话框，在 Div5 中插入一个 3 行 2 列的表格，并在其中输入文本和插入图像。

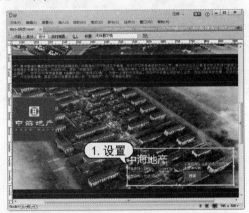

step 41 选择【插入】|【Div】命令，在网页中插入 Div6，调整其位置和大小，并在其中插入图像素材。

step 42 选择【插入】|【Div】命令，在网页中插入 Div7，调整其位置和大小，并在其中插入表格、文本和图像素材。

step 43 将鼠标指针插入页面底部的空白区域，选择【插入】| Div 命令，打开【插入 Div】对话框，在 ID 文本框中输入 Div8，然后单击【新建 CSS 规则】按钮。

step 44 打开【新建 CSS 规则】对话框，单击【确定】按钮，打开【CSS 规则定义】对话框，将 Position 设置为 absolute，将 Width 设置为 100%，单击【确定】按钮。

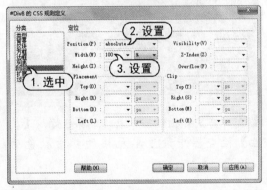

step 45 打开【插入 Div】对话框，单击【确定】按钮，在页面中插入 Div8，然后在【属性】检查器中的【左】文本框中输入 0，在【高】文本框中输入 300Px。

step 46 删除 Div8 中的文本，选择【插入】|【表格】命令，打开【表格】对话框，在 Div8 中插入一个 3 行 1 列，宽度为 100 百分比的表格。

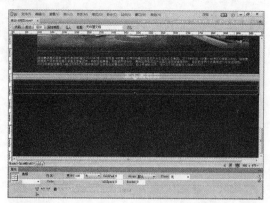

step 47 将鼠标指针插入表格的第 1 行，在【属性】检查器中设置【高】为 200，将鼠标指针插入表格的第 2 行，选择【插入】|【水平线】命令，插入一条水平线。

step 48 将鼠标指针插入表格的第 3 行，在【属性】检查器中设置单元格的背景颜色为【#333333】。

step 49 在该单元格中输入文本，并设置文本的字体、大小和颜色属性。

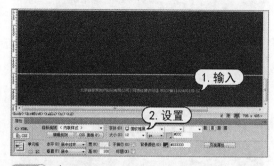

step 50 在【文档】工具栏的【标题】文本框中输入【公司简介】，选择【文件】|【保存】命令，将网页保存。

step 51 按 F12 键预览网页，效果如下所示。

第11章

制作音乐主题网页

　　本章将使用 Dreamweaver CC 制作音乐主题的网站页面。在具体的操作中，主要使用表格工具来规划网页的布局，应用文字、图片等元素，修饰网页的效果。

对应光盘视频

例 11-1 制作音乐酷站首页　　　　例 11-3 制作音乐播放页面
例 11-2 制作音乐点播页面

11.1 制作音乐酷站首页

本节将介绍如何制作音乐网站的首页，以黑色为主背景，文字以白色和灰色为主。在制作过程中，主要应用表格工具和插入文字、图片等素材。完成后的网页效果如下图所示。

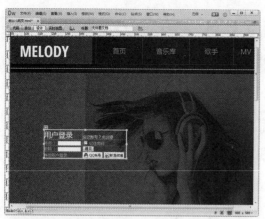

【例11-1】使用 Dreamweaver CC 制作音乐网站首页。
视频+素材 (光盘素材\第 11 章\例 11-1)

step 1 启动 Dreamweaver CC，按【Ctrl+N】组合键，打开【新建文档】对话框，单击【创建】按钮，新建一个空白网页文档。

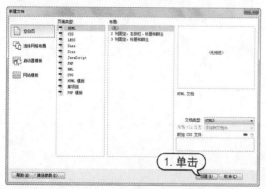

step 2 在文档底部的【属性】检查器中单击 CSS 按钮，然后单击【页面属性】按钮。

step 3 打开【页面属性】对话框，在【分类】组中选择【外观（CSS）】选项，在显示的选项区域中设置【左边距】、【右边距】、【上边距】和【下边距】参数均为 50px，然后单击

【确定】按钮。

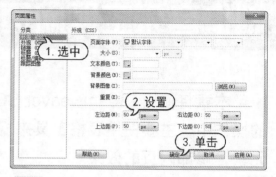

step 4 在状态栏中单击【桌面电脑大小】按钮 ■。

step 5 选择【插入】|【表格】命令，打开【表格】对话框，将【行数】设置为 1，将【列】设置为 5，将【表格宽度】设置为 900px，将【边框粗细】、【单元格边距】、【单元格间距】设置为 0，然后单击【确定】按钮，插入 1 行 5 列的表格。

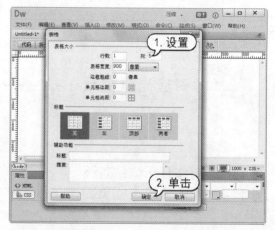

step 6 选择表格第 1 列，将其【宽度】设置为 316，【高】设置为 95。

step 7 将鼠标指针放置于表格第 1 列单元格中，按【Ctrl+Alt+I】组合键，打开【选择图像源文件】对话框，选择一个图像素材文件，然后单击【确定】按钮。

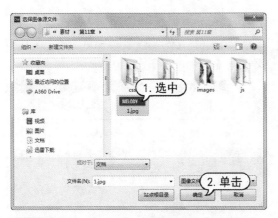

step 8 在单元格中插入如下图所示的图片。

step 9 选择表格第 2 列的单元格，输入文本【首页】，设置【字体】为【微软雅黑】，【字体大小】为 24pt，【字体颜色】为【#999】。

step 10 使用同样的方法，在其他单元格中输入文本信息，完成后效果如下图所示。

step 11 在表格下方单击鼠标，选择【插入】|【水平线】命令，插入一条水平线。

step 12 选中页面中插入的水平线，在【属性】检查器中设置【宽】为 900px。

step 13 在页面中单击水平线下方的空白区域，然后按【Ctrl+Alt+T】组合键，打开【表格】对话框，并参考下图所示进行设置。

step 14 在【表格】对话框中单击【确定】按

钮，在页面中插入一个 1 行 1 列的表格。

step 15 将鼠标指针插入新创建的表格中，选择【插入】|【图像】|【图像】命令，打开【选择图像源文件】对话框，选择一个图像素材文件，单击【确定】按钮。

step 16 在表格中插入如下图所示的图像。

step 17 将鼠标指针置于插入图片表格的下方，然后按【Ctrl+Alt+T】组合键，插入一个 1 行 3 列，宽度为 900px 的表格，如下图所示。

step 18 选择步骤 17 中插入的表格，在【CSS属性栏】中将【宽】设置为 300，将【水平】设置为【居中对齐】。

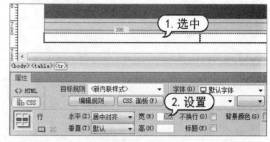

step 19 选择【插入】|【图像】|【图像】命令，在表格的 3 个单元格中依次插入素材图像。

step 20 在步骤 19 插入图片的表格下方空白处区域单击，然后按【Ctrl+Alt+T】组合键，打开【表格】对话框，插入一个 1 行 6 列，宽度为 900px 的表格，并设置其所有单元格的宽度为 150。

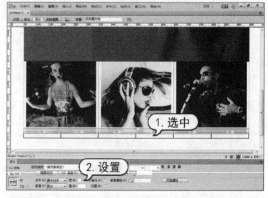

step 21 将鼠标光标置于表格第 1 列的单元格中，输入文本【热门推荐】，在【属性】检查器中设置文本的【字体】为【微软雅黑】，设

置【大小】为 24px，设置【字体颜色】为
【#CCC】，如下图所示。

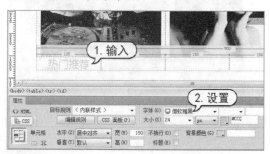

step 22　使用同样的方法，在表格的第 3、5
列中分别输入文本，并设置其文本格式。

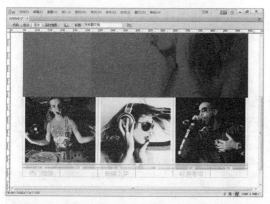

step 23　将鼠标指针插入表格的第 2、4、6 列
的单元格中，选择【插入】、【图像】|【图像】
命令，分别插入图像素材。

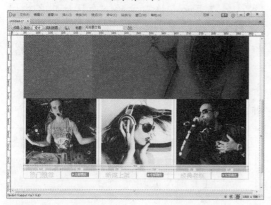

step 24　在表格下方的空白区域处单击，按
【Ctrl+Alt+T】组合键，打开【表格】对话框，
插入一个 1 行 3 列，宽度为 900px 的表格，
并设置其所有单元格的宽度为 300px。

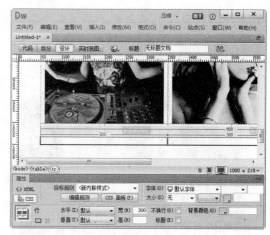

step 25　将鼠标光标置于第 1 列的单元格中，
按【Ctrl+Alt+T】组合键，打开【表格】对
话框，在单元格中插入一个 10 行 4 列，宽度
为 100 百分比的表格。

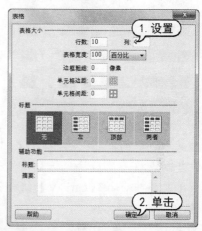

step 26　选中嵌套表格的第 1、3、5、7、9 行，
将其【背景颜色】设置为#333333。

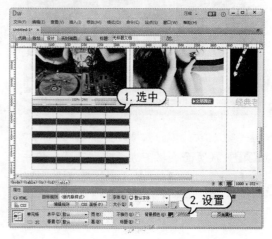

Dreamweaver CC 网页制作案例教程

step 27 在嵌套表格中的各个单元格中输入文本内容，并插入图像素材。

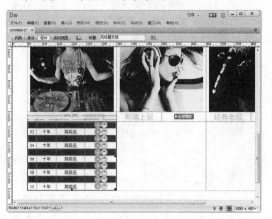

step 28 设置嵌套表格中输入文本的格式，使其效果如下图所示。

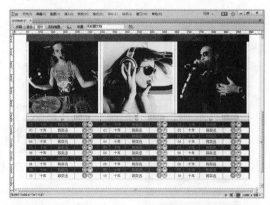

step 29 选中创建的嵌套表格，按【Ctrl+C】组合键复制表格，然后将光标分别置于另外两个单元格中，按【Ctrl+V】组合键粘贴表格。

step 30 在页面表格下方的空白区域中单击，按【Ctrl+Alt+T】组合键，打开【表格】对话框，插入一个 1 行 3 列宽度为 900px 的表格，并将其单元格宽度设置为 300px。

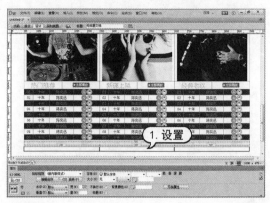

step 31 选中新创建的表格，在每个单元格中都输入文本【查看更多>】，并设置字体为【微软雅黑】，设置【大小】为 16px，设置【字体颜色】为【#CCC】。

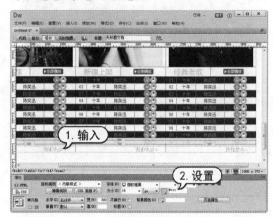

step 32 在页面表格下方的空白区域中单击，按【Ctrl+Alt+T】组合键，打开【表格】对话框，插入一个 1 行 1 列，宽度为 900px 的表格。

step 33 在表格中输入文本【精选集】，并设置其字体为【微软雅黑】，【大小】为 24px，颜色为【#999】。

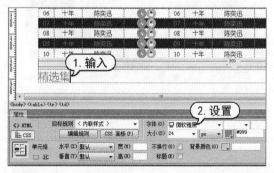

step 34 将鼠标指针插入文本的前方，选择

【插入】|【图像】|【图像】命令，插入如下图所示的图片素材。

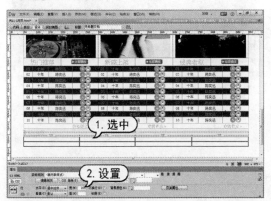

step 35 将鼠标指针置于文档的最下端，按【Ctrl+Alt+T】组合键，打开【表格】对话框，插入一个 2 行 4 列，宽度为 900px 的表格，并在【属性】检查器中设置表格中所有单元格的宽度为 225。

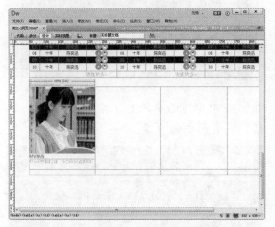

step 36 按【Ctrl+Alt+T】组合键，在表格第 1 行第 1 列的单元格中插入一个 3 行 1 列宽度为 100 百分比的嵌套表格，并在该表格中插入图像素材和输入相应的文本。

step 37 使用同样的方法，在表格的第 1 行的其他单元格中也插入嵌套表格，并在嵌套表格中添加文本和图像内容，完成后的效果如下图所示。

step 38 选中表格第 2 行的所有单元格，选择【修改】|【表格】|【合并单元格】命令，合并该行的单元格，然后在合并后的单元格中输入文本，并设置文本的字体格式。

step 39 选择【修改】|【页面属性】命令，打开【页面属性】对话框，在【分类】列表中选择【外观(CSS)】选项，将【背景颜色】设置为黑色，然后单击【确定】按钮。

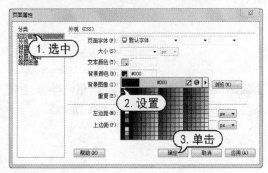

step 40 将鼠标指针置于网页底部的空白区域，选择【插入】|Div 命令，打开【插入 Div】

对话框，单击【新建 CSS 规则】按钮。

step 41 打开【新建 CSS 规则】对话框，在【选择器名称】文本框中输入 div1，单击【确定】按钮。

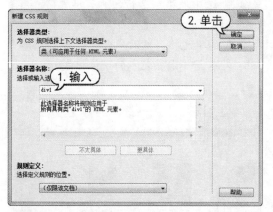

step 42 打开【CSS 规则定义】对话框，在【分类】列表框中选择【定位】选项，然后将 Position 设置为 absolute，并单击【确定】按钮。

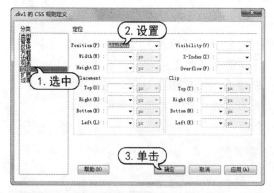

step 43 返回【插入 Div】对话框，单击【确定】按钮，插入如下图所示的 Div 层。

step 44 将鼠标指针插入 Div 层中，选择【插入】|【表单】|【表单】命令，插入一个表单，然后按【Ctrl+Alt+T】组合键，在其中插入一个 4 行 2 列，宽度为 300px 的表格，并在表格的第 1 行第 1 列的单元格中输入如下图所示的文本。

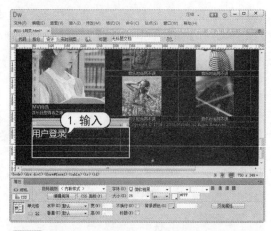

step 45 将鼠标指针插入表格的其他单元格中，在其中插入如下图所示的表单元素。

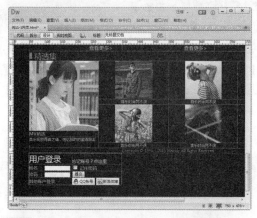

step 46 选中页面中的 Div 层，拖动鼠标，调整其在页面中的位置。

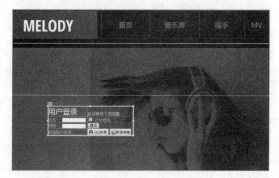

step 47 在【文档】工具栏的【标题】文本框中输入文本【音乐酷站】，然后选择【文件】|【保存】命令，将制作的网页保存。

1. 输入

step 48 按 F12 键预览网页，页面效果如下图所示。

11.2 制作音乐点播页面

本节将通过实例操作介绍音乐点播页面的制作方法，其中主要应用了表格、鼠标经过图像和水平线等技术。网页制作完成后的效果如下图所示。

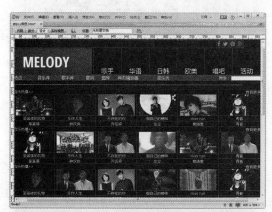

【例11-2】使用 Dreamweaver CC 制作音乐点播页面。
视频+素材 （光盘素材\第 11 章\例 11-2）

step 1 启动 Dreamweaver CC，新建一个空白网页文档，在【属性】检查器中单击【页面属性】按钮。

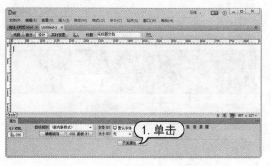

1. 单击

step 2 打开【页面属性】对话框，将【背景颜色】设置为【黑色】，将【左边距】、【右边距】、【上边距】和【下边距】都设置为 30px，然后单击【确定】按钮。

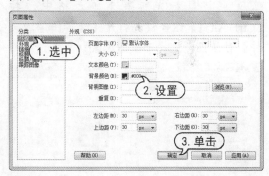

1. 选中　2. 设置　3. 单击

step 3 单击状态栏中的【桌面电脑大小】按钮。

1. 单击

step ④ 选择【插入】|【表格】命令，打开【表格】对话框，将【行数】和【列】都设置为1，将【表格宽度】设置为100%，将【边框粗细】、【单元格边距】和【单元格间距】都设置为0，然后单击【确定】按钮在网页中插入一个表格。

step ⑤ 选中在页面中插入的表格单元格，在文档底部的【属性】检查器中单击CSS按钮，将【水平】设置为【右对齐】。

step ⑥ 将鼠标光标置于单元格中，按【Ctrl+Alt+I】组合键，打开【选择图像源文件】对话框，选择一个图像素材文件。

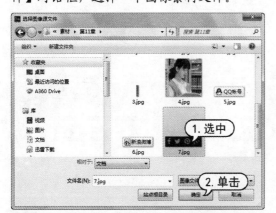

step ⑦ 单击【确定】按钮，在表格中插入如下图所示的图像。

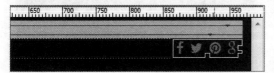

step ⑧ 将鼠标光标置于单元格的右侧，按【Ctrl+Alt+T】组合键，打开【表格】对话框，将【行数】和【列】分别设置为1和7，将【表格宽度】设置为940像素，将【边框粗细】、【单元格边距】和【单元格间距】都设置为0，然后单击【确定】按钮，插入表格。

step ⑨ 将鼠标光标置于步骤8中创建表格的第1列单元格中，在【属性】检查器中将【宽】设置为303，将【高】设置为100。

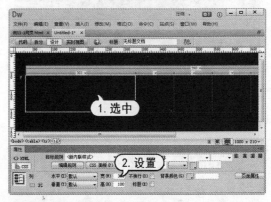

step ⑩ 选择表格的其他单元格，在【属性】检查器中设置【宽】为106。

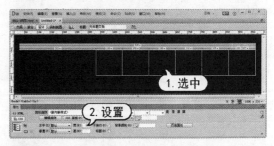

step ⑪ 将鼠标光标置于第1列单元格中，按

【Ctrl+Alt+I】组合键，选择一个图像源文件，然后单击【确定】按钮，在单元格中插入如下图所示的图像。

step 12 选中表格的其他单元格，在【属性】检查器中将【水平】设置为【居中对齐】，将【垂直】设置为【底部】，并在表格中输入文字，将【字体】设置为【微软雅黑】，将【字体大小】设置为24px，将【字体颜色】设置为【白色】，完成后的效果如下图所示。

step 13 将鼠标指针置于网页底部的空白区域，按【Ctrl+Alt+T】组合键，打开【表格】对话框，将【行数】和【列】分别设置为 1 和 9，将【表格宽度】设置为 940 像素，将【边框粗细】、【单元格边距】和【单元格间距】都设置为 0，然后单击【确定】按钮，在网页中插入一个 1 行 9 列的表格。

step 14 将鼠标光标置于第 1 列的单元格中，输入文本【热点:】，将字体设置为【微软雅黑】，将【字体大小】设置为 16px，将【文字颜色】设置为【白色】。

step 15 使用同样的方法，在表格的其他单元格中输入如下图所示的文本内容。

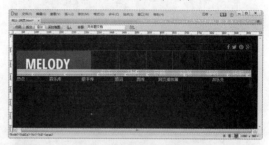

step 16 将鼠标指针插入表格最后一列的单元格中，选择【插入】|【表单】|【搜索】命令，在单元格中插入一个如下图所示的搜索表单元素。

step 17 选中表格中的所有单元格，在【属性】检查器中单击 HTML 按钮，将单元格的【背景颜色】设置为【#FF0000】。

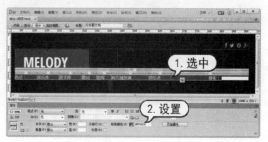

step ⑱ 将鼠标指针置于表格的外部，选择【插入】|【水平线】命令，在页面中插入一条水平线。

step ⑲ 在页面中水平线的下方单击，按【Ctrl+Alt+T】组合键，打开【表格】对话框，在页面中插入一个 2 行 1 列宽度为 940px 的表格。

step ⑳ 将鼠标光标置于第 1 行的单元格中，按【Ctrl+Alt+S】组合键，打开【拆分单元格】对话框，选中【列】单选按钮，设置【列数】为 2，单击【确定】按钮，拆分单元格。

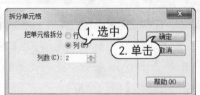

step ㉑ 设置拆分后的单元格属性，将第 1 列单元格的【水平】属性设置为【左对齐】，将第 2 列单元格的【水平】属性设置为【右对齐】，并在单元格中输入相应的文字，将【字体】设置为【微软雅黑】，将【字体大小】设置为 16px，将【字体颜色】设置为【白色】。

step ㉒ 将鼠标光标置于表格第 2 列的单元格中，按【Ctrl+Alt+S】组合键，打开【拆分单元格】对话框，选中【列】单选按钮，在【列数】文本框中输入 6，单击【确定】按钮，将单元格拆分为 6 列。

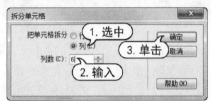

step ㉓ 选中拆分后的单元格，在【属性】检查器中单击 CSS 按钮，将【宽度】设置为 156，将【水平】设置为【居中对齐】。

step ㉔ 将鼠标光标置于拆分后的第 1 列单元格中，选择【插入】|【图像】|【鼠标经过图像】命令，此时将打开【插入鼠标经过图像】对话框，单击【原始图像】文本框后的【浏览】按钮。

step㉕ 打开【原始图像】对话框，选择一个
图像素材文件，单击【确定】按钮。

step㉖ 返回【插入鼠标经过图像】对话框，
单击【鼠标经过图像】文本框后的【浏览】按
钮，在打开的对话框中选择一个作为鼠标经过
图像的图像素材文件，然后单击【确定】按钮。

step㉗ 在【插入鼠标经过图像】对话框中单
击【确定】按钮，创建如下图所示的鼠标经
过图像。

step㉘ 用同样的方法，在表格的其他单元格
中插入鼠标经过图像，完成后的效果如下图
所示。

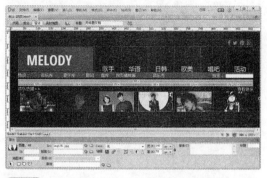

step㉙ 将鼠标指针放置在页面底部，按
【Ctrl+Alt+T】组合键，打开【表格】对话框，
插入一个 2 行 6 列，宽度为 940px 的表格。

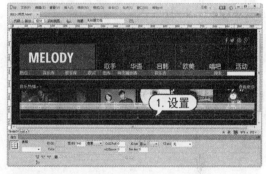

step㉚ 选中表格的所有单元格，在【属性】
检查器中将【宽】设置为 156，将【水平】
设置为【居中对齐】。

step㉛ 在表格第 1 列的单元格中输入文本，
并设置【字体】为【微软雅黑】，【字体大小】
为 14px，【字体颜色】为【白色】。

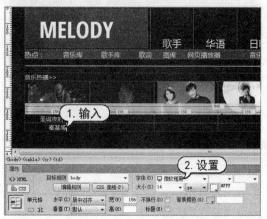

step 32 使用同样的方法，在表格的其他单元格中输入文本，并设置文本的格式。

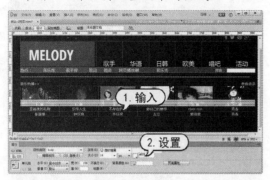

step 33 将鼠标指针插入【音乐热播>>】文本的后面，在状态栏中单击<table>标签，选中文本所在的表格。

step 34 按【Ctrl+C】组合键复制表格，然后将鼠标指针插入页面底部的空白区域，按【Ctrl+V】组合键粘贴表格。

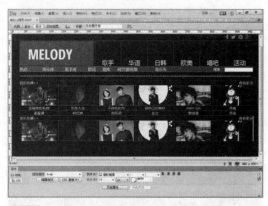

step 35 使用同样的方法，复制步骤 29 中制作的表格，并将其粘贴至网页底部的空白区域，效果如下图所示。

step 36 重复以上操作，在页面中复制多组同样的表格。

step 37 为页面中的表格内容重新设置鼠标经过图像，并输入相应的文本。

step 38 将鼠标指针插入网页底部，选择【插入】|【水平线】命令，插入一个水平线。

step 39 选中页面中插入的水平线，在【属性】检查器中设置【宽】为 940，然后单击其后的下拉列表按钮，在弹出的下拉列表中选择【像素】选项。

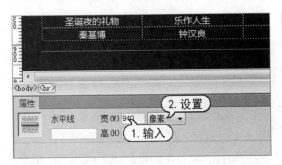

【表格】对话框，插入一个 5 行 3 列，宽度为 100 百分比的嵌套表格。

step 40　将鼠标指针置于网页底部水平线的下方，按【Ctrl+Alt+T】组合键，打开【表格】对话框，插入一个 2 行 5 列，宽度为 940 像素的表格，并在【属性】检查器中设置该表格所有单元格的【宽度】为 188 像素。

step 44　在嵌套表格的第 1 至 4 行中插入图片，输入文本，并设置文本的格式，如下图所示。

step 41　在表格的第 1 行中输入文本，并将文本的字体设置为【华文细黑】，将【字体大小】设置为 24px，将【字体颜色】设置为【白色】。

step 45　选中表格的第 5 行单元格，选择【修改】|【表格】|【合并单元格】命令，合并单元格。

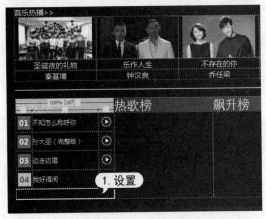

step 42　选中表格的第 1 行单元格，在【属性】检查器中单击 HTML 按钮，将【背景颜色】设置为【红色】。

step 43　将鼠标指针插入表格第 2 行第 1 列的单元格中，按【Ctrl+Alt+T】组合键，打开

step 46　将鼠标指针插入合并后的单元格中，选择【插入】|【图像】|【图像】命令，在单

元格中插入如下图所示的图像素材。

step 47 选中并按【Ctrl+C】组合键复制嵌套表格，然后按【Ctrl+V】组合键，将其粘贴至表格的其他单元格中。

step 48 修改各个单元格中嵌套表格内的文本内容。

step 49 将鼠标指针放置在页面底部，选择【插入】|【水平线】命令，插入一个宽度为

940 像素的水平线，然后在该水平线下方插入一个 1 行 1 列，宽度为 100 百分比的表格，并在该表格中输入如下图所示的版权信息文本。

step 50 在【文档】工具栏的【标题】文本框中输入【音乐点播页面】，选择【文件】|【保存】命令，保存网页。

step 51 按 F12 键预览网页，最终效果如下图所示。

11.3 制作音乐播放页面

本节将制作一个音乐播放页面，通过实例操作介绍表格和 Div 的应用，以及设置表格单元格背景和 CSS 样式的方法。

【例11-3】使用Dreamweaver CC制作音乐播放页面。
🎬视频+素材 （光盘素材\第 11 章\例 11-3）

step 1 启动 Dreamweaver CC，创建一个空白网页文档，然后在文档的底部单击【桌面电脑大小】图标 🖥。

step 2 按【Ctrl+Alt+T】组合键，打开【表格】对话框，将【行数】设置为 1，将【列】

设置为 1，将【表格宽度】设置为 100 百分比，将【边框粗细】、【单元格边距】和【单元格间距】都设置为 0，然后单击【确定】按钮，在页面中插入一个 1 行 1 列的表格。

step 3 将鼠标光标放置在表格第 1 行的单元格中，在【属性】检查器中，将单元格的【高】设置为 650。

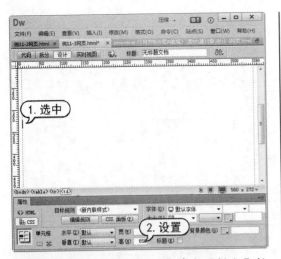

step 4 在【文档】工具栏中单击【拆分】按钮，切换至【拆分】视图。

step 5 在<td>标签后按空格键，在弹出的智能提示列表中选择 background 选项。

step 6 然后在弹出的列表中单击【浏览】选项。

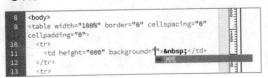

step 7 在打开的【选择文件】对话框中选择一个图像素材文件，单击【确定】按钮。

step 8 此时，将在网页代码中为单元格添加如下图所示的背景图片路径。

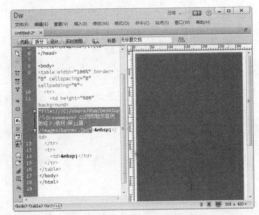

step 9 在【文档】工具栏中单击【设计】按钮，切换回设计视图。选择【插入】|Div 命令，打开【插入 Div】对话框，将 ID 设置为 Div01，然后单击【新建 CSS 规则】按钮。

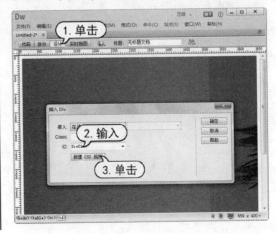

step ⑩ 打开【新建 CSS 规则】对话框,保持默认参数,单击【确定】按钮。

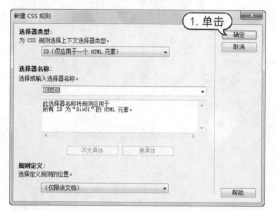

step ⑪ 打开【CSS 规则定义】对话框,在【分类】组中选择【定位】选项,然后将 Position 设置为 absolute,Width 设置为 900px,Height 设置为 300px,将 Placement 组中的 Top 设置为 130px,单击【确定】按钮。

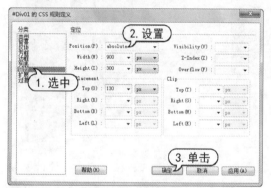

step ⑫ 返回【插入 Div】对话框,单击【确定】按钮,在表格的第 1 行单元格中插入一个如下图所示的 Div。

step ⑬ 将 Div01 中的文本删除,然后选择【插入】|【表格】命令,打开【表格】对话框,将【行数】设置为 1,将【列】设置为 2,将【表格宽度】设置为 100 百分比,然后单击【确定】按钮。

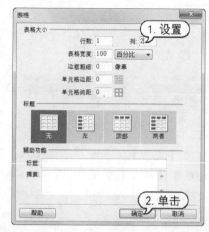

step ⑭ 在【属性】检查器中将 Div 中表格第 1 列的【宽】设置为 510,然后将鼠标光标插入表格的第 2 列中。

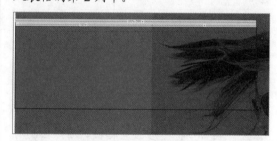

step ⑮ 选择【插入】|【图像】|【图像】命令,打开【选择图像源文件】对话框,选择一个图像素材文件,单击【确定】按钮。

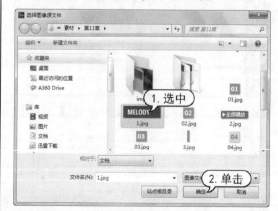

step ⑯　选中表格第 2 列的单元格, 在【属性】检查器中设置【垂直】属性为【顶端】,【水平】属性为【左对齐】。

step ⑰　将鼠标指针插入表格第 1 列的单元格中, 选择【插入】|【表格】命令, 打开【表格】对话框, 在该单元格中插入一个 4 行 4 列, 宽度为 100 百分比的嵌套表格。

step ⑱　选中嵌套表格的第 1 列, 在【属性】检查器中单击【合并所选单元格】按钮□, 合并该列所有的单元格。

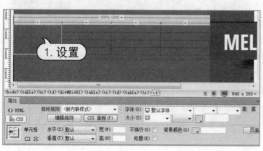

step ⑲　在【属性】检查器中设置合并后的单元格的【宽】为 144, 然后选择【插入】|【图像】|【图像】命令, 打开【选择图像源文件】对话框, 选择一个图像素材文件, 然后单击【确定】按钮。

step ⑳　选中嵌套表格的第 1 行的第 2 至 4 列单元格, 在【属性】检查器中单击【合并所选单元格】按钮□, 合并所选单元格。

step ㉑　在合并后的单元格中输入文本, 并设置文本的【字体】为【微软雅黑】, 设置【大小】为 18px, 设置【字体颜色】为【白色】。

step ㉒　使用同样的方法, 设置嵌套表格的其他单元格, 并在其中输入文本。

step 23 将鼠标指针插入嵌套表格第 4 行第 2 列的单元格中，选择【插入】|【媒体】|HTML5 Audio 命令，插入一个 HTML5 Audio。

step 24 选中页面中插入的 HTML5 Audio，在【属性】检查器中单击【源】文本框后的【浏览】按钮。

step 25 在打开的【选择音频】对话框中选择一个音频文件，单击【确定】按钮。

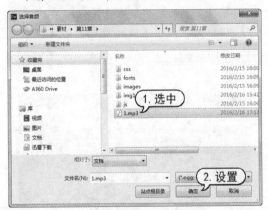

step 26 将鼠标指针放置在 Div 层的空白区域，选择【插入】|【表格】命令，打开【表格】对话框，插入一个 1 行 1 列，宽度为 510 像素的表格。

step 27 在【属性】检查器中设置表格中单元格的【水平】属性为【左对齐】,【垂直】属性为【顶端】。

step 28 将鼠标指针插入表格中，选择【插入】|【表单】|【文本区域】命令，在表格中插入一个文本区域。

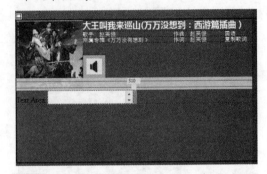

step 29 删除文本区域前的文字，在【属性】检查器的 Rows 文本框中输入 10，在 Cols 文本框中输入 60，在 Value 文本框中输入歌词。

step 30 选择【插入】|Div 命令，打开【插入 Div】对话框，将 ID 设置为 Div02，单击【新建 CSS 规则】按钮。

step 31 在打开的对话框中保持默认设置，单击【确定】按钮，打开【CSS 规则定义】对话框，在【分类】列表框中选择【定位】选项，将 Position 设置为 absolute，然后单击【确定】按钮。

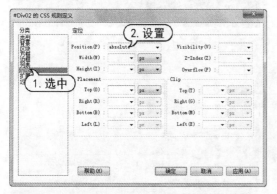

step 32 返回【插入 Div】对话框，单击【确定】按钮，在页面中插入一个 Div，然后在【属性】检查器中设置【左】为 520px，【宽】为 300px，【高】为 300px，【上】为 255px。

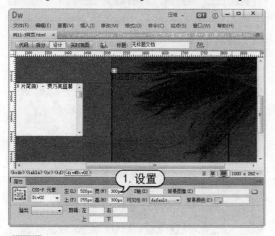

step 33 将鼠标置于该 Div 中，选择【插入】

|【表格】命令，打开【表格】对话框，插入一个 1 行 2 列，宽度为 100 百分比的表格，并在其中输入如下图所示的文本。

step 34 将鼠标指针置于表格的后方，选择【插入】|【水平线】命令，插入一条水平线。

step 35 选择【插入】|【表格】命令，打开【表格】对话框，在插入的水平线下方插入一个 6 行 3 列，宽度为 100 百分比的表格，并在表格中插入图片和输入文本，如下图所示。

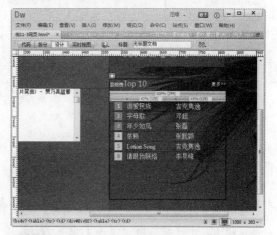

step 36 在网页文档中右击鼠标，在弹出的快捷菜单中选择【CSS 样式】|【新建】命令，打开【新建 CSS 规则】对话框，

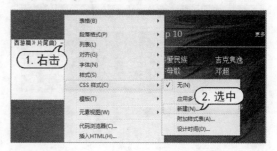

step 37 在【新建 CSS 规则】对话框的【选择器名称】文本框中输入 text01，单击【确定】按钮。

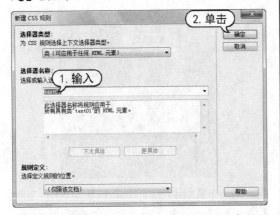

step 38 打开【CSS 规则定义】对话框，在【分类】列表中选择【类型】选项，将 Font-family 设置为【微软雅黑】，Font-size 设置为 12px，Color 设置为【#FFF】，单击【确定】按钮。

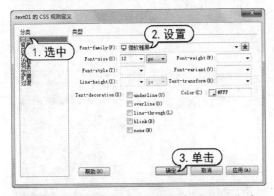

step 39 选中步骤 35 中在表格中输入的文本，在【属性】检查器中，将【目标规则】设置为 text01，并将单元格的【高】设置为 25。

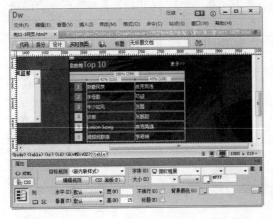

step 40 将鼠标指针插入页面底部的空白区域，选择【插入】|【表格】命令，打开【表格】对话框，插入一个 1 行 1 列，宽度为 100 百分比的表格。

step 41 在【属性】检查器中设置表格中单元格的【高】为 150，【背景颜色】为【#181818】。

step 42 在单元格中输入文本，并在【属性】检查器中为输入的文本应用 text01 规则。

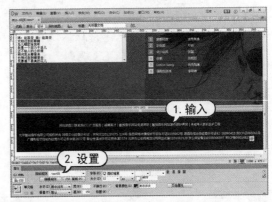

step 43 在【文档】工具栏的【标题】文本框中输入【音乐播放页面】。

step 44 选择【文件】|【保存】命令，然后按 F12 键预览网页，效果如下图所示。

第12章

制作软件下载网页

　　本章将使用 Dreamweaver CC 制作免费软件的下载页面。在具体的操作中，将通过表格对网站的结构进行细化调整，并通过图片、文本和 Div 等元素，美化网页的效果。

对应光盘视频

12.1　制作软件网站首页

本节将介绍软件下载网站首页的制作方法，主要包括表格和 Div 的应用，以及如何设置 Div 背景图像和插入图片的方法。网页制作完成后，效果如下图所示。

【例 12-1】使用 Dreamweaver CC 制作软件下载网站首页。

视频+素材 (光盘素材\第 12 章\例 12-1)

step 1 启动 Dreamweaver CC，选择【文件】|【新建】命令，打开【新建文档】对话框，单击【创建】按钮，创建一个空白网页。

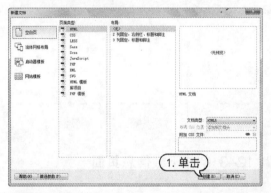

step 2 在【属性】检查器中单击【页面属性】按钮。

step 3 打开【页面属性】对话框，在【分类】列表中选择【外观（CSS）】选项，设置【文本颜色】为【#FFFFFF】，【左边距】和【右边距】

为 13px，【上边距】和【下边距】为 0，然后单击【确定】按钮。

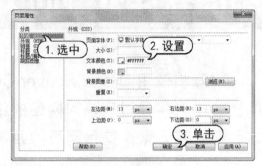

step 4 选择【插入】|【表格】命令，打开【表格】对话框，将【行数】设置为 8，【列】设置为 1，将【表格宽度】设置为 1000 像素，然后单击【确定】按钮，插入一个 8 行 1 列的表格。

step 5 选中表格第 1 行的单元格，在【属性】检查器中，将【高】设置为 395，将【宽】设置为 520。

step 6 单击【属性】检查器中的【拆分单元格为行或列】按钮，打开【拆分单元格】

对话框，选中【列】单选按钮，然后单击【确定】按钮，拆分单元格为 2 列。

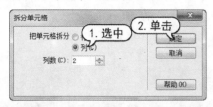

step 7 选中拆分后的第 1 列单元格，将【宽】设置为 520，并在其中插入如下图所示图像。

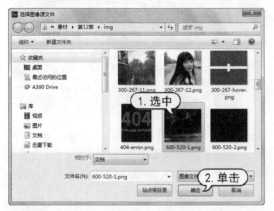

step 8 选中单元格中插入的图片，在【属性】检查器中设置图片的【高】为 395px，【宽】为 520px。

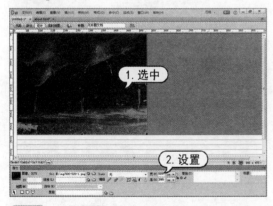

step 9 将鼠标指针插入拆分后的第 2 列单元格中，选择【插入】|【表格】命令，打开【表格】对话框，在该单元格中插入一个 1 行 1 列宽度为 100 百分比的嵌套表格。

step 10 选中嵌套表格，选择【插入】| Div 命令，打开【插入 Div】对话框，在 ID 文本框中输入 D1，单击【新建 CSS 规则】按钮。

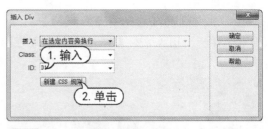

step 11 打开【新建 CSS 规则】对话框，保持默认设置，单击【确定】按钮。

step 12 打开【CSS 规则定义】对话框，在【分类】列表中选择【定位】选项，将 Position 设置为 absolute，将 Width 设置为 480px，将 Height 设置为 395px，将 Placement 中的 Top 设置为 0，然后单击【确定】按钮。

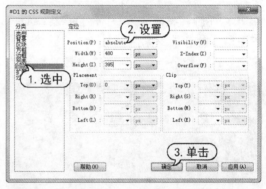

step 13 返回【插入 Div】对话框，单击【确定】按钮，插入一个名为 D1 的 Div。

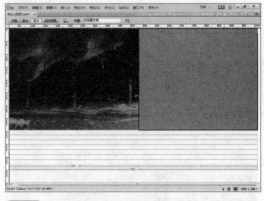

step 14 打开【属性】检查器，单击【背景图像】文本框后的【浏览】按钮。

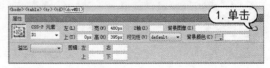

step 15 在打开的【选择图像源文件】对话框中选择一个图像素材文件，单击【确定】按钮。

step 16 此时，将为名为 D1 的 Div 层添加如下图所示的背景图像。

step 17 选中步骤 9 中创建的嵌套表格，使用同样的方法，创建名为 D2 的 Div 层，并设置其背景图像，如下图所示。

step 18 选中步骤 9 中创建的嵌套表格，创建名为 D3 的 Div 层，打开【CSS 规则定义】

对话框，在【分类】列表中选择【定位】选项，将 Position 设置为 absolute，将 Width 设置为 100px，将 Height 设置为 20px，将 Placement 中的 Top 设置为 350px。

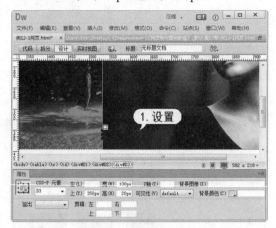

step 19 将鼠标指针插入步骤 9 中创建的表格中，选择【插入】|【图像】|【鼠标经过图像】命令，打开【插入鼠标经过图像】对话框，单击【原始图像】文本框后的【浏览】按钮。

step 20 打开【原始图像】对话框，选择一个图像文件素材，然后单击【确定】按钮。

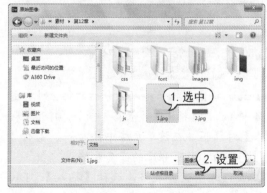

step 21 返回【插入鼠标经过图像】对话框，单击【鼠标经过图像】文本框后的【浏览】

按钮，在打开的【鼠标经过图像】对话框中选择一个图像素材作为鼠标经过图像。

step 22 在【插入鼠标经过图像】对话框中单击【确定】按钮，在表格中插入一个如下图所示的鼠标经过图像。

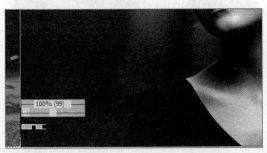

step 23 选择【插入】|【图像】|【图像】命令，在单元格中插入如下图所示的图像。

step 24 在状态栏中选中<body>标签。

<body>\<table>\<tr>\<td>\<div#D1>\<div#D2>\<div#D3>\<table>

step 25 选择【窗口】|【行为】命令，打开【行

为】面板，单击【添加行为】按钮，在弹出的菜单中选择【显示-隐藏元素】命令，打开【显示-隐藏元素】对话框，然后参考下图所示设置 D1、D2 和 D3 等 Div 层的显示或隐藏。

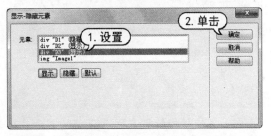

step 26 单击【确定】按钮，在【行为】面板中单击【显示-隐藏元素】行为前的下拉列表按钮，在弹出的下拉列表中选择 onLoad 选项。

step 27 选中步骤 22 中创建的鼠标经过图像，在【行为】面板中单击【添加行为】按钮，在弹出的菜单中选择【显示-隐藏元素】命令，打开【显示-隐藏元素】对话框，然后参考下图所示设置 D1、D2 和 D3 等 Div 层的显示或隐藏。

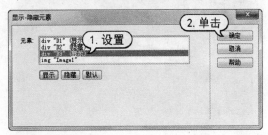

step 28 选中步骤 23 中插入的图像，在【行为】面板中单击【添加行为】按钮，在弹出的菜单中选择【显示-隐藏元素】命令，打

开【显示-隐藏元素】对话框，然后参考下图所示设置 D1、D2 和 D3 等 Div 层的显示或隐藏。

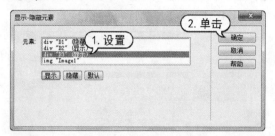

step ㉙ 将鼠标指针插入网页底部的空白处，选择【插入】| Div 命令，打开【插入 Div】对话框，在 ID 文本框中输入 D4，单击【新建 CSS 规则】按钮。

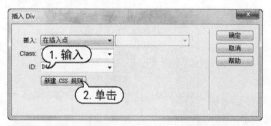

step ㉚ 在打开的对话框中单击【确定】按钮，打开【CSS 规则定义】对话框，在【分类】列表中选择【定位】选项，将 Position 设置为 absolute，然后单击【确定】按钮。

step ㉛ 返回【插入 Div】对话框，单击【确定】按钮，在页面中插入一个名为 D4 的 Div 层，然后使用鼠标调整其大小和位置。

step ㉜ 在【属性】检查器中单击【背景图像】文本框后的【浏览】按钮 ，在打开的对话

框中选择一个图像素材作为 D4 的背景图像。

step ㉝ 删除 D4 层中的文本，选择【插入】|【表格】命令，在该层中插入一个 1 行 1 列，宽度为 100 百分比的表格，然后在【属性】检查器中设置表格单元格的【高】为 80px，【水平】为【居中对齐】，【垂直】为【居中】。

step ㉞ 在表格的单元格中输入文本，在【属性】检查器中设置文本的字体、大小和颜色，完成后效果如下图所示。

step ㉟ 使用同样的方法，创建名为 D5 的 Div 层，调整其位置，并在其中输入如下图所示的文本内容。

step ㊱ 选中步骤 4 中插入表格的第 2 行，在【属性】检查器中将【高】设置为 60px，将【背景颜色】设置为【#222222】，然后单击【拆分单元格为行或列】按钮 ，打开【拆分单元格】对话框，选中【列】单选按钮，在【列数】文本框中输入 2，并单击【确定】按钮。

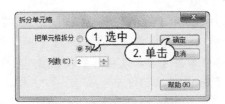

为 16px,【字体颜色】为【#FFFFFF】。

step 37 选中拆分后的第 1 列单元格,选择【插入】|【表格】命令,打开【表格】对话框,设置【行数】为 1,【列】为 5,【表格宽度】为 500 像素,【边框粗细】为 1 像素,然后单击【确定】按钮,插入一个 1 行 5 列的嵌套表格。

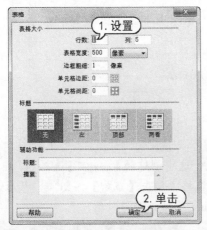

step 38 选中嵌套表格的所有单元格,在【属性】检查器中设置【高】为 60,【宽为】100,【水平】为【居中对齐】,【垂直】为【居中】。

step 39 将鼠标指针插入表格第 1 列的单元格中,在【属性】检查器中设置【背景颜色】为【#E61736】,然后在单元格中输入文本【首页】,并设置【字体】为【微软雅黑】,【大小】

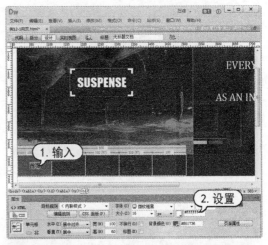

step 40 使用同样的方法,在表格的其他单元格中依次输入文本,效果如下图所示。

step 41 选中步骤 4 中插入表格的第 3 行,选择【插入】|【表格】命令,打开【表格】对话框,在该单元格中插入一个 2 行 4 列,宽度为 1000 像素的嵌套表格。

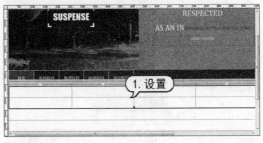

step 42 在【属性】检查器中,将嵌套表格所

有单元格的【宽】设置为 230 像素，然后在表格第 1 行的第 1、3 列单元格中输入如下图所示的文本。

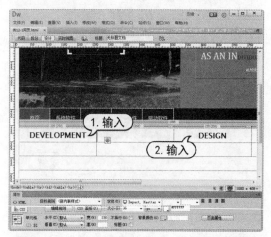

step 43 选中嵌套表格的第 2、4 列，选择【修改】|【表格】|【合并单元格】命令，合并相应的单元格，然后在合并后的单元格中插入如下图所示的图像素材。

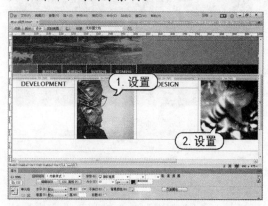

step 44 将鼠标指针插入嵌套表格第 1 列第 2 行的单元格中，输入文本，在【属性】检查器中单击【CSS 面板】按钮。

step 45 打开【CSS 设计器】面板，在【源】窗格中选中【所有源】选项，在【选择器】窗格中单击【添加选择器】按钮，然后输入【.text01】。

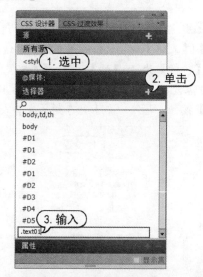

step 46 选中创建的【.text01】选择器，在【属性】窗格中单击【布局】按钮，然后设置 padding 属性如下图所示。

step 47 选中步骤 44 中输入的文本，在【属性】检查器中单击【目标规则】下拉列表按钮，在弹出的下拉列表中选择【text01】选项。

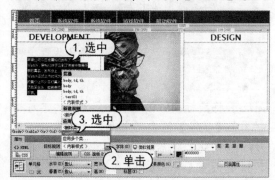

step 48 使用同样的方法，在嵌套表格的第 2 行第 3 列单元格中输入文本，并应用目标规则，完成后效果如下图所示。

step 49 选中步骤 4 中插入表格的第 4 行，重复第 3 行操作，在其中插入图片并输入文本。

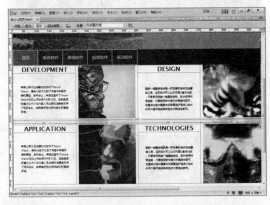

step 50 选中步骤 4 中插入表格的第 5 行，选择【修改】|【表格】|【拆分单元格】命令，打开【拆分单元格】对话框，将单元格拆分为 2 列，并在【属性】检查器中设置第 1 列的宽度为 520px，第 2 列的宽度为 480px。

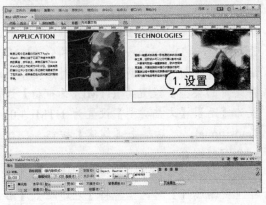

step 51 在第 1 列的单元格中插入一个 6 行 2 列的嵌套表格，并在该表格中输入文本。在第 2 列的单元格中插入如下图所示的图像素材。

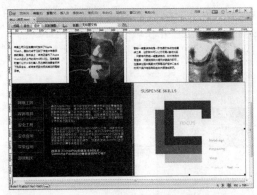

step 52 选中步骤 4 中插入表格的第 6 行，选择【修改】|【表格】|【拆分单元格】命令，打开【拆分单元格】对话框，将单元格拆分为 2 列，并将第 1 列的宽度设置为 520，背景颜色设置为黑色，设置【高】为 300px，【水平】为【居中对齐】，【垂直】为【居中】。

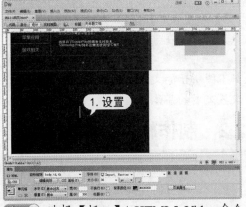

step 53 选择【插入】| HTML5 Video 命令，在第 1 列的单元格中插入一个 HTML5 Video，在【属性】检查器中设置 W 为 520 像素，H 为 230 像素。

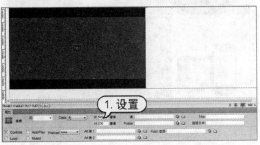

step 54 选中页面中插入的 HTML5 Video,在【属性】检查器中单击【源】文本框后的【浏览】按钮,设置 HTML5 Video 的播放源。

step 55 在第 2 列的单元格宏插入一个 3 行 3 列的嵌套表格,并在该表格中插入图像素材,如下图所示。

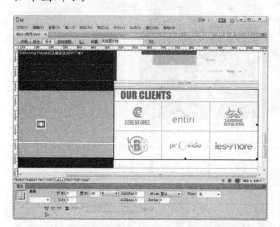

step 56 选中步骤 4 中插入表格的第 7 行,在【属性】检查器中设置【水平】为【居中对齐】,【垂直】为【居中】,然后选择【插入】|【水平线】命令,在单元格中插入一条水平线。

step 57 选中步骤 4 中插入表格的第 8 行,输入如下图所示的文本,并在【属性】检查器中设置文本的字体、大小和颜色。

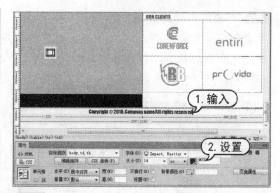

step 58 在【文档】工具栏的【标题】文本框中输入【软件下载网站首页】,选择【文件】|【保存】命令,将网页保存,然后按 F12 键预览网页,效果如下图所示。

12.2　制作软件分类频道

本节将介绍网站中的软件分类频道页面的制作过程,实例操作中主要使用表格和 Div 来布局页面。网页制作完成后的效果如下图所示。

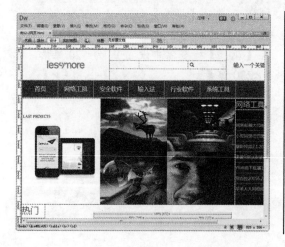

【例 12-2】使用 Dreamweaver CC 制作软件分类频道页面。
视频+素材 (光盘素材\第 12 章\例 12-2)

step 1 启动 Dreamweaver CC,按【Ctrl+N】组合键,在打开的【新建文档】对话框中,将【页面类型】设置为 HTML,【布局】设置为【无】,【文档类型】设置为 HTML4.01 Transitional,然后单击【创建】按钮,创建一个空白网页。

step 2 选择【修改】|【页面属性】命令,打开【页面属性】对话框,将【左边距】、【右

边距】、【上边距】和【下边距】都设置为 0，然后单击【确定】按钮。

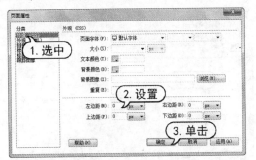

step 3 选择【插入】|【表格】命令，打开【表格】对话框，将【行数】设置为 2，【列】设置为 1，将【表格宽度】设置为 1000 像素，然后单击【确定】按钮，插入一个 2 行 1 列的表格。

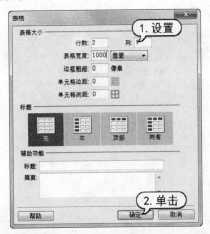

step 4 将鼠标光标插入到第 1 行的单元格中，在【属性】检查器中单击【拆分单元格为行或列】按钮，在打开的【拆分单元格】对话框中，选中【列】单选按钮，在【列数】文本框中输入 3，然后单击【确定】按钮。

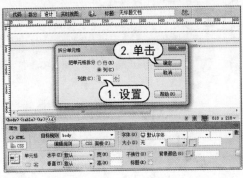

step 5 将鼠标光标插入到第 1 行第 1 列的单元格中，将【水平】设置为【居中对齐】，【垂直】设置为【居中】，【宽】设置为 30%，【高】设置为 100。

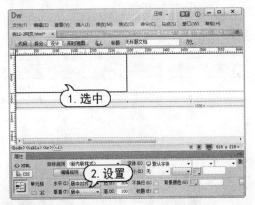

step 6 按【Ctrl+Alt+I】组合键，打开【选择图像源文件】对话框，选择一个图像文件，然后单击【确定】按钮。

step 7 将鼠标光标插入到第 2 列的单元格中，将【水平】设置为【居中对齐】，【垂直】设置为【居中】，【宽】设置为 40%，【高】设置为 100，如下图所示。

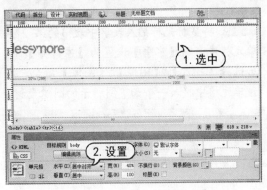

step ⑧ 选择【插入】|【表单】|【表单】命令，在单元格中插入一个表单，然后选择【插入】|【表格】命令，打开【表格】对话框，在表单中插入一个 1 行 2 列，宽度为 100 百分比的表格。

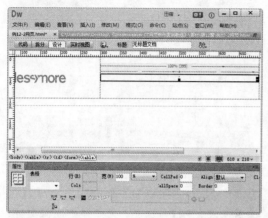

step ⑨ 将鼠标光标插入到表单中表格的第 1 列单元格中，将【水平】设置为【右对齐】，【宽】设置为 270px，然后选择【插入】|【表单】|【搜索】命令，在单元格中插入一个搜索控件，并删除该控件前的文本。

step ⑩ 将鼠标光标插入表单中表格的第 2 列单元格中，将【水平】设置为【左对齐】，然后选择【插入】|【图像】|【图像】命令，在该单元格中插入一个如下图所示的图像素材。

step ⑪ 在页面的空白处右击鼠标，在弹出的快捷菜单中选择【CSS 样式】|【新建】命令。

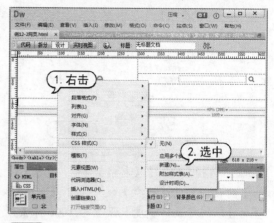

step ⑫ 打开【新建 CSS 规则】对话框，在【选择器名称】文本框中输入 t1，然后单击【确定】按钮。

step ⑬ 打开【CSS 规则定义】对话框，在【分类】列表中选择【方框】选项，将 Height 设置为 28px，然后单击【确定】按钮。

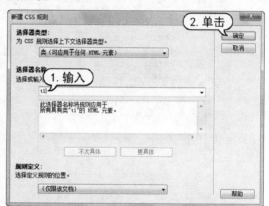

step ⑭ 选中插入的搜索控件，在【属性】检

查器中，将 Class 属性设置为 t1。

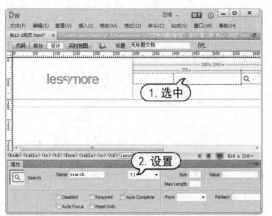

step 15 将鼠标光标插入第 3 列的单元格，将【水平】设置为【居中对齐】，【垂直】设置为【居中】，然后输入如下图所示的文本，并设置文本的【字体】为【微软雅黑】，【大小】18px，【字体颜色】设置为【#333】。

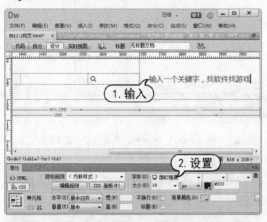

step 16 将鼠标光标插入到步骤 3 中插入表格的第 2 行，在【属性】检查器中将【高】设置为 56，然后在【文档】工具栏中单击【拆分】按钮，切换到拆分视图模式。

step 17 在<td>标签中按空格键，在弹出的列表中选择 background 选项。

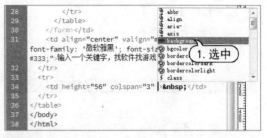

step 18 弹出【浏览】选项，然后按回车键，打开【选择文件】对话框。

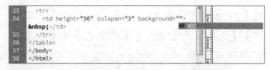

step 19 在【选择文件】对话框中选择一个图像素材文件，单击【确定】按钮。

step 20 在【文档】工具栏中单击【设计】按钮，为单元格设置背景图像。选择【插入】|【表格】命令，打开【表格】对话框，在该单元格中插入一个 1 行 7 列，宽度为 100 百分比，边框粗细为 1 的表格。

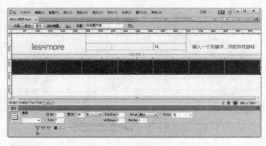

step 21 选中步骤 20 中插入表格的第 1 至 6

列的单元格，在【属性】检查器中，将【水平】设置为【居中对齐】，【高】设置为 56，【宽】设置为 120。

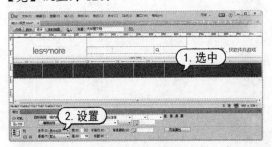

step 22 在以上单元格中输入文本，并在【属性】检查器中设置文本的【字体】为【微软雅黑】，【大小】为 20px，【字体颜色】为【白色】。

step 23 在网页空白区域中单击，选择【插入】| Div 命令，打开【插入 Div】对话框，将 ID 设置为 Div01，然后单击【新建 CSS 规则】按钮。

step 24 打开【新建 CSS 规则】对话框，保持默认设置，单击【确定】按钮。

step 25 打开【CSS 规则定义】对话框，在【分类】列表框中选择【定位】选项，将 Position 设置为 absolute，单击【确定】按钮。

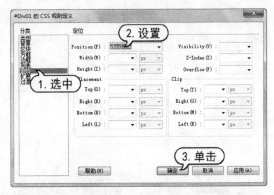

step 26 返回【插入 Div】对话框，单击【确定】按钮，在页面中插入 Div。在【属性】检查器中将【上】设置为 160px，【宽】设置为 730px，【高】设置为 350px。

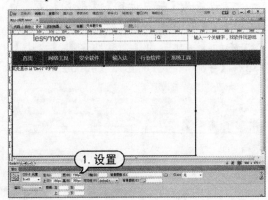

step 27 将 Div01 中的文本删除，选择【插入】|【表格】命令，打开【表格】对话框，插入一个 2 行 3 列，宽度为 100 百分比的表格。

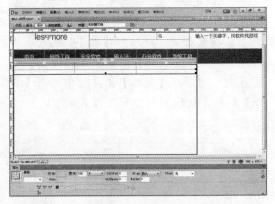

step 28 选中表格第 1 列中的两个单元格，选择【修改】|【表格】|【合并单元格】命令，将该列合并为 1 个单元格，然后在【属性】检查器中将【宽】设置为 270，【高】设置为 350。

step㉙ 选择【插入】|【图像】|【图像】命令，在表格的各个单元格中分别插入图片素材。

元格的【高】设置为 35。

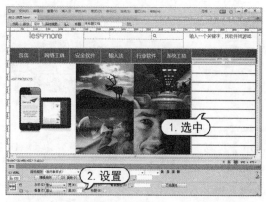

step㉚ 选择【插入】| Div 命令，打开【插入 Div】对话框，在网页中插入新的 Div，将其命名为 Div02，并在【属性】检查器中设置【左】为 733px，【宽】为 262px，【高】为 350px，【上】为 160px。

step㉝ 在表格中输入文本内容，并设置文本格式和单元格的背景颜色，完成后的效果如下图所示。

step㉛ 将 Div02 中的文本删除，选择【插入】|【表格】命令，打开【表格】对话框，插入一个 10 行 1 列、宽度为 100 百分比的表格。

step㉞ 选择【插入】| Div 命令，打开【插入 Div】对话框，在网页中插入一个名为 Div03 的新 Div，在【属性】检查器中将【上】设置为 510px，【宽】为 80px，【高】为 45px。

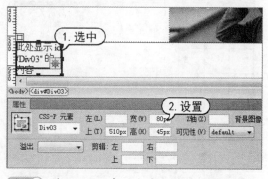

step㉜ 在【属性】检查器中将表格中所有单

step㉟ 将 Div03 中的文本删除，然后输入新的文本，将【字体】设置为【微软雅黑】，【大小】设置为30,【字体颜色】设置为【#666666】。

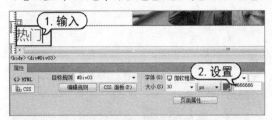

step 36 选择【插入】|Div 命令,打开【插入 Div】对话框,在页面中插入一个名为 Div04 的新 Div,设置【上】为 560px,【宽】为 230px,【高】设置为 290px。

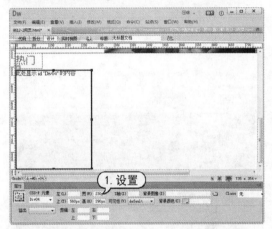

step 37 将 Div04 中的文本删除,选择【插入】|【表格】命令,打开【表格】对话框,插入一个 4 行 3 列的表格,将单元格的【水平】设置为【居中对齐】,【垂直】设置为【居中】,【宽】设置为 76,【高】设置为 72。

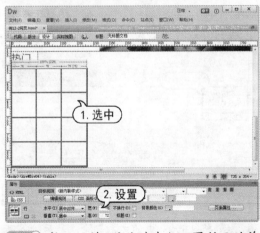

step 38 按 Ctrl 键,依次选中如下图所示的单

元格,将【背景颜色】设置为【#E61736】。

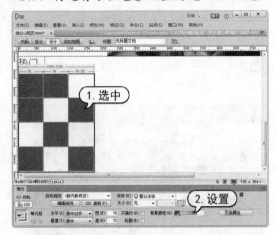

step 39 使用同样的方法,设置表格中其余单元格的【背景颜色】为【#222222】。

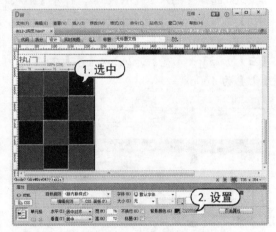

step 40 在表格中输入文本,将【字体】设置为【微软雅黑】,【大小】设置为 18,【字体颜色】设置为【白色】,如下图所示。

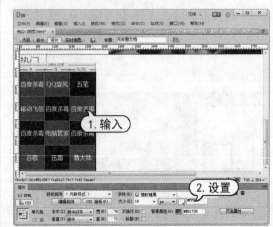

step 41 选择【插入】| Div 命令，打开【插入 Div】对话框，在页面中插入一个名为 Div05 的新 Div，将【左】设置为 248px，【上】设置为 560px，【宽】设置为 465px，【高】设置为 290px。

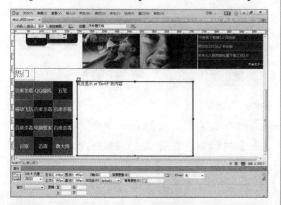

step 42 将 Div05 中的文本删除，选择【插入】|【表格】命令，打开【表格】对话框，在 Div 中插入一个 2 行 2 列的表格，然后将第 1 列的单元格合并。

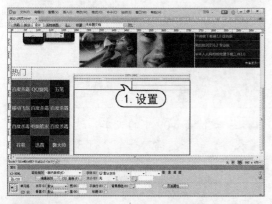

step 43 在表格的各个单元格中分别插入图像素材。

step 44 选择【插入】| Div 命令，打开【插入 Div】对话框，在页面中插入一个名为 Div06 的新 Div，将【左】设置为 733px，【上】设置为 560px，【宽】设置为 260px，【高】设置为 290px。

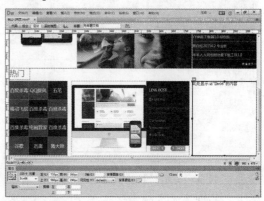

step 45 将 Div06 中的文本删除，选择【插入】|【表格】命令，打开【表格】对话框，插入一个 5 行 3 列的表格，将【宽】设置为 100 百分比，然后将表格最后一行的 3 个单元格合并，如下图所示。

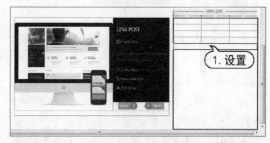

step 46 在【属性】检查器中设置表格中单元格的【宽】和【高】，然后输入文本并插入素材图片，如下图所示。

step **47** 选择【插入】| Div 命令，打开【插入 Div】对话框，在页面中插入一个名为 Div07 的新 Div，将【上】设置为 850px，【宽】设置为 80px，【高】设置为 45px。

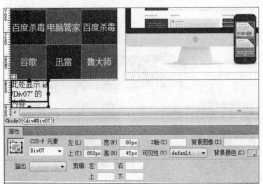

step **48** 删除 Div07 中的文本，然后输入新的文本，并设置文本的字体格式，效果如下图所示。

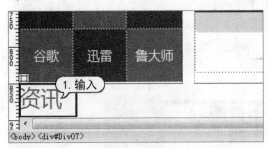

step **49** 选择【插入】| Div 命令，打开【插入 Div】对话框，在页面中插入一个名为 Div08 的新 Div，将【左】设置为 550px，【上】设置为 850px，【宽】设置为 80px，【高】设置为 45px。

step **50** 删除 Div08 中的文本，然后输入新的文本，并设置文本的字体格式。

step **51** 选择【插入】| Div 命令，打开【插入 Div】对话框，在页面中插入一个名为 Div09 的新 Div，将【上】设置为 900px，【宽】设置为 480px，【高】设置为 200px。

step **52** 删除 Div09 中的文本，选择【插入】|【表格】命令，插入一个 2 行 3 列的表格，然后合并表格第 1 行第 2、3 列的单元格，接着，合并第 1 列的 2 个单元格，并在其中插入图像素材。

step **53** 选择【插入】| Div 命令，打开【插入 Div】对话框，在页面中插入一个名为 Div10

的新 Div，将【左】设置为 490px，【上】设置为 900px，【宽】设置为 480px，【高】设置为 200px。

step 54　删除 Div10 中的文本，然后在其中插入表格，并添加文本和图像素材。

step 55　选择【插入】| Div 命令，打开【插入Div】对话框，在页面中插入一个名为 Div11 的新 Div，将【上】设置为 1110px，【宽】设置为 1000px，【高】设置为 20px。

12.3　制作下载信息页面

　　本节将制作软件下载信息页面，主要通过插入表格和图像，以及鼠标经过图像命令和插入 Div 命令来完成。

【例12-3】使用 Dreamweaver CC 制作下载信息页面。
视频+素材（光盘素材\第 12 章\例 12-3）

step 1　启动 Dreamweaver，按【Ctrl+N】组合键，打开【新建文档】对话框，选择【空白页】|HTML|【无】选项，然后单击【创建】按钮，创建一个空白网页。

step 56　删除 Div11 中的文本，然后在其中输入网页底部信息，并设置文本的字体格式。

step 57　在【文档】工具栏的【标题】文本框中输入【软件分类频道】。

step 58　选择【文件】|【保存】命令，将网页保存，然后按 F12 键预览网页，效果如下图所示。

step 2　将鼠标指针插入网页的空白区域，选择【插入】|【表格】命令，打开【表格】对话框。

step 3　在【表格】对话框中，将【行数】设置为 1，【列】设置为 9，【表格宽度】设置为850 像素，其他参数均设置为 0，单击【确定】

按钮，在网页中插入一个 1 行 9 列的表格。

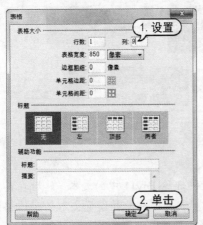

step 4 将鼠标指针插入表格左侧第 1 个单元格中，在【属性】检查器中将【宽】设置为 328，【高】设置为 30，如下图所示。

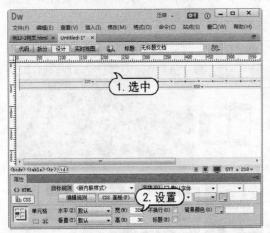

step 5 在其余的单元格中输入文本，在【属性】检查器中设置文本的【字体】为【微软雅黑】，【大小】为 12px，颜色为【#999】。

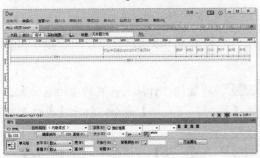

step 6 将鼠标光标插入表格左侧第 1 个单元格中，在【文档】工具栏中单击【拆分】按

钮，在打开的界面中可以看到代码中的光标。

step 7 在<td>代码中按空格键，在弹出的列表中选择 background 选项并双击，在打开的【选择文件】对话框中选择一个图像素材文件，并单击【确定】按钮，为单元格设置背景图片。

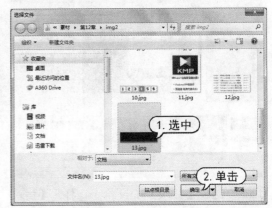

step 8 在【文档】工具栏中单击【设计】按钮，返回设计视图，将为单元格设置如下图所示的单元格背景。

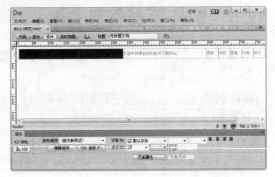

step 9 使用同样的方法，为表格的其余单元格设置背景图片，效果如下图所示。

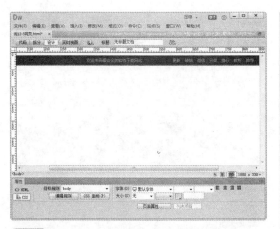

step 10 将鼠标指针插入网页底部的空白区域，选择【插入】|【表格】命令，打开【表格】对话框，插入一个 1 行 1 列，宽度为 850 像素的表格，并在表格中插入图像素材。

step 11 选择【插入】|Div 命令，打开【插入 Div】对话框，在 ID 文本框中输入 Div1，单击【新建 CSS 规则】按钮。

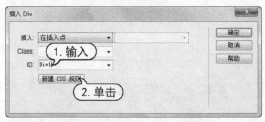

step 12 打开【新建 CSS 规则】对话框，保持默认设置，单击【确定】按钮。

step 13 打开【CSS 规则定义】对话框，在【分类】列表中选择【定位】选项，将 Position

设置为 absolute，然后单击【确定】按钮。

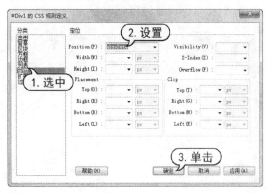

step 14 返回【插入 Div】对话框，单击【确定】按钮，在页面中插入 Div1。

step 15 选中 Div1，删除其中的文本，输入新的文本，并设置文本的格式，然后使用鼠标调整其宽度和位置。

step 16 将鼠标指针插入网页底部的空白区域，选择【插入】|【表格】命令，打开【表格】对话框，在页面中插入一个 1 行 8 列，宽度为 850 像素的表格，并在【属性】检查器中设置表格第 1 列单元格的【高】为 58。

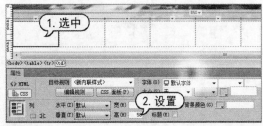

step 17 选中表格左侧的第 1 个单元格，选择

【插入】|【图像】|【鼠标经过图像】命令，打开【插入鼠标经过图像】对话框。

step 18 单击【原始图像】文本框右侧的【浏览】按钮，在打开的【原始图像】对话框中选择一个图像素材文件，然后单击【确定】按钮。

step 19 返回【插入鼠标经过图像】对话框，单击【鼠标经过图像】文本框右侧的【浏览】按钮，在打开的【鼠标经过图像】对话框中选择一个图像素材文件，然后单击【确定】按钮。

step 20 返回【插入鼠标经过图像】对话框，单击【确定】按钮，在单元格中插入如下图所示的鼠标经过图像。

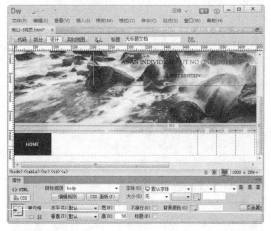

step 21 使用同样的方法，在表格的其他单元格中也插入鼠标经过图像，并设置表格所有单元格的背景颜色为【#222222】。

step 22 将鼠标指针置于网页底部的空白区域，选择【插入】|【表格】命令，打开【表格】对话框，插入一个 1 行 2 列，宽度为 850 像素的表格。

step 23 选中表格第 1 列的单元格，在【属性】检查器中设置【高】为 420，【宽】为 380。

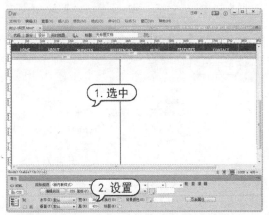

step 24 将鼠标指针插入表格第 1 列的单元格中，选择【插入】|【表格】命令，在该单元格中插入一个 6 行 2 列，宽度为 100 百分比的表格，并合并该表格第 2 列的单元格。

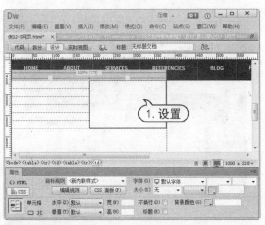

step 25 在【属性】检查器中，设置嵌套表格第 1 行第 1 列单元格的【高】为 70，背景颜色为【#222222】，然后在其中输入文本并设置文本格式。

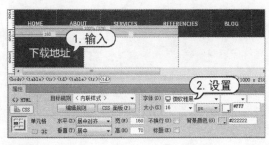

step 26 使用同样的方法设置嵌套表格第 1 列

中其他单元格的高度，并输入文本。

step 27 将鼠标指针插入嵌套表格的第 2 列，输入文本，并设置文本的格式。

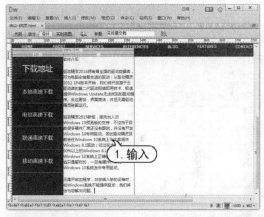

step 28 将鼠标指针插入表格第 2 列的单元格中，在其中插入如下图所示的图像素材。

step 29 将鼠标指针插入网页底部的空白区域，选择【插入】|【水平线】命令，插入一

条水平线，并在【属性】检查器中设置水平线的宽度为100%。

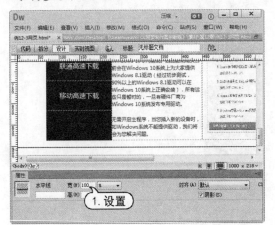

step 30 将鼠标指针插入水平线的下方，选择【插入】|【表格】命令，打开【表格】对话框，插入一个1行1列，宽度为850像素的表格，并在其中输入页面底部的文本信息。

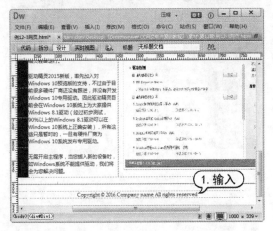

step 31 选择【修改】|【页面属性】命令，打开【页面属性】对话框，将【左边距】和【右边距】设置为55px，单击【确定】按钮。

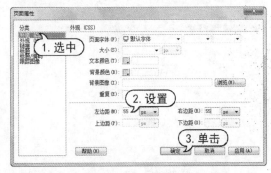

step 32 在【文档】工具栏的【标题】文本框中输入【下载信息页面】。

step 33 选择【文件】|【保存】命令，将网页保存，然后按F12键预览网页，效果如下图所示。

第13章

制作 jQuery Mobile 网页

jQuery Mobile 是 jQuery 在手机和平板电脑等移动设备上的版本。jQuery Mobile 不仅会给主流移动平台带来 jQuery 核心库，而且还发布了一个完整统一的 jQuery 移动 UI 框架。支持全球主流的移动平台。

 对应光盘视频

13.1 jQuery 与 jQuery Mobile

在使用 Dreamweaver CC 创建 jQuery Mobile 移动设备网页之前,用户首先应该了解一下 jQuery 与 jQuery Mobile 的基本特征。

13.1.1 jQuery

jQuery 是继 prototype 之后又一个优秀的 JavaScript 框架。它是轻量级的 js 库,兼容 CSS3,还兼容各种浏览器(IE 6.0+, FF 1.5+, Safari 2.0+, Opera 9.0+)。jQuery 使用户能够方便地处理 HTML documents 和 events,实现动画效果,并且方便地为网站提供 AJAX 交互。jQuery 还有一个比较大的优势就是,它的文档说明很全,而且各种应用也说得很详细,同时还有许多成熟的插件可供选择。jQuery 能够使用户的 html 页面保持代码和 html 内容分离,也就是说,不用再在 html 文件中插入一堆 js 来调用命令了,只需定义 id 即可。

使用 jQuery 的前提是首先要引用一个有 jQuery 的文件,jQuery 库位于一个 JavaScript 文件中,其中包含了所有的 jQuery 函数,代码如下:

```
<script type= "text/javascript " src= " http://code.
jQuery.com/jQuery-latest.min.js"></script>
```

实用技巧

现在,jQuery 驱动着 Internet 上大量的网站,它可以在浏览器中提供动态的用户体验,使传统桌面应用程序越来越受到其影响。

13.1.2 jQuery Mobile

jQuery Mobile 的使命是向所有主流的移动浏览器提供一种统一体验,使整个 Internet 上的内容更加丰富(无论使用何种设备)。jQuery Mobile 的目标是在一个统一的 UI 框架中交付 JavaScript 功能,跨最流行的智能手机和平板电脑设备工作。与 jQuery 一样,jQuery Mobile 是一个在 Internet 上直接托管、可以免费使用的开源代码基础。实际上,当 jQuery Mobile 致力于统一和优化这个代码基础时,jQuery 核心库受到了极大的关注。这种关注充分说明,移动浏览器技术在极短的时间内取得了非常大的发展。

jQuery Mobile 与 jQuery 核心库一样,用户不需要安装任何程序,只需要将各种 *.js 和 *.css 文件直接包含在 Web 页面中即可。这样 jQuery Mobile 的功能就像是被放到了用户的指尖,供用户随时使用。

13.2 创建 jQuery Mobile 页面

Dreamweaver 与 jQuery Mobile 相集成,可以帮助用户快速地设计适合大部分移动设备的网页程序,同时也可以使网页自身适应各类不同尺寸的设备。本节将介绍在 Dreamweaver 中使用 jQuery Mobile 起始页创建应用程序和使用 HTML5 创建 Web 页面的方法。

13.2.1 jQuery Mobile 起始页

用户在安装 Dreamweaver 时,软件会将 jQuery Mobile 文件的副本复制到用户的计算机中。选择 jQuery Mobile(本地)起始页时所打开的 HTML 页面会链接到本地 CSS、JavaScript 和图像文件。用户可以参考下面介绍的方法来创建 jQuery Mobile 页面。

【例 13-1】使用 Dreamweaver 创建 jQuery Mobile 页面。

视频+素材 (光盘素材\第 13 章\例 13-1)

step 1 启动 Dreamweaver CC,选择【文件】|【新建】命令,打开【新建文档】对话框,在该对话框中选择【启动器模板】选项。

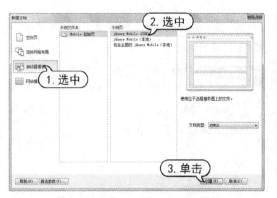

step 2 在【示例文件夹】列表框中选择
【Mobile 起始页】选项，在【示例页】列表
框中选择【jQuery Mobile(CDN)】、【jQuery
Mobile(本地)】或【包含主题的 jQuery
Mobile(本地)】选项中的一项。单击【创建】
按钮，即可创建 jQuery Mobile 页面结构的
网页。

13.2.2 HTML5 页

【jQuery Mobile 页面】组件充当所有其他
jQuery Mobile 组件的容器。在新的使用 HTML5
的页面中添加【jQuery Mobile 页面】组件，可
也以创建出 jQuery Mobile 的页面结构。

【例 13-2】通过新建 HTML 5 页面创建 jQuery
Mobile 页面结构。

视频+素材 (光盘素材\第 13 章\例 13-2)

step 1 启动 Dreamweaver CC，选择【文件】
|【新建】命令，打开【新建文档】对话框，
在该对话框中选择【空白页】选项，单击【文

档类型】下拉列表按钮，在弹出的下拉列表
中选择 HTML 5 选项。

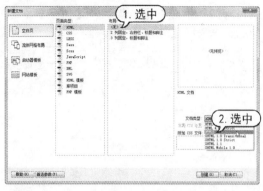

step 2 在【新建文档】对话框中单击【创建】
按钮，即可新建空白 HTML5 页面。

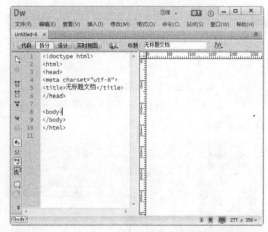

step 3 选择【窗口】|【插入】命令，显示【插
入】面板，然后在【插入】面板中选择 jQuery
Mobile 分类，jQuery Mobile 组件将显示在分
类列表中。

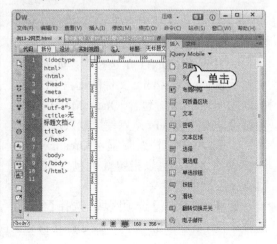

step 4 单击 jQuery Mobile 分类中的【页面】选项，打开【jQuery Mobile 文件】对话框。在该对话框中选中【远程】和【组合】单选按钮，然后单击【确定】按钮。

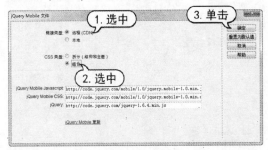

step 5 在打开的【页面】对话框中设置【页面】组件的属性，然后单击【确定】按钮。

step 6 此时，将创建如下图所示的 jQuery Mobile 页面结构。

【jQuery Mobile 文件】对话框中比较重要的选项功能如下。

➤ 【远程(CDN)】单选按钮：如果要链接到承载 jQuery Mobile 文件的远程 CDN 服务器，并且尚未配置包含 jQuery Mobile 文件的站点，则对 jQuery 站点使用默认选项。

➤ 【本地】单选按钮：显示 Dreamweaver 中提供的文件。可以指定其他包含 jQuery Mobile 文件的文件夹。

➤ 【CSS 类型】选项区域：选择【组合】选项，使用完全 CSS 文件，或选择【拆分】

选项，使用被拆分成结构和主题组件的 CSS 文件。

13.2.3 jQuery Mobile 页面结构

jQuery Mobile Web 应用程序一般都要遵循如下所示的基本模板。

```
<!DOCTYPE html>
    <html>
    <head>
    <title>Page Title</title>
    <link rel="stylesheet"
href="http://code.jquery.com/mobile/1.0/jquery.mobile-1.0.min.css" >
    <script src=
http://code.jquery.com/jquery-1.6.4.min.js
type="text/javascript"></script>
    <script src=
"http://code.jquery.com/mobile/1.0/jquery.mobile-1.0.min.js" type="text/javascript"></script>
    </head>
    <body>
    <div data-role="page" >
    <div data-role="header">
    <h1> Page Title </h1>
    </div>
<div data-role="content">
    <p>page content goes here.</p>
    </div>
    <div data-role="footer">
    <h4>Page Footer</h4>
    </div>
    </div>
    </body>
    </html>
```

用户要使用 jQuery Mobile，首先需要在开发的页面中包含以下 3 个内容。

➤ CSS 文件；

> jQuery library；

> jQuery Mobile library。

在以上所示的页面基本模板中，引入这 3 个元素采用的是 jQuery CDN 方式，网页开发者也可以下载这些文件及主题到自己的服务器上。

以上基本页面模板中的内容都是包含在 div 标签中的，并在标签中加入了 data-role="page"属性。这样，jQuery Mobile 就会知道哪些内容需要处理。

另外，在"page"div 中还可以包含 header、content、footer 的 div 元素。这些元素都是可选的，但至少要包含一个"content" div，具体说明如下。

> <div data-role="header" ></div>：在页面的顶部建立导航工具栏，用于放置标题和按钮(典型的至少要放置一个"返回"按钮，用于返回前一页)。通过添加额外的属性 data-position="fixed"，可以保证头部始终保持在屏幕的顶部。

> <div data-role="content" ></div>：包含一些主要内容，例如文本、图像、按钮、列表、表单等元素。

> <div data-role="footer" ></div>：在页面的底部建立工具栏，添加一些功能按钮。通过添加额外的属性 data-position="fixed"，可以保证它始终保持在屏幕的底部。

13.3　使用 jQuery Mobile 组件

jQuery Mobile 提供了多种组件，包括列表、布局、表单等多种元素，在 Dreamweaver 中使用【插入】面板的 jQuery Mobile 分组，可以可视化地插入这些组件。

13.3.1　使用列表视图

在 Dreamweaver 中单击【插入】面板 jQuery Mobile 分组中的【列表视图】按钮，可以在页面中插入 jQuery Mobile 列表。

【例 13-3】在 jQuery Mobile 页面中插入列表视图。

▶视频+素材 (光盘素材\第 13 章\例 13-3)

step 1 参考【例 13-1】介绍的方法，创建 jQuery Mobile 页面，将鼠标指针插入页面中合适的位置。

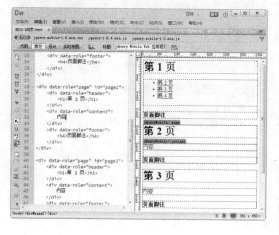

step 2 打开【插入】面板，选择 jQuery Mobile 选项卡，单击【列表视图】按钮，打开【列表视图】对话框。

step 3 在【列表视图】对话框中单击【确定】按钮，即可在页面中插入一个列表视图。

step④ 在界面左侧的【代码】视图中，可以看到列表的代码是一个包含 data-role="listview"属性的无序列表 ul。

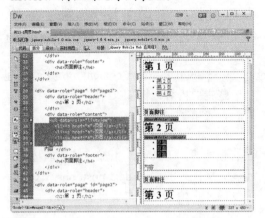

step⑤ 在【文档】工具栏中单击【实时视图】按钮，可查看页面中的列表视图效果，如下图所示。

1. 创建有序列表

通过有序列表 ol 可以创建具有数字排序的列表，例如在设置搜索结果或电影排行榜时非常有用。当增强效果应用在列表时，jQuery Mobile 优先使用 CSS 的方式为列表添加编号，当浏览器不支持该方式时，框架会采用 JavaScript 将编号写入列表中。jQuery Mobile 有序列表的源代码如下。

```
<ol data-role="listview">
    <li><a href="#">页面</a></li>
    <li><a href="#">页面</a></li>
    <li><a href="#">页面</a></li>
</ol>
```

【例 13-4】在 Dreamweaver 中修改列表视图源代码，创建有序列表。

视频+素材 (光盘素材\第 13 章\例 13-4)

step① 继续【例 13-3】的操作，在页面中创建列表视图后，在页面左侧的【代码】视图中修改列表视图的源代码。

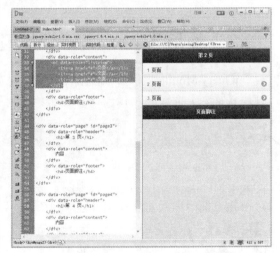

step② 在【文档】工具栏中单击【实时视图】按钮，此时列表视图的效果如下图所示。

2. 创建内嵌列表

列表也可用于展示没有交互的条目。通常会是一个内嵌的列表。通过有序或者无序列表都可以创建只读列表，列表项内没有链接即可，jQuery Mobil 默认将它们的主题样式设置为白色无渐变色，并将字号设置得比可点击的列表项小，以达到节省空间的目的。jQuery Mobile 内嵌列表的源代码如下所示。

```
<ul data-role="listview" data-inset="true">
    <li><a href="#">页面</a></li>
    <li><a href="#">页面</a></li>
    <li><a href="#">页面</a></li>
</ul>
```

【例 13-5】在 Dreamweaver 中修改列表视图源代码，创建内嵌列表。

视频+素材 (光盘素材\第 13 章\例 13-5)

step 1 创建列表视图后，在页面左侧的【代码】视图中修改列表视图的源代码。

step 2 在【文档】工具栏中单击【实时视图】按钮，列表视图的效果如下图所示。

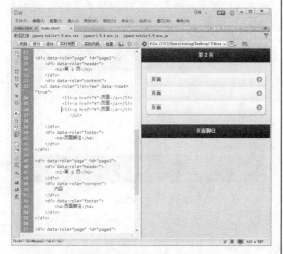

3. 创建拆分列表

当每个列表项都有多个操作时，拆分按钮可以用来提供两个独立的可单击的部分：列表项本身和列表项侧边的 icon。要创建这种拆分按钮，在<li>标签中插入第二个链接即可，框架会创建一个竖直的分割线，并把链接样式转化为一个只有 icon 的按钮(注意设置 title 属性以保证可访问性)。jQuery Mobile 拆分按钮的源代码如下。

```
<ul data-role="listview">

    <li><a href="#">页面</a><a href="#">默认值
</a></li>

    <li><a href="#">页面</a><a href="#">默认值
</a></li>
```

```
    <li><a href="#">页面</a><a href="#">默认值
</a></li>

    </ul>
```

【例 13-6】在 Dreamweaver CC 中修改列表视图源代码，创建拆分按钮。

视频+素材 (光盘素材\第 13 章\例 13-6)

step 1 在页面中创建列表视图后，在页面左侧的【代码】视图中修改列表视图的源代码。

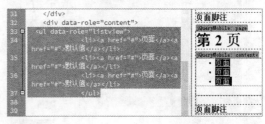

step 2 在【文档】工具栏中单击【实时视图】按钮，列表视图的效果如下图所示。

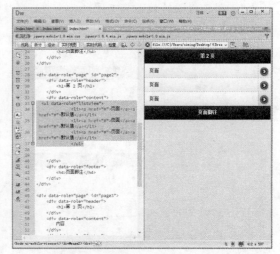

4. 创建文本说明

jQuery Mobile 支持通过 HTML 语义化的标签来显示列表项中所需的常见文本格式(例如标题/描述、二级信息、计数等)。jQuery Mobile 文本说明的源代码如下。

```
<ul data-role="listview">

    <li><a href="#">

    <h3>页面</h3>

    <p>lorem ipsum</p>

    </a></li>
```

......
　　</ul>

class="ui-li-count">1</span></a></li>
　　</ul>

【例 13-7】在 Dreamweaver 中修改列表视图源代码，创建 jQuery Mobile 文本说明。

视频+素材 (光盘素材\第 13 章\例 13-7)

step 1 在页面中创建列表视图后，在页面左侧的【代码】视图中修改列表视图的源代码。

【例 13-8】在 Dreamweaver 中修改列表视图源代码，创建 jQuery Mobile 文本气泡列表。

视频+素材 (光盘素材\第 13 章\例 13-8)

step 1 在页面中创建列表视图后，在页面左侧的【代码】视图中修改列表视图的源代码。

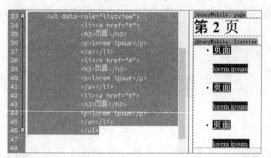

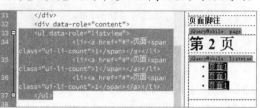

step 2 在【文档】工具栏中单击【实时视图】按钮，列表视图的效果如下图所示。

step 2 在【文档】工具栏中单击【实时视图】按钮，列表视图的效果如下图所示。

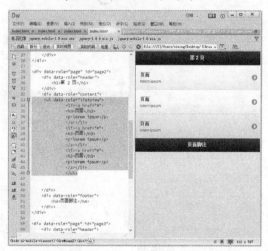

5. 创建文本气泡列表

创建 jQuery Mobile 文本气泡列表效果的源代码如下。

```
<ul data-role="listview">
　　<li><a href="#">页面<span
class="ui-li-count">1</span></a></li>
　　<li><a href="#">页面<span
class="ui-li-count">1</span></a></li>
　　<li><a href="#">页面<span
```

6. 创建补充信息列表

将数字用一个元素包裹，并添加 ui-li-count 的 class，放置于列表项内，可以为列表项在右侧增加一个计数气泡。补充信息(例如日期)可以通过包裹在 class="ui-li-aside"的容器中来添加到列表项的右侧。jQuery Mobile 补充信息列表的源代码如下。

```
<ul data-role="listview">
　　<li><a href="#">页面
　　<p class="ui-li-aside">侧边</p>
　　</a></li>
　　......
　　</ul>
```

【例 13-9】在 Dreamweaver 中修改列表视图源代码，创建 jQuery Mobile 补充信息列表。

视频+素材 (光盘素材\第 13 章\例 13-9)

step 1 在页面中创建列表视图后，在页面左侧的【代码】视图中修改列表视图的源代码。

step 2 在【文档】工具栏中单击【实时视图】按钮，列表视图的效果如下图所示。

第2页

页面	侧边 ➤
页面	侧边 ➤
页面	侧边 ➤
页面脚注	

13.3.2 使用布局网格

因为移动设备的屏幕通常都比较小，所以不推荐用户在布局时使用多栏布局。当用户需要在网页中将一些小的元素并排放置时，可以使用布局网格。jQuery Mobile 框架提供了一种简单的方法来构建基于CSS的分栏布局——ui-grid。jQuery Mobile 提供两种预设的配置布局：两列布局(class 含有 ui-grid-a)和三列布局(class 含有 ui-grid-b)，这两种配置的布局几乎可以满足任何情况(网格是 100%宽的，不可见，也没有 padding 和 margin，因此它们不会影响内部元素的样式)。

在 Dreamweaver CC 中，单击【插入】面板 jQuery Mobile 分组中的【网格布局】选项，可以打开【布局网格】对话框，在该对话框中设置网格参数后单击【确定】按钮，即可在网页中插入布局网格。

【例13-10】在 jQuery Mobile 页面中插入布局网格。

视频+素材 (光盘素材\第 13 章\例 13-10)

step 1 创建一个 jQuery Mobile 页面，将鼠标指针插入页面中合适的位置。

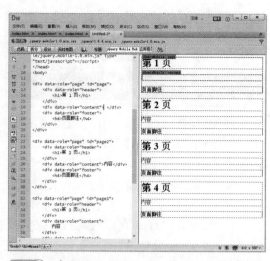

step 2 单击【插入】面板 jQuery Mobile 选项卡中的【布局网格】按钮，打开【布局网格】对话框。

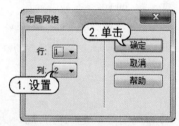

step 3 在【布局网格】对话框中设置网格参数后，单击【确定】按钮，即可在页面中插入如下图所示的布局网格。

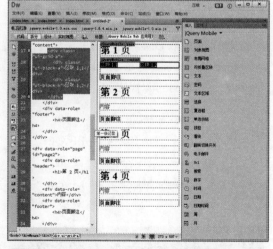

step 4 在【文档】工具栏中单击【实时视图】按钮，查看页面中的布局网格效果，如下图所示。

第 1 页
区块 1,1　　　　　　区块 1,2
页面脚注

要构建两栏的布局，用户需要先构建一个父容器，添加一个名称为 ui-grid-a 的 calss，内部设置两个子容器，并分别为第一个子容器添加 class: "ui-block-a "，为第二个子容器添加 class: "ui-block-b"。默认两栏没有样式，并行排列。分类的 class 可以应用到任何类型的容器上。jQuery Mobile 两栏布局的源代码如下。

```
<div data-role="content">
<div class="ui-grid-a">
<div class="ui-block-a">区块 1,1</div>
<div class="ui-block-b">区块 1,2</div>
</div>
</div>
```

另一种布局的方式是三栏布局，为父容器添加 class="ui-grid-b "，然后分别为 3 个子容器添加 class= "ui-block-a "、class= "ui-block-b"、class= "ui-block-c"。依此类推，如果是 4 栏布局，则为父容器添加 class= "ui-grid-c"(2 栏为 a，3 栏为 b，4 栏为 c…)，子容器分别添加 class= ui-block-a "、class= "ui-block-b "、class= "ui-block-c"…。jQuery Mobile 三栏布局的源代码如下。

```
<div class="ui-grid-b">
<div class="ui-block-a">区块 1,1</div>
<div class="ui-block-b">区块 1,2</div>
<div class="ui-block-c">区块 1,3</div>
</div>
```

13.3.3 使用可折叠区块

要在网页中创建一个可折叠区块，可以先创建一个容器，然后为容器添加 data-role=

"collapsible"属性。jQuery Mobile 会将容器内的(h1~h6)子节点表现为可单击的按钮，并在左侧添加一个【+】按钮，表示其可以展开。在头部后面可以添加任何需要折叠的 html 标签。框架会自动将这些标签包裹在一个容器中用于折叠或显示。

【例 13-11】在 jQuery Mobile 页面中插入可折叠区块。

视频+素材 (光盘素材\第 13 章\例 13-11)

step 1 创建一个 jQuery Mobile 页面，将鼠标指针插入页面中合适的位置，单击【插入】面板 jQuery Mobile 选项卡中的【可折叠区块】按钮。

step 2 此时，即可在页面中插入如下图所示的可折叠区块。

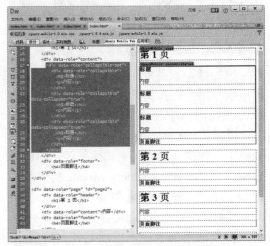

step 3 单击【实时视图】按钮，效果如下图所示。

第 1 页
⊕ 标题
⊕ 标题
⊕ 标题
页面脚注

在默认设置中，可折叠容器是展开的，用户可以通过点击容器的头部进行收缩。

为折叠的容器添加 data-collapsed="true"属性，可以设置其默认收缩。jQuery Mobile 可折叠区块的源代码如下图所示。

13.3.4 使用文本输入框

文本输入框和文本输入域使用标准的 HTML 标记，jQuery Mobile 会让它们在移动设备中变得更加易于触摸使用。用户在 Dreamweaver 中单击【插入】面板中 jQuery Mobile 分组中的【文本】按钮，即可插入 jQuery Mobile 文本输入框。

【例 13-12】在 jQuery Mobile 页面中插入一个文本输入框。

视频+素材 (光盘素材\第 13 章\例 13-12)

step 1 创建一个 jQuery Mobile 页面，将鼠标指针插入页面中合适的位置，单击【插入】面板 jQuery Mobile 选项卡中的【文本】按钮，即可在页面中插入一个文本输入框。

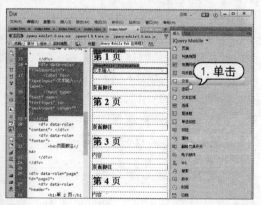

step 2 在【文档】工具栏中单击【实时视图】按钮，页面中的文本输入框效果如下图所示。

要使用标准字母数字的输入框，可以为 input 增加 type="text"属性。需要将 label 的 for 属性设置为 input 的 id 值，使它们能够在语义上相关联。如果用户在页面中不想看到 lable，可以将其隐藏。jQuery Mobile 文本输入框的源代码如下图所示。

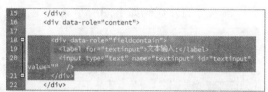

13.3.5 使用密码输入框

在 jQuery Mobile 中，用户可以使用现有的和新的 HTML5 输入类型，例如 password。有一些类型在不同的浏览器中会被渲染成不同的样式，例如，Chrome 浏览器会将 range 输入框渲染成滑动条，所以应通过将类型转换为 text 来标准化它们的外观(目前只作用于 range 和 search 元素)。用户可以使用 page 插件的选项来配置那些被降级为 text 的输入框。使用这些特殊类型输入框的好处是，在智能手机上不同的输入框对应不同的触摸键盘。

【例 13-13】在 jQuery Mobile 页面中插入一个密码输入框。

视频+素材 (光盘素材\第 13 章\例 13-13)

step 1 创建一个 jQuery Mobile 页面，将鼠标指针插入页面中合适的位置，单击【插入】面板 jQuery Mobile 选项卡中的【密码】按钮，即可在页面中插入一个密码输入框。

step 2 在【文档】工具栏中单击【实时视图】按钮,页面中的密码输入框效果如下图所示。

为 input 设置 type="password"属性，可将其设置为密码框，注意要将 label 的 for 属性设置为 input 的 id 值，使它们能够在语义上相关联，并且要用 div 容器将其包括，设定 data-role="fieldcontain"属性。jQuery Mobile 密码输入框的源代码如下图所示。

```
15          </div>
16          <div data-role="content">
17              <div data-role="fieldcontain">
18                  <label for="passwordinput">密码输入:</label>
19                  <input type="password" name="passwordinput" id=
"passwordinput" value=""  />
20              </div>
21          </div>
```

13.3.6 使用文本区域

对于多行输入可以使用 textarea 元素。jQuery Mobile 框架会自动加大文本域的高度，防止出现滚动。用户在 Dreamweaver 中单击【插入】面板中 jQuery Mobile 分组中的【文本区域】按钮，可以插入 jQuery Mobile 文本区域。

【例 13-14】在 jQuery Mobile 页面中插入一个文本区域。

视频+素材 (光盘素材\第 13 章\例 13-14)

step 1 创建一个 jQuery Mobile 页面，将鼠标指针插入页面中合适的位置，单击【插入】面板 jQuery Mobile 选项卡中的【文本区域】按钮，即可在页面中插入一个文本区域。

step 2 在【文档】工具栏中单击【实时视图】

按钮，页面中的文本区域效果如下图所示。

在插入 jQuery Mobile 文本区域时，应注意将 label 的 for 属性设置为 textarea 的 id 值，使它们能够在语义上相关联，并且要用 div 容器包括它们，设定 data-role="fieldcontain"属性。jQuery Mobile 文本区域的源代码如下图所示。

```
15          </div>
16          <div data-role="content">
17              <div data-role="fieldcontain">
18                  <label for="textarea">文本区域:</label>
19                  <textarea cols="40" rows="8" name=
"textarea" id="textarea"></textarea>
20              </div>
21          </div>
```

13.3.7 使用选择菜单

选择菜单放弃了 select 元素的样式(select 元素被隐藏，并由一个 jQuery Mobile 框架自定义样式的按钮和菜单所替代)，菜单 ARIA(Accessible Rich Applications)不使用桌面电脑的键盘也能够访问。当选择菜单被点击时，手机自带的菜单选择器将被打开，当菜单内某个值被选中后，自定义的选择按钮的值将被更新为用户选择的选项。

【例 13-15】在 jQuery Mobile 页面中插入一个选择菜单。

视频+素材 (光盘素材\第 13 章\例 13-15)

step 1 创建一个 jQuery Mobile 页面，将鼠标指针插入页面中合适的位置，单击【插入】面板 jQuery Mobile 选项卡中的【选择】按钮，即可在页面中插入选择菜单。

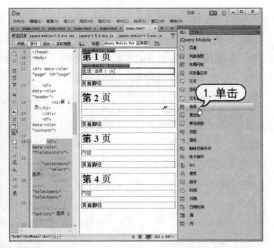

在【文档】工具栏中单击【实时视图】按钮，页面中的选择菜单效果如下图所示。

　　要添加 jQuery Mobile 选择菜单组件，应使用标准的 select 元素和位于其内的一组 option 元素。注意要将 label 的 for 属性设置为 select 的 id 值，使它们能够在语义上相关联。并把它们包裹在 data-role="fieldcontain" 的 div 中进行分组。框架会自动找到所有的 select 元素并自动增强为自定义的选择菜单。jQuery Mobile 选择菜单的源代码如下图所示。

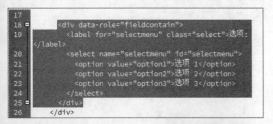

13.3.8 使用复选框

　　复选框用于提供一组选项(可以选中其中的多个选项)。传统桌面程序的单选按钮没有对触摸输入的方式进行优化，所以在

jQuery Mobile 中，lable 也被样式化为复选框按钮，使按钮更长，更容易被点击，并添加了自定义的一组图标来增强视觉反馈效果。

【例 13-16】在 jQuery Mobile 页面中插入复选框。
🎬 视频+素材 (光盘素材\第 13 章\例 13-16)

step 1 创建一个 jQuery Mobile 页面，将鼠标指针插入页面中合适的位置，单击【插入】面板 jQuery Mobile 选项卡中的【复选框】按钮。

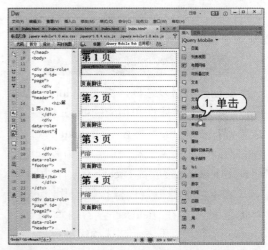

step 2 在打开的【复选框】对话框中设置复选框的各项参数，单击【确定】按钮。

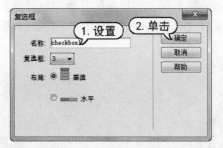

step 3 此时，即可在页面中插入一个如下图所示的复选框。

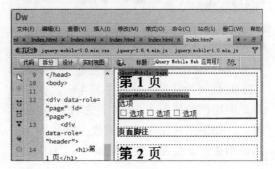

step④ 在【文档】工具栏中单击【实时视图】按钮，页面中的复选框效果如下图所示。

要创建一组复选框，需要为 input 添加 type="checkbox"属性和相应的 label 标签。注意要将 label 的 for 属性设置为 input 的 id 值，使它们能够在语义上相关联。因为复选框按钮使用 label 元素放置 checkbox 后，用于显示其文本，推荐把复选框按钮组用 fieldset 容器包裹，并在 fieldset 容器内增加一个 legend 元素，用于表示该选项组的标题。最后，还需要将 fieldset 包裹在有 data-role="controlgroup"属性的 div 中，以便于为该组元素和文本框、选择框等其他表单元素同时设置样式。jQuery Mobile 复选框的源代码如下图所示。

13.3.9 使用单选按钮

单选按钮和复选框都是使用标准的 HTML 代码，并且都更容易被点击。其中，可见的控件是覆盖在 input 上的 label 元素，因此，如果图片没有正确加载，仍然可以正常使用控件。在大多数浏览器中，点击 lable 元素时会自动触发在 input 上的点击，但是用户不得不在部分不支持该特性的移动浏览器中手动触发该点击(在桌面程序中，键盘和屏幕阅读器也可以使用这些控件)。

【例13-17】在 jQuery Mobile 页面中插入单选按钮。
视频+素材 (光盘素材\第 13 章\例 13-17)

step① 将鼠标指针插入页面中合适的位置，单击【插入】面板 jQuery Mobile 选项卡中的【单选按钮】按钮。

step② 在打开的【单选按钮】对话框中设置单选按钮的各项参数，单击【确定】按钮。

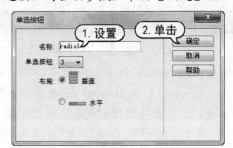

step③ 此时，即可在页面中插入一个如下图所示的单选按钮组。

step 4　在【文档】工具栏中单击【实时视图】按钮，页面中的单选按钮效果如下图所示。

单选按钮与 jQuery Mobile 复选框的代码类似，只需将 checkbox 替换为 radio 即可，jQuery Mobile 单选按钮的源代码如下图所示。

13.3.10　使用按钮

按钮是由标准 HTML 代码的 a 标签和 input 元素编写而成的，jQuery Mobile 可以使其更加易于在触摸屏上使用。用户在 Dreamweaver 中单击【插入】面板中 jQuery Mobile 分组中的【按钮】按钮，打开【按钮】对话框，然后在该对话框中单击【确定】按钮，即可插入 jQuery Mobile 按钮。

【例 13-18】在 jQuery Mobile 页面中插入一个按钮。
视频+素材 (光盘素材\第 13 章\例 13-18)

step 1　将鼠标指针插入页面中，单击【插入】面板 jQuery Mobile 选项卡中的【按钮】按钮。

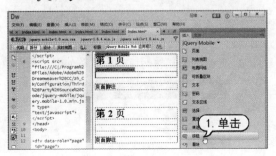

step 2　在打开的【按钮】对话框中设置按钮的各项参数，单击【确定】按钮。

step 3　此时，即可在页面中插入一个如下图所示的按钮。

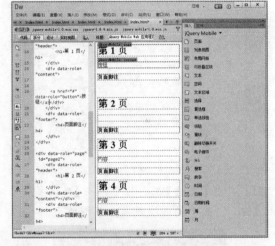

step 4　在【文档】工具栏中单击【实时视图】按钮，页面中的按钮效果如下图所示。

在 page 元素的主要 block 内，可以通过为任意链接添加 data-role="button" 属性使其样式化的按钮。jQuery Mobile 会为链接添加一些必要的 class 以使其表现为按钮。jQuery Mobile 普通按钮的源代码如下。

```
<a href="#" data-role="button">按钮</a>
```

13.3.11 使用滑块

用户在 Dreamweaver 中单击【插入】面板中 jQuery Mobile 分组中的【滑块】按钮，可以插入 jQuery Mobile 滑块。

【例13-19】在 jQuery Mobile 页面中插入一个滑块。

📀 视频+素材 (光盘素材\第 13 章\例 13-19)

step 1 创建一个 jQuery Mobile 页面，将鼠标指针插入页面中合适的位置，单击【插入】面板 jQuery Mobile 选项卡中的【滑块】按钮，即可在页面中插入一个滑块。

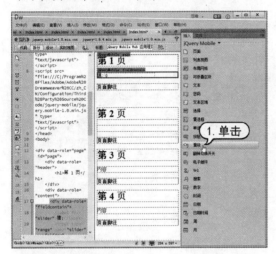

step 2 在【文档】工具栏中单击【实时视图】按钮，页面中的滑块效果如下图所示。

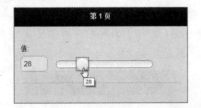

为 input 设置一个新的 HTML5 属性 type="range"，可以在页面中添加滑动条组件，并可以指定其 value 值(当前值)，min 和 max 属性的值，jQuery Mobile 会解析这些属性来配置滑动条。当用户拖动滑块时，Input 会随之更新数值，使用户能够方便地在表单中提交数值。注意要将 label 的 for 属性设置为 input 的 id 值，使它们能够在语义上相关

联，并且要用 div 容器包裹它们，给它们设定 data-role="fieldcontain"属性。jQuery Mobile 滑块的源代码如下图所示。

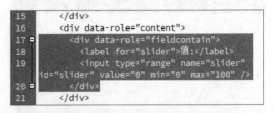

13.3.12 设置翻转切换开关

开关在移动设备上是一个常用的 ui 元素，它可以二元地切换开/关或输入 true/false 类型的数据。用户可以像滑动框一样拖动开关，或者点击开关的任意一半进行操作。

【例13-20】在 jQuery Mobile 页面中设置翻转切换开关。

📀 视频+素材 (光盘素材\第 13 章\例 13-20)

step 1 创建一个 jQuery Mobile 页面，将鼠标指针插入页面中合适的位置，单击【插入】面板 jQuery Mobile 选项卡中的【翻转切换开关】按钮即可在页面中插入翻转切换开关。

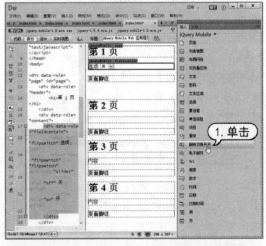

step 2 在【文档】工具栏中单击【实时视图】按钮，页面中的翻转切换开关效果如下图所示。

创建一个只有两个 option 的选择菜单即可构建一个切换开关，其中，第一个 option 会被样式化为【开】，第二个 option 会被样式化为【关】(用户需要注意代码的编写顺序)。在创建开关时，应将 label 的 for 属性设置为 select 的 id 值，使它们能够在语义上相关联，并且要用 div 容器包裹它们，设定

data-role="fieldcontain"属性。jQuery Mobile 翻转切换开关的源代码如下图所示。

```
17     <div data-role="fieldcontain">
18         <label for="flipswitch">选项:</label>
19         <select name="flipswitch" id=
"flipswitch" data-role="slider">
20             <option value="off">关</option>
21             <option value="on">开</option>
22         </select>
23     </div>
```

13.4　使用 jQuery Mobile 主题

jQuery Mobile 中每一个布局和组件都被设计为一个全新页面的 CSS 框架,从而可以使用户能够为站点和应用程序使用完全统一的视觉设计主题。

jQuery Mobile 的主题样式系统与 jQuery UI 的 ThemeRoller 系统非常类似，但又有以下几点重要改进：

▶ 使用 CSS3 来显示圆角、文字、盒阴影和颜色渐变，而不是图片，使主题文件轻量级，减轻了服务器的负担。

▶ 主体框架包含了几套颜色色板。每一套都包含了可以自由混搭和匹配的头部栏、主体内容部分和按钮状态。用于构建视觉纹理，创建丰富的网页设计效果。

▶ 开放的主题框架允许用户创建最多 6 套主题样式，为设计增加近乎无限的多样性。

▶ 一套简化的图标集，包含了移动设备上发布部分需要使用的图标，并且精简到了一张图片中，从而减小了图片的大小。

> **实用技巧**
>
> 主题系统的关键在于把针对颜色与材质的规则，和针对布局结构的规则(例如 padding 和尺寸)的定义相分离。这就使得主题的颜色和材质在样式表中只需要定义一次，便可以在站点中混合、匹配以及结合，使其得到广泛的使用。

每一套主题样式都包括几项全局设置，包括字体阴影、按钮和模型的圆角值。另外，主题也包括几套颜色模板，每一个模板都定义了工具栏、内容区块、按钮和列表项的颜色以及字体的阴影。

jQuery Mobile 默认内建了 5 套主题样式，用 a、b、c、d、e 引用。为了使颜色主题能够保持一致地映射到组件中，其遵从的约定如下：

▶ a 主题是视觉上最高级别的主题；

▶ b 主题为次级主题(蓝色)；

▶ c 主题为基准主题，在很多情况下默认使用；

▶ d 主题为备用的次级内容主题；

▶ e 主题为强调用主题。

默认设置中，jQuery Mobile 为所有的头部栏和尾部栏分配的是 a 主题，因为它们在应用中是视觉优先级最高的。如果要为 bar 设置一个不同的主题，用户只需要为头部栏和尾部栏增加 data-theme 属性，然后设定一个主题样式字母即可。如果没有指定,jQuery Mobile 会默认为 content 分配主题 c,使其在视觉上与头部栏区分开。

使用 Dreamweaver CC 的【jQuery Mobile 色板】面板,可以在 jQuery Mobile CSS 文件中预览所有色板(主题),然后使用此面板来应用色板,或从 jQuery Mobile Web 页的各种元素中删除它们。使用该功能可将色板逐个应用于标题、列表、按钮或其他元素中。

【例 13-21】设置页面列表主题。
🎬 视频+素材 (光盘素材\第 13 章\例 13-21)

step 1 在 Dreamweaver CC 中打开如下图所示的页面，并将鼠标指针插入页面中需要设置页面主题的位置。

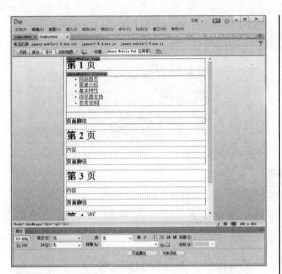

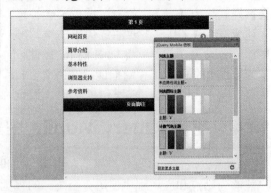

step ③ 在【文档】工具栏中单击【实时视图】按钮，预览网页效果如下图所示。

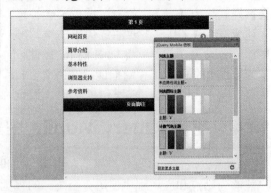

step ② 选择【窗口】|【jQuery Mobile 色板】命令，打开【jQuery Mobile 色板】面板。

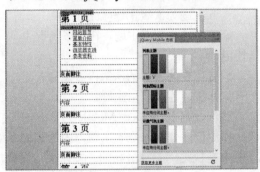

step ④ 在【jQuery Mobile 色板】面板中单击【列表主题】列表中的颜色，即可修改当前页面中的列表主题。

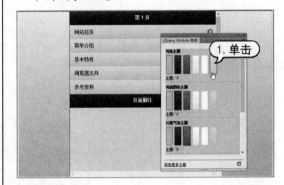

13.5 案例演练

本章的实战演练部分将在 Dreamweaver CC 中制作一个适用于手机的 jQuery Mobile 页面，用户通过练习从而巩固本章所学知识。

【例 13-22】在 Dreamweaver CC 中制作一个适合手机使用的 jQuery Mobile 页面。

视频+素材 (光盘素材\第 13 章\例 13-22)

step ① 启动 Dreamweaver CC，选择【文件】|【新建】命令，打开【新建文档】对话框。

step ② 在【新建文档】对话框中单击【启动器模板】选项，并选中【示例页】列表中的【jQuery Mobile（本地）】选项。

step ③ 单击【创建】按钮，在 Dreamweaver 中创建一个 jQuery Mobile 页面。

step ④ 在浏览器状态栏中单击【手机大小】按钮，设置工作区域显示范围。

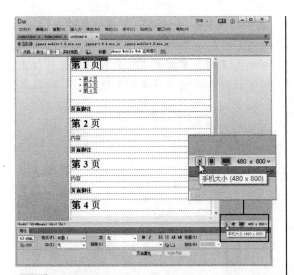

step 5 修改第 1 页界面中的文本,制作如下图所示的效果。

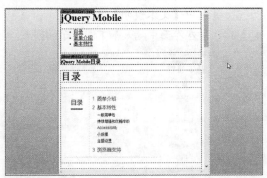

step 6 将鼠标指针插入第 2 页的界面区域内,然后插入如下图所示的文本和图片,制作该界面内容。

step 7 此时,在【文档】工具栏中单击【实时视图】按钮,预览网页,第 1 页的界面效果如下图所示。

step 8 单击第 1 页界面中的【目录】按钮,将显示如下图所示的第 2 页界面。

step 9 关闭【实时视图】状态,将鼠标指针插入第 3 页的界面区域中,插入如下图所示的文本和图片。

step 10 在【文档】工具栏中单击【实时视图】按钮，预览网页，在第1页的界面中单击【简单介绍】按钮，将显示如下图所示的界面。

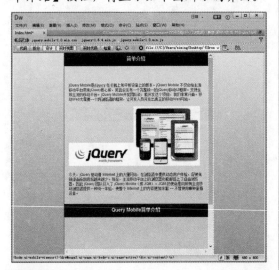

step 11 关闭【实时视图】状态，将鼠标插入第4页的界面区域中，输入如下图所示的文本。

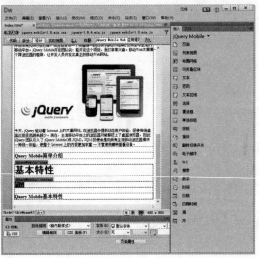

step 12 将鼠标指针插入第4页界面的内容位置，选择【窗口】|【插入】命令，显示【插入】面板，并在该面板中打开jQuery Mobile选项卡。

step 13 在Query Mobile选项卡中单击【列表视图】按钮，在打开的【列表视图】对话框中单击【列表类型】下拉列表按钮，在弹出的下拉列表中选择【无序】选项。

step 14 在【列表视图】对话框中设置列表项目为5，并选中【文本说明】复选框，单击【确定】按钮，在界面中插入如下图所示的列表。

step 15 编辑列表内容，输入相应的文本内容，制作如下图所示的界面。

step 16 将鼠标指针插入第4页的界面中，然后在状态栏中单击<div#page4>标签，选中整个Div标签。

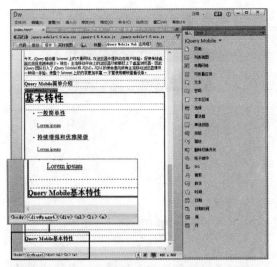

step 17 在【文档】工具栏中单击【代码】按钮，显示【代码】视图。

step 18 在【代码】视图中，将鼠标指针插入</div>标签之后。

step 19 单击【文档】工具栏中的【设计】按钮，切换至【设计】视图。在【插入】面板的 Query Mobile 选项卡中单击【页面】按钮。

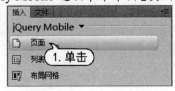

step 20 在打开的【页面】对话框中单击【确定】按钮。

step 21 此时，将在页面底部，插入一个 ID 为 page5 的新页面。

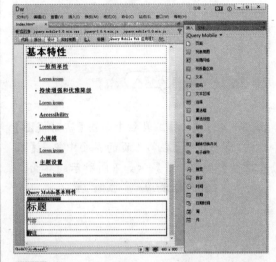

step 22 重复以上操作，在页面中依次插入 page6、page7、page8 和 page9 页面，并在这些页面中输入文本信息。

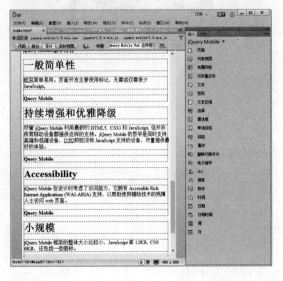

step㉓ 返回第 4 页的界面中，选中页面中的文字【一般简单性】，然后在【属性】检查器的【链接】文本框中输入【#page5】。

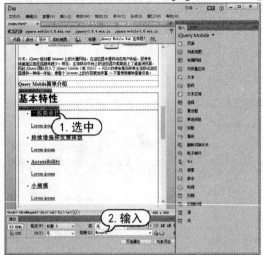

step㉔ 在【文档】工具栏中单击【实时视图】按钮，预览网页。在第 1 页的界面中单击【基本特性】按钮，将显示如下图所示的界面。

step㉕ 在基本特性界面中单击【一般简单性】按钮，将显示如下图所示的界面。

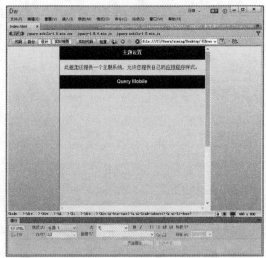

step㉖ 参考步骤（23）的操作，在第 4 页的界面中设置其他按钮的链接属性。

step㉗ 最后，选择【文件】|【保存】命令将网页保存，按 F12 键预览网页效果。